Distributed Rainfall Runoff Models for Semi-humid and
Semi-arid Regions – Theories and Applications

半湿润半干旱地区分布式降雨径流模型的研究与应用

李致家　刘志雨　张 珂　黄鹏年　刘玉环　孔祥意　霍文博◎著

河海大学出版社
·南京·

内容提要

本书主要介绍半干旱地区超渗产流模型研究、半干旱地区分布式模型研究、半湿润半干旱地区集合预报与实时校正研究、新安江-海河模型、半湿润半干旱地区洪水模拟与影响因子的响应评估、TOKASIDE 模型及参数敏感性研究、TOKASIDE 模型计算单元分辨率影响及矫正研究、产流模式时空组合规律以及判别方法研究、基于子流域的蓄超空间组合产流模拟方法研究、基于蓄超时空动态组合的网格新安江模型研究、基于物理基础的蓄超时空组合模型研究。本书可作为水情防汛、水文水资源、地理和气象等专业科学工作者、工程技术人员和相关学科本科生、研究生教学参考书。

图书在版编目(CIP)数据

半湿润半干旱地区分布式降雨径流模型的研究与应用/李致家等著. —南京：河海大学出版社，2022.12
　ISBN 978-7-5630-7808-0

Ⅰ.①半… Ⅱ.①李… Ⅲ.①降雨径流-水文模拟-研究 Ⅳ.①P333.1

中国版本图书馆 CIP 数据核字(2022)第 219633 号

书　　名	半湿润半干旱地区分布式降雨径流模型的研究与应用
书　　号	ISBN 978-7-5630-7808-0
责任编辑	章玉霞
特约校对	袁　蓉
封面设计	徐娟娟
出版发行	河海大学出版社
地　　址	南京市西康路 1 号(邮编:210098)
电　　话	(025)83737852(总编室)
	(025)83722833(营销部)
	(025)83787107(编辑室)
经　　销	江苏省新华发行集团有限公司
排　　版	南京布克文化发展有限公司
印　　刷	广东虎彩云印刷有限公司
开　　本	787 毫米×1092 毫米　1/16
印　　张	12.75
字　　数	292 千字
版　　次	2022 年 12 月第 1 版
印　　次	2022 年 12 月第 1 次印刷
定　　价	89.00 元

前言

  本书第 1 章为绪论,由李致家、黄鹏年与张珂编写;第 2~4 章分别为半干旱地区超渗产流模型研究、半干旱地区分布式模型研究及半湿润半干旱地区集合预报与实时校正研究,由水利部黄河水利委员会水文局(以下简称"黄委水文局")霍文博编写;第 5 章为新安江-海河模型,由南京信息工程大学黄鹏年编写;第 6 章为半湿润半干旱地区洪水模拟与影响因子的响应评估,由黄委水文局刘玉环编写;第 7 章为 TOKASIDE 模型及参数敏感性研究,第 8 章为 TOKASIDE 模型计算单元分辨率影响及矫正研究,由水利部信息中心孔祥意编写;第 9~11 章分别为产流模式时空组合规律以及判别方法研究、基于子流域的蓄超空间组合产流模拟方法研究、基于蓄超时空动态组合的网格新安江模型研究,由黄委水文局刘玉环编写;第 12 章为基于物理基础的蓄超时空组合模型研究,由刘玉环与刘志雨编写。全书由李致家、刘志雨与张珂统稿。

  本书出版得到国家自然科学基金项目与科技部重大专项(项目编号:52079035 与 41901036,2018YFC1508100 与 2016YFC0402700)的资助,在此一并表示感谢。

目录

第1章 绪论 ··· 001
  1.1 半湿润半干旱地区产流特点 ·· 001
  1.2 课题组半湿润半干旱地区水文预报研究成果 ································ 003
      1.2.1 径流形成机理研究 ··· 003
      1.2.2 水文预报模型研发 ··· 005
  1.3 半湿润半干旱地区水文模型发展概述 ··· 008
      1.3.1 下渗能力空间异质性研究 ·· 008
      1.3.2 蓄满超渗兼存的水文模型研究 ··· 009
      1.3.3 灵活框架建模研究 ··· 009
  参考文献 ·· 010

第2章 半干旱地区超渗产流模型研究 ·· 013
  2.1 格林-安普特降雨径流模型 ·· 013
      2.1.1 格林-安普特下渗模型 ·· 014
      2.1.2 格林-安普特下渗能力分布曲线 ······································· 014
      2.1.3 基于物理基础的下渗能力分布曲线 ·································· 016
  2.2 模型率定与评价指标 ··· 018
      2.2.1 模型参数率定方法 ··· 018
      2.2.2 评价指标 ··· 019
  2.3 模型应用 ·· 019
  2.4 小结 ··· 023
  参考文献 ·· 024

第3章 半干旱地区分布式模型研究 ·· 026
  3.1 Grid-GA 模型构建 ·· 026
      3.1.1 模型结构与原理 ·· 026

3.1.2　不同时空分辨率与土壤分层的 Grid-GA 模型 …………………… 031
3.2　单层产流 Grid-GA 模型与 GA-PIC 模型应用比较 …………………………… 032
　　3.2.1　1 km 分辨率 Grid-GA 模型与 GA-PIC 模型的应用比较 ………… 032
　　3.2.2　90 m 分辨率 Grid-GA 模型与 GA-PIC 模型的应用比较 ………… 036
3.3　两层产流 Grid-GA 模型与单层产流 Grid-GA 模型应用比较 ……………… 038
3.4　小结 …………………………………………………………………………… 040
参考文献 ……………………………………………………………………………… 041

第 4 章　半湿润半干旱地区集合预报与实时校正研究 …………………………… 042
4.1　半湿润地区集合预报方法 …………………………………………………… 043
　　4.1.1　BMA 集合预报法 ……………………………………………… 043
　　4.1.2　G-BMA 集合预报法 …………………………………………… 044
　　4.1.3　研究流域与评价指标 …………………………………………… 046
　　4.1.4　集合预报方法应用比较 ………………………………………… 046
4.2　半湿润半干旱地区实时校正方法 …………………………………………… 051
　　4.2.1　K-最近邻（KNN）法 …………………………………………… 051
　　4.2.2　加入历史洪水学习的 KNN 实时校正法（KNN-H 法） ……… 052
　　4.2.3　KNN-H 法在半湿润半干旱地区的应用 ……………………… 054
4.3　小结 …………………………………………………………………………… 058
参考文献 ……………………………………………………………………………… 059

第 5 章　新安江-海河模型 ……………………………………………………………… 062
5.1　海河流域概况与人类活动的影响 …………………………………………… 062
5.2　新安江-海河模型的构建 ……………………………………………………… 064
　　5.2.1　土地利用变化的模拟 …………………………………………… 066
　　5.2.2　流域地表径流拦蓄量的模拟 …………………………………… 067
　　5.2.3　流域地下径流拦蓄量的模拟 …………………………………… 068
　　5.2.4　河道人类活动的模拟 …………………………………………… 068
　　5.2.5　参数及变量先验估计方法 ……………………………………… 068
5.3　典型流域概况 ………………………………………………………………… 071
5.4　新安江模型模拟结果分析 …………………………………………………… 072
　　5.4.1　阜平流域模拟结果分析 ………………………………………… 072
　　5.4.2　其他流域模拟结果分析 ………………………………………… 075
5.5　新安江-海河模型模拟结果分析 ……………………………………………… 076
5.6　小结 …………………………………………………………………………… 077
参考文献 ……………………………………………………………………………… 078

目录

第 6 章　半湿润半干旱地区洪水模拟与影响因子的响应评估 ········· 080
　6.1　概述 ··· 080
　6.2　研究流域和数据 ·· 081
　　　6.2.1　研究区概况 ·· 081
　　　6.2.2　数据来源 ··· 081
　6.3　研究方法 ·· 082
　　　6.3.1　基于时空尺度分析构建降雨事件 ···························· 082
　　　6.3.2　不同产流机制的水文模型应用 ······························· 082
　　　6.3.3　模型参数率定 ··· 083
　6.4　多层次评价分析 ·· 083
　　　6.4.1　降雨事件异质性评价 ·· 083
　　　6.4.2　模型结果评价 ··· 083
　6.5　结果分析与讨论 ·· 084
　　　6.5.1　降雨事件结果分析 ··· 084
　　　6.5.2　模型模拟结果分析 ··· 086
　6.6　小结 ··· 089
　参考文献 ·· 089

第 7 章　TOKASIDE 模型及参数敏感性研究 ···························· 091
　7.1　TOKASIDE 模型 ··· 091
　7.2　TOKASIDE 模型参数对洪水过程的影响 ······························· 093
　　　7.2.1　土壤厚度分析 ··· 093
　　　7.2.2　土壤横向饱和水力传导度分析 ······························· 095
　　　7.2.3　地表曼宁糙率系数分析 ·· 096
　　　7.2.4　河道曼宁糙率系数分析 ·· 099
　7.3　参数敏感性统计 ·· 101
　　　7.3.1　LH-OAT 方法 ··· 102
　　　7.3.2　敏感性分析方法步骤 ·· 102
　　　7.3.3　敏感性分析结果 ·· 103
　7.4　小结 ··· 108
　参考文献 ·· 108

第 8 章　TOKASIDE 模型计算单元分辨率影响及矫正研究 ·········· 110
　8.1　空间分辨率对水文模拟结果的影响 ····································· 111
　8.2　空间分辨率影响机理研究 ·· 117

8.2.1　流域概况 ·· 117
　　　8.2.2　流域坡度分析 ··· 119
　　　8.2.3　河段特征分析 ··· 130
　　　8.2.4　流域最长汇流路径分析 ·· 130
　8.3　空间分辨率模拟矫正 ·· 132
　　　8.3.1　基于坡度修正的方法 ··· 133
　　　8.3.2　修正方案 ·· 136
　8.4　小结 ·· 136
　参考文献 ··· 137

第9章　产流模式时空组合规律以及判别方法研究 ····································· 139
　9.1　概述 ·· 139
　9.2　流域产流模式及时空组合规律 ·· 139
　9.3　产流模式空间组合判别方法研究 ·· 140
　　　9.3.1　蓄超主导子流域判别方法 ·· 141
　　　9.3.2　网格产流模式判别方法 ·· 143
　9.4　研究流域和数据 ··· 145
　9.5　蓄超空间组合结果及分析 ··· 145
　　　9.5.1　蓄超主导子流域分类结果 ·· 145
　　　9.5.2　蓄超网格空间分布结果 ·· 147
　9.6　小结 ·· 148
　参考文献 ··· 148

第10章　基于子流域的蓄超空间组合产流模拟方法研究 ····························· 150
　10.1　概述 ·· 150
　10.2　蓄超空间组合模型构建 ··· 150
　　　10.2.1　SCCMs模型结构 ·· 151
　　　10.2.2　SCCMs模型原理 ·· 152
　　　10.2.3　SCCMs模型参数 ·· 154
　10.3　研究流域和评价指标 ··· 155
　10.4　结果分析与讨论 ··· 156
　　　10.4.1　SCCMs模型模拟结果的综合对比 ······································ 156
　　　10.4.2　SCCMs组合模型之间的比较 ··· 158
　　　10.4.3　SCCMs非组合模型和组合模型的比较 ······························ 159
　10.5　小结 ·· 160
　参考文献 ··· 161

第 11 章　基于蓄超时空动态组合的网格新安江模型研究 …………………… 162
11.1　Grid-XAJ-SIDE 模型构建 …………………………………………… 162
11.1.1　Grid-XAJ 模型 …………………………………………………… 162
11.1.2　Grid-XAJ-SIDE 模型结构 ……………………………………… 162
11.1.3　Grid-XAJ-SIDE 模型原理 ……………………………………… 164
11.1.4　Grid-XAJ-SIDE 模型参数 ……………………………………… 166
11.2　典型流域模拟与验证 …………………………………………………… 167
11.2.1　研究流域 ………………………………………………………… 167
11.2.2　模型率定结果分析 ……………………………………………… 168
11.2.3　蓄超产流模式时空分布特点 …………………………………… 175
11.3　小结 ……………………………………………………………………… 175
参考文献 ………………………………………………………………………… 176

第 12 章　基于物理基础的蓄超时空组合模型研究 …………………………… 178
12.1　蓄超时空动态组合 TOKASIDE-D 模型构建 ………………………… 178
12.1.1　基于物理基础的 TOKASIDE 模型 …………………………… 178
12.1.2　蓄超时空动态组合 TOKASIDE-D 模型 ……………………… 178
12.2　研究流域 ………………………………………………………………… 183
12.3　模拟结果与分析 ………………………………………………………… 183
12.3.1　洪水模拟结果分析 ……………………………………………… 183
12.3.2　蓄超时空动态变化及分布特征 ………………………………… 188
12.4　小结 ……………………………………………………………………… 191
参考文献 ………………………………………………………………………… 191

第 1 章 绪论

洪水灾害是我国最常见的自然灾害,洪水预报是防洪减灾的重要非工程手段。然而,半湿润半干旱地区产流复杂,观测资料缺乏,导致洪水预报的精度整体不高,尤其是中小河流洪水预报精度更低,难以满足新阶段洪水防御工作的需求。因此,亟须加强半湿润半干旱地区产汇流机理及水文模型研究,以提高洪水预报精度,减少洪水灾害损失。

1.1 半湿润半干旱地区产流特点

半湿润半干旱地区是半湿润地区和半干旱地区的合称,其中半湿润地区大多是指多年平均年降水量在 400～800 mm 的地区,包括东北平原大部、华北平原、黄土高原东南部以及青藏高原东南部;半干旱地区大多是指多年平均年降水量在 200～400 mm 的地区,包括内蒙古高原的中部和东部、黄土高原和青藏高原的大部。半湿润半干旱地区面积广阔,地理位置重要,包含了京津冀城市群、关中平原城市群等我国重点规划的城市群,在这些地区发生的洪水常常会造成巨大的生命财产损失和严重的社会舆论影响,如 2016 年 7 月河北邢台洪灾、2018 年山东寿光洪灾等。因此,进一步研究半湿润半干旱地区的产流特征与规律,建立适合该地区的降雨径流模型,是我国防汛工作中亟须解决的一个难题。

目前对湿润地区和干旱地区的产流模式与产流机制了解比较清楚。湿润地区常年地下水位较高,包气带较薄,产流模式以蓄满产流为主,径流成分一般包括地下水径流、壤中水径流和饱和地表径流,洪水峰高量大,流量过程线呈现陡涨缓落或者缓涨缓落的特点;干旱地区地下水深埋,包气带土层深厚,产流模式以超渗产流为主,径流成分主要为超渗地表径流,洪水峰高量小,陡涨陡落。

不同于湿润地区和干旱地区的单一产流模式,在半湿润半干旱地区,产流模式呈现时变更替和交织共存的特点。就时间角度来看,由于半湿润半干旱地区气候的年内变化、年际变化和年代际变化均较大,产流模式具有时变更替的特点:当湿润多雨的时候,地下水位上升至影响土层,此时流域产流以蓄满产流为主;当干旱少雨的时候,地下水位较深,场次降雨难以渗至地下水面形成地下水径流,此时流域产流以超渗产流为主。就空间角度来看,由于半湿润半干旱地区属于湿润地区和干旱地区的过渡地带,气候和景观条件多变,即使在同一流域内,也可能既有类似湿润地区成片的森林分布,也有类似干旱地区大面积的贫瘠裸地,降雨量、降雨强度、地表下渗能力、地下水位等产流要素的空间分布严重不均匀,导致在一场降雨过程中,流域内部分地区可能包气带蓄满引发蓄满产流,另一部分地区可能包气带未蓄满但降雨强度超过地表下渗能力引发超渗产流,也就是蓄满产流模式和超渗产流模式在空间上交织共存。目前,对于产流模式的时空动态变化规律,仍处于定性描述阶段,尚未发展出系统的理论,也未发展出严格的函数公式。就定性描述而言,目前一般认为靠近河道的地方容易发生蓄满产流,随着网格水量的交换,蓄满产流面积自河道向坡面延展;而在远离河道且降雨强度超过下渗能力的地方容易发生超渗产流,超渗产流面积呈现随机片状分布。

由于半湿润半干旱地区产流模式时变更替和交织共存的特点,即使在同一流域,不同场次的洪水过程也存在很大的差异,既有退水缓慢、过程线矮胖的蓄满产流主导型洪水,也有陡涨陡落、峰型尖瘦的超渗产流主导型洪水,还有过程线曲折多峰的蓄满超渗共存型洪水,这给洪水模拟和预报工作带来很大的困难。目前的研究重点在于分析和判别不同场次洪水的主导产流模式和产流机制,目的是预测特定下垫面和气象条件下的产流模式和洪水过程特征。为了达到这一目的,国际水文学界进行了一些尝试性的实验研究。

Chapi 等[1]以加拿大安大略省南部1个面积为 4.45 hm^2 的农业流域为研究对象,根据土壤、土地利用和地形特征,将流域划分为8个子流域。该研究设计了1个数字无线网络系统,包括1个压力传感器、1个土壤湿度传感器、1个基站和1台笔记本电脑,用来测量每个子流域的土壤湿度(以下简称"土湿")和出口流量。每个子流域出口处安装了一个V型缺口堰,压力传感器管道连接到V型堰的缺口上,通过输出电压的变化来测量V型堰上的溢流深度;土壤湿度传感器埋藏在V型堰旁边的土壤中,采用为其设计的一系列输出电压来记录土壤的体积含水量。传感器以 10 min 的时间间隔记录数据,并将其存储在位于传感器板上的1个小型闪存中。然后,这些数据被传输到基站并存储在笔记本电脑中。降雨数据由翻斗式雨量计获取,时间间隔为 5 min,2008 年 7 月至 2009 年 4 月共记录了 18 场暴雨,其中夏季 10 场,秋季 5 场,春季 3 场。

实验结果表明,夏季和秋季由于土湿较低,产流机制主要为超渗地表径流,而春季由于土壤初始含水量较高,整个流域饱和地表径流产流机制占主导地位,这体现了产流模式和产流机制的时变更替特征。同时发现,流域内局部产流特征明显,在 18 个观测到的降雨径流事件中,只有 5 个事件能够达到 100% 全流域产流(1 个夏季暴雨,1 个秋季暴雨,3 个春季暴雨)。总体而言,研究流域中 15% 的区域平均贡献了 75% 的径流。

此外,Lana-Renault 等[2]以比利牛斯山脉中部的1个面积为 2.84 km^2 的实验流域为研究对象,该流域降水通常集中在秋季(10—11 月)和春季(3—5 月),冬季(12 月—次年 2 月)降水较少,蒸发量较低,夏季(6—8 月)则降水很少,蒸发量很大,但短时的强对流天气相对频繁。该流域配备了 1 个完整的气象站;流域出口有 1 个水文站,记录流量和泥沙;流域内还有 3 个翻斗式雨量计。超渗地表径流产流区域在现场通过检查土壤表面很容易识别;饱和地表径流产流区域可以用"靴子"法进行视觉识别,即踩在土壤表面,评估是否有水出现。在这项研究中,在从干到湿的不同条件下进行了 4 次实地调查,每次调查都是在洪水事件后至少 36 h 进行,以确保流域恢复水文平衡。

实验结果表明,该流域内存在超渗地表径流产流区域,这些区域与土地利用有关,大多位于如今已经废弃的耕地上。流域内还存在饱和地表径流产流区域,这些区域的空间分布部分可以解释为地形因素,因为它们往往在斜坡底部的平坦区域,然而,饱和地表径流产流区域分散在整个流域。这表明除了地形因素之外,还有其他因素的影响,包括水利水保工程引发的局部地形变化(如建造小梯田和排水渠道)和土壤属性的变化(如土壤导水率随深度的下降),这二者都是过去农业活动的结果。这项研究体现了产流模式和产流机制的交织共存特征。

另外,相比湿润地区和干旱地区,半湿润半干旱地区的产流模式和产流机制更容易受到人类活动的影响,这一产流特点在我国海河流域尤其明显。例如,子牙河水系滏阳河支流 1956 年和 1996 年洪水对应的暴雨量相近,而 1956 年洪水总量却比 1996 年大了近一倍[3];北京通惠河乐家花园以上流域暴雨径流系数 20 世纪 50 年代仅为 0.4 左右,现在高达 0.5~0.6[4]。从影响机理及暴雨径流模拟的角度出发,可以将人类活动影响分为:① 土地利用变化的影响;② 干流河道水利工程的影响;③ 水池、塘坝、灌溉耕地畦埂等河间地带水利水保工程群的影响;④ 地下水开采、地下水位下降的影响。人类活动的影响导致原有洪水预报方案与实际洪水过程有较大差距[5],建立耦合多类型高强度人类活动影响的暴雨径流模型,既能提高洪水预报精度、减少洪灾损失,又能分析和评估每一种人类活动对洪水过程的影响程度,揭示复杂人类活动对洪水过程的影响规律,同样是半湿润半干旱地区洪水预报当前亟待解决的问题。

1.2　课题组半湿润半干旱地区水文预报研究成果

针对半湿润半干旱地区的产流特点及其在洪水模拟、预报方面的难题,本书课题组从 20 世纪 90 年代开始开展了半湿润半干旱地区径流形成机理研究和水文预报模型研发工作,取得了一系列的成果。

1.2.1　径流形成机理研究

半湿润半干旱流域下垫面特性及降雨时空变异大,产流机制与产流面积具有动态特征。课题组通过岔巴沟等流域野外观测与径流实验发现,影响产流机制与产流面积的下垫面因素主要有地形因素、植被因素和土壤因素。地形因素是影响产流机制的重要因素,包括坡度、坡向、平面曲率、剖面曲率、汇水面积等诸多地形因子。地形陡峭区域,降雨不易及时下渗,常形成超渗径流;地形平缓区域则易发生蓄满产流。平面曲率为正的区域,水流易四散流开,发生超渗产流;平面曲率为负的区域,则易水流汇聚,发生蓄满产流。剖面曲率为正的区域,水流流速减缓,易发生蓄满产流;剖面曲率为负的区域,水流加速流动,易产生超渗径流。汇水面积大的区域,长期湿润,下渗能力大,易发生蓄满产流;汇水面积小的区域,则土壤干燥,易板结,地下水位埋深大,易产生超渗径流。

根据地形因素判别蓄满产流与超渗产流区域,应使用恰当的地形因子。课题组研究发现,地形指数法及缓冲区法是划分不同产流区域的有效方法。

地形指数综合了地形因子及汇水面积因子,反映流域上每点长期的土壤水分状况。地形指数大的区域,靠近河网水系,较为湿润,下渗能力强,以蓄满产流为主;地形指数小的区域,一般为流域上游山坡,地势陡峭,地下水埋深较深,易发生超渗产流。缓冲区法认为河道两岸至山坡坡脚地带为河道缓冲区,地势平缓,土壤湿润,是蓄满产流区域;山坡坡脚地带往上地势逐渐陡峭,可作为超渗产流区域。流域水文系统就是由河滨-山坡水文系统构成。

缓冲区法的另一优点是能将地形因素与植被因素结合起来。植被是影响产流机制的另一个重要因素,但植被与地形有相关关系。一般,滨岸区多数为湿地或者田地,林地较少,降雨时极易发生蓄满产流;而山坡上若有植被,则以林地为主。若山坡植被茂密,则不易产生超渗坡面漫流,常以快速壤中流为主;若山坡植被稀疏,或是毁林开荒,则会发生超渗地表径流。若山坡常发生超渗地表径流,则常伴随水土流失现象。我国半湿润半干旱的黄河及海河流域均有水土流失现象。

对于小流域,土壤因素对产流机制有重要影响,但对于大中流域,土壤因素相对不再重要。同时研究也发现,土壤与地形也有一定的相关关系,滨岸平原地区土壤黏性大、孔隙度小,而山坡地区土壤孔隙度相对较大。

在某些流域,地形与土壤、植被的关系密切,可以由地形因素来代表土壤和植被因素;但在另一些流域,地形与土壤、植被缺少关联,此时除了考虑地形因素,还应考虑土壤和植被因素。课题组研究发现,CN 参数能够体现植被及土壤对产流的影响。

SCS-CN 模型假设"实际径流量与最大潜在径流量之比等于实际下渗量与最大可能下渗量之比",用于计算一次降雨所产生的直接径流量。CN 是模型唯一的参数,用于描述直接径流产生的容易程度,取值范围为 0~100。0 表示降雨完全下渗,不产流;100 表示降雨全部产流,不下渗。CN 是一个无量纲数,根据土壤性质、地表覆盖、地形地貌及前期影响雨量等因素综合评定。

原来的 CN 是动态指标,即使同样的土壤与土地利用类型,不同的干湿状况也要对应不同的 CN 值。课题组精简后的 CN 是固定值,体现了中等湿度时下垫面的下渗能力。CN 大,则下渗能力小,超渗径流容易出现;CN 小,则下渗能力大,降雨容易下渗,超渗径流难以生成。这样,CN 就可以描述超渗径流产生的容易程度[6]。

1.2.2　水文预报模型研发

（1）针对半湿润半干旱地区蓄满超渗产流机制共存的水文模型

半湿润半干旱地区蓄满产流和超渗产流皆有，针对这一现象，赵人俊教授早在1984年就提出[7]，应当分别制定流域的蓄满产流与超渗产流计算方案，然后结合使用，可以解决蓄满、超渗兼有的问题。其解决途径是：先用蓄满产流方案求出流域蓄满产流面积上的产流量，再根据表层土湿计算未蓄满面积上的超渗产流量，二者相加，就是流域产流量。按照这个思路，李致家教授等提出了增加超渗产流的新安江模型（Xin'anjiang Green-Ampt model，XAJ-GA）[8]。

XAJ-GA模型是在新安江（Xin'anjiang，XAJ）模型产流结构中增加了超渗产流计算，以使模型更好地应用于半湿润半干旱地区。该模型在流域蓄满面积上使用与新安江模型相同的蓄满产流方案计算蓄满产流量，在未蓄满面积上用格林-安普特（Green-Ampt）下渗方程与下渗能力面积分配曲线计算超渗产流量，然后将蓄满产流量与超渗产流量一同经过自由水蓄水库调节出流。该模型的蒸散发计算、汇流计算与河道洪水演算都与新安江模型相同。

在半湿润半干旱地区，采用新安江模型等纯蓄满产流方案进行产流计算容易导致预报径流量偏小，而采用XAJ-GA模型，其次洪预报径流量都有所增加，模拟精度有较大的提高。

XAJ-GA模型仍然属于概念性模型的范畴，对蓄满产流和超渗产流的物理机制描述仍然有所欠缺，因此，课题组研制了适用于半湿润半干旱地区的基于蓄超时空动态组合的网格新安江（Grid Xin'anjiang Saturation Infiltration Double Excess dynamic recognition model，Grid-XAJ-SIDE）模型[9]与TOKASIDE（TOPographic Kinematic Approximation and Saturation Infiltration Double Excess grid-based distributed model）模型[10]。

网格新安江（Grid Xin'anjiang，Grid-XAJ）模型[11]是以三水源新安江模型为理论基础，与新安江模型相似，Grid-XAJ模型包含蒸散发、蓄满产流、分水源、汇流4个计算模块。新安江模型是蓄满产流模式，主要适用于湿润地区，因而考虑在Grid-XAJ模型的基础上，构建Grid-XAJ-SIDE模型，用于完善该模型在半湿润半干旱地区复杂产流模式的洪水模拟与预报[9]。

TOKASIDE模型是具有物理基础的分布式流域水文模型，是对世界知名分布式水文模型TOPKAPI模型的改进[10]。Todini于1995年提出了TOPKAPI（TOPographic Kinematic Approximation and Integration）模型，该模型基于土壤水、地表水和河道水的运动波假设，将这三个部分中的水流运动写为三个结构上相似的非线性水库方程并可以在有限近似的前提下进行数值求解。该模型下垫面刻画参数可通过数字高程模型（DEM）、土壤和植被地图等获取，具有结构较为简单、参数获取方便等优点。刘志雨将TOPKAPI模型引入我国，对其提出了改进，增加了地下水非线性水库和植物截留等模块，并在淮河上游息县等湿润流域进行了应用研究，取得了成功[12,13]。然而，由于模型缺少超渗产流计算功能,其在半湿润半干旱地区尤其是在半干旱地区的应用效果不理想[14-16]。

同 TOPKAPI 模型原本理论中设定的以蓄满产流为流域全局主导的产流机制相比,TOKASIDE 模型考虑了不同土质及不同土湿下土壤垂直下渗能力随土壤含水量变化的特性,以及由此引发的降雨强度大于土壤下渗能力时产生的超渗地表径流。在整个降雨过程中随着土壤含水量与降雨强度的变化,超渗与蓄满机制可能在每一个计算单元网格内交替发生。TOKASIDE 模型不但可以用于湿润和半湿润地区,也可以用于半干旱地区。

同时,为了能够在半湿润半干旱地区拥有更为普适、通用的产流计算方法,课题组又专门研发了蓄满超渗空间组合模型,包括基于子流域的蓄超空间组合模型和网格精细化蓄超时空动态组合模型[9]。

构建蓄满超渗空间组合模型的前提是正确识别蓄满产流区域和超渗产流区域,在蓄满产流区域上应用蓄满产流模型,在超渗产流区域上应用超渗产流模型。课题组在深入剖析超渗和蓄满两种产流模式的基础上,针对半湿润半干旱地区水文气象和下垫面特征,提出了适用于两种不同空间尺度的蓄超产流模式识别方法——动态 CN-地形指数法和层次-聚类产流模式判别方法[9],它们既充分利用了子流域前期土湿等先验信息,又实现了网格尺度的蓄超产流模式精细识别,平衡了蓄超产流模式划分的效率与精度需求,为蓄超组合模型的研究提供了前驱条件。

在蓄超产流模式识别的基础上,课题组提出了一种基于子流域的蓄超空间组合建模框架——SCCMs(Spatial Combination Computing Models)[9],SCCMs 将动态 CN-地形指数法划分蓄超主导子流域与蓄满、超渗、蓄超等多种不同产流方案进行组合,从而较好地辨识半湿润半干旱地区产流模式的空间分布特征并匹配模拟,在一定程度上提高了此类地区的洪水模拟精度。同时,SCCMs 结构灵活,产流模式组合可变,具有应对不同水文气象流域洪水模拟的潜力。

此外,课题组基于蓄超产流模式时空组合规律和产流模式判别方法对 Grid-XAJ 和 TOKASIDE 两种分布式水文模型进行改进,构建了 Grid-XAJ-SIDE 模型与 TOKA-SIDE-D 模型[9],研发了网格精细化蓄超时空动态组合模拟技术。该技术实现了网格尺度蓄满与超渗产流模式的动态捕捉与实时计算,进一步提高了洪水模拟精度,验证了蓄超产流时空组合的思路在复杂产流区的可行性和适应性,有着较大的研究价值以及较高的应用潜力。

(2) 针对半湿润半干旱地区强人类活动影响的水文模型

课题组以我国半湿润半干旱地区人类活动影响较为严重的海河流域为例,设计了描述强人类活动影响下降雨径流过程特点的新安江-海河模型[17,18]。新安江-海河模型反映了海河流域山丘区人类活动的复杂影响。针对流域内中小水库与水土保持工程等人类活动引起的流域蒸散发、下渗与产汇流过程的时空局部变化,提出了"拦蓄水库"这一概念性元件来描述人类活动引发的流域水文响应。蓄水塘坝等中小型水利水保工程对地表径流的直接拦蓄作用由地表"空间拦蓄水库"描述,地下水开采、包气带增厚对径流的间接拦蓄效应采用地下"时间拦蓄水库"描述,同时考虑植被变化对蒸散发的作用,揭示了复杂下垫面变化对产汇流过程的影响。

新安江模型的一个重要成功之处在于考虑了下垫面要素的空间变异性,而半湿润半干旱流域尤其是海河流域下垫面要素的空间分布是非常不均匀的,因此,新安江模型的抛物曲线十分适用于海河流域。新安江-海河模型在维持原有新安江模型结构不变的基础上,根据海河流域人类活动影响产汇流过程的物理机理,增添了具有较强物理意义的人类活动影响模型。新安江-海河模型参数估计方法与新安江模型相似,模型设计目的就是要让原有新安江模型参数取值合理,新增的人类活动影响参数能够简单确定。

（3）针对半干旱流域超渗产流特点的水文模型

课题组提出了基于物理下渗分布曲线的 Green-Ampt 超渗产流模型(Green-Ampt rainfall-runoff model with a Physically based Infiltration distribution Curve,GA-PIC)[19]。GA-PIC 模型在产流计算中使用具有物理基础的下渗能力分布曲线替代了传统 Green-Ampt 模型中的经验下渗曲线。物理下渗曲线的形状由降雨及土壤类型资料计算得到,由于不同子流域内降雨和土壤类型不同,各子流域不同位置的下渗能力也会随时间和土壤含水量的变化而改变,因此,物理下渗曲线在不同子流域具有不同的形状,并且曲线形状会随时间不断变化。GA-PIC 模型中的物理下渗曲线能有效反映出流域内降雨及下垫面特征随时间和空间变化的特点,在半干旱地区,GA-PIC 模型对于径流深和洪峰流量的模拟精度比传统 Green-Ampt 模型更高,GA-PIC 模型在嵌套流域及缺少洪水资料地区的应用效果比传统 Green-Ampt 模型更好。

在 GA-PIC 模型的基础上,构建了适用于半干旱地区洪水预报的分布式 Green-Ampt 模型(Grid-GA 模型)[19]。Grid-GA 模型基于网格计算蒸散发及产汇流。同时,根据产流计算中土壤分层的不同,分别构建了单层产流 Grid-GA 模型和两层产流 Grid-GA 模型。Grid-GA 模型不仅能够模拟出流域上每个网格内径流的汇流路径,还能准确地计算出径流汇流时间。Grid-GA 模型能够精确计算出流域产流面积的分布和变化特征,对于降雨量较小、流域中只有少部分面积产流的洪水过程具有较高的模拟精度。两层产流 Grid-GA 模型对每个网格内产流量的计算更加准确,在实测资料精度较高的流域,两层产流 Grid-GA 模型的整体表现优于单层产流 Grid-GA 模型。

（4）半湿润半干旱地区水文集合预报及实时校正技术

半湿润半干旱地区产流模式复杂,单一模型很难全面准确地模拟出流域内各种径流成分及河道洪水的全部特征。多模型集合方法是一种解决半湿润半干旱地区洪水预报难度较大问题的有效手段,使用多模型集合预报可以有效克服单一模型的缺点和局限性,降低预报结果的不确定性,提高洪水预报精度。

课题组提出了基于物理校正的 BMA(Bayesian Model Averaging)方法——G-BMA 集合预报法(Green-Ampt-BMA approach)[19],在 BMA 的基础上增加了一个超渗产流计算模块,该模块用来模拟洪水起涨前流域未蓄满时产生的超渗地表径流,对水文模型预报洪水过程的前期流量进行校正,进而提高 BMA 方法对洪峰预报的精度。G-BMA 集合预报法在超渗产流占比较高的半湿润流域应用效果良好,相比于 BMA 方法,G-BMA 集合预报法对洪峰预报更加准确,并且预报结果不确定性更小,可以更好地为半湿润半干旱地区防洪决策提供依据。

针对目前实时校正方法预热期资料不足、对历史资料学习效果不佳的问题,课题组提出了加入历史洪水学习的 KNN 实时校正法(KNN-H)[19]。KNN-H 法可以从历史资料中选择出与当前校正洪水相似的历史洪水过程,通过学习历史洪水的预报误差获取大量的有用信息,从而提高对当前预报值的校正精度。在校正洪水不同阶段(如涨洪或退水阶段)的预报值时,KNN-H 法能够快速定位到历史洪水的相同阶段,对该阶段的预报误差进行重点学习。KNN-H 法在实时校正中总体表现优于现有的 KNN 法,尤其在校正预见期较长时表现良好。KNN-H 法能有效提高半湿润半干旱地区洪水预报精度。

1.3 半湿润半干旱地区水文模型发展概述

湿润地区蓄满产流理论及预报模型目前发展得较为成熟,洪水模拟精度较高。干旱地区产流以超渗地表径流为主,虽然洪水预报仍存在困难,主要原因在于观测水平不够,难以获得高精度雨量及流量资料[18,19],但在半湿润半干旱地区,蓄满产流和超渗产流模式呈现时变更替和交织共存的特征,目前并没有清晰的理论解释与阐述产流模式的时空动态组合机理与规律,因而相应的预报模型也难以构建。为了研究半湿润半干旱地区洪水预报模型,学者们尝试了不同的思路和方法,主要有以下几个方面。

1.3.1 下渗能力空间异质性研究

早期,学者们认为半湿润半干旱地区下垫面的空间异质性导致了土壤下渗能力空间分布不均匀。霍顿(Horton)、霍尔坦(Holtan)、菲利普(Philip)以及 Green-Ampt 下渗公式的提出给下渗研究提供了理论基础,学者们据此开展了大量的研究,例如,Smith 等[20]采用两个极端假设,推导出在任意降雨强度下,接近饱和的非饱和土壤导水率的蓄水时间和入渗率衰减的双分支模型;同期,Neuman[21]推导了 Green-Ampt 入渗模型中的湿润锋与土壤特性相关的理论表达式;Morin 等[22]通过降雨强度与地表径流的定量观测试验,提出了基于动态下渗的地表渗透模型;Stewart[23]通过研究土壤收缩和膨胀对饱和导水率的影响,提出了动态下渗模型。

国内学者赵人俊等通过陕北子洲径流试验站分析了人工积水试验下的下渗规律,提出陕北模型[7];沈冰[24]基于 Green-Ampt 下渗公式推导了前期土湿与降雨强度的下渗关系,构建了适用于黄河沟壑区的产流计算模型;王印杰等[25,26]以非饱和导水率为研究对象,从土壤微观结构的统计学角度出发,提出各向均质土壤孔径统计分布曲线的幂函数表达式,为双超模型的提出打下理论基础。

以上方法均是基于下渗公式或下渗曲线理论建立的侧重超渗地表径流计算的产流

模型。但是，下渗方程适用于点尺度，在流域尺度建模，就需要对流域下垫面进行空间异质性概化[27]。传统的方式是采用抛物线，但半湿润半干旱地区下垫面复杂多样，流域下渗能力曲线应该与下垫面特征紧密结合，反映流域真实的空间分布[28]。另外，在经济发展的局势下，仅靠单一产流模式的水文模型已经无法满足预报精度的需求。因此，一些学者开始探索基于"蓄满超渗兼存"理念的流域水文模型。

1.3.2 蓄满超渗兼存的水文模型研究

为解决半湿润半干旱地区复杂产流的建模问题，国内外学者基于蓄满产流（Dunne）和超渗产流（Horton）理论，认为该类地区蓄满产流和超渗产流兼存，并基于此特征，开展了大量的建模研究。

美国的萨克拉门托模型是典型的水源混合模型，它将流域分为透水、不透水以及变动不透水3个区域，在变动不透水面积上可以产生超渗和蓄满两种地表径流，在国内外广泛应用[29,30]。与此同时，日本的 TANK 模型经过不断改进和完善，构建了两种结构的水箱模型（串联水箱模型 Tank-Ⅰ[31]和并联水箱模型 Tank-Ⅱ[32]），将模型适用区域从湿润地区延展到了干旱地区。Liang 等[33]在 VIC-2L 基础上，修改土层的假设提出了 VIC-3L 模型，通过可变下渗容量与降雨、土壤含水量的关系，获得超渗、蓄满和土壤水3个增量的时段变化，VIC-3L 模型大尺度的水文过程模拟使其在气候变化研究方面发挥了重要作用。美国的 WRF-Hydro 陆面模式[34]，认为渗透系数和土壤水分扩散系数与土湿呈现非线性关系，采用 Richards 方程求解4个不同厚度土层的径流量，包含超渗、饱和地表径流以及壤中流。Kollet 和 Maxwell[35]提出了一个综合水文模型 ParFlow，它结合了 Richards 方程和 Darcy 定律来描述地下水流动和地表水流动，展示了超渗和蓄满径流如何在山坡上同时相互作用。

1.3.3 灵活框架建模研究

近年来，学者们相继提出了很多新的建模理论与思路，其中影响较大的是灵活框架建模方法。该方法认为，流域之间水文、地理、气候等特征差异甚大，采用统一的或者一成不变的模型结构，模拟不同流域、不同类型的产汇流过程是不恰当的，应根据流域的主导水文过程，灵活、及时地调整模型结构，以确保每个流域可以使用合适的模型结构[36]。

目前，多模式的灵活框架已被用于探讨及解决水文模拟中的各种难题。基于主导的水文过程，Savenije[37]提出了一个概念性模型（FLEX-Topo）用于阐明水文过程的复杂性。Clark 等[38]利用 FUSE 框架构建了79个概念性模型，用于研究挪威 Narsjø 流域低水形成机理。Buytaert 和 Beven[39]结合高山草原地区的水文特征，通过灵活增加或减少模型的组成部分来研究洪峰的季节性变化，发现饱和坡面流是流域主导性径流成分，但准确估计洪峰值仍然比较困难。Stoelzle 等[40]用灵活架构的思路建立了9种模型结构（包含单线性、双线性水库结构等），探究适用于地下水模拟的概念性模型结构。Gao 等[41]通过4个降雨-径流模型，验证了地形可以反映主导水文过程的假设。

在国内,李致家等[6]通过结合新安江模型和河北雨洪模型的产流组件,研究半湿润地区产流模式空间分布不均的问题。Huang 等[42]在中国北方 11 个典型流域中,通过分别验证 4 种经典概念性模型与 4 种灵活框架模型,探究给定流域模型选择的问题。整体来看,灵活框架模型取得了阶段性的研究成果,在解决水文过程的难题方面有很大的潜力。

实际上,赵人俊教授在 1984 年就提出了这个思路[7],李致家等在 1998 年提出的 XAJ-GA 模型也是按照这个思路构建的[8]。适用于半湿润半干旱地区的 Grid-XAJ-SIDE 模型[9]与 TOKASIDE-D 模型[9]也是这样设计的。

参考文献

[1] CHAPI K, RUDRA R P, AHMED S I, et al. Spatial-temporal dynamics of runoff generation areas in a small agricultural watershed in southern Ontario[J]. Journal of Water Resource and Protection,2015,7(1):14-40.

[2] LANA-RENAULT N, REGÜÉS D, SERRANO P, et al. Spatial and temporal variability of groundwater dynamics in a sub-Mediterranean mountain catchment [J]. Hydrological Processes,2014,28(8):3288-3299.

[3] 胡春歧,刘惠霞,杨小红,等.海河南系主要控制站设计洪水下垫面修正技术报告[R].石家庄:河北省水文水资源勘测局,2012.

[4] 杜龙刚,白国营.海河北系主要控制站设计洪水下垫面修正技术报告[R].北京:北京市水文总站,2012.

[5] 李琛亮.海河流域 2016 年防汛调度工作思考[J].海河水利,2016(6):17-19.

[6] 李致家,黄鹏年,张永平,等.半湿润流域蓄满超渗空间组合模型研究[J].人民黄河,2015,37(10):1-6+34.

[7] 赵人俊.流域水文模拟——新安江模型与陕北模型[M].北京:水利电力出版社,1984.

[8] 李致家,孔祥光,张初旺.对新安江模型的改进[J].水文,1998(4):20-24.

[9] 刘玉环.半湿润半干旱地区洪水预报方法研究[D].南京:河海大学,2022.

[10] 孔祥意.基于物理基础的分布式水文模型 TOKASIDE 研究[D].南京:河海大学,2020.

[11] 李致家,姚成,汪中华.基于栅格的新安江模型的构建和应用[J].河海大学学报(自然科学版),2007(2):131-134.

[12] LIU Z Y, MARTINA M L V, TODINI E. Flood forecasting using a fully distributed model:application to the Upper Xixian catchment [J]. Hydrology and Earth System Sciences,2005,9(4):347-364.

[13] 刘志雨,谢正辉.TOPKAPI 模型的改进及其在淮河流域洪水模拟中的应用研究[J].水文,2003(6):1-7.

[14] 李致家,王秀庆,吕雁翔,等.TOPKAPI 模型的应用及与新安江模型的比较研究[J].水力发电,2013,39(11):6-10.

[15] 刘玉环,李致家,刘志雨,等.半湿润半干旱地区 TOPKAPI 模型的洪水模拟[J].水力发电,2016,42(1):18-22.

[16] 刘玉环,刘志雨,李致家,等.基于 TOPKAPI 模型的黑河上游径流模拟研究[J].水力发电,2016,42(12):20-23+118.

[17] 李致家,黄鹏年,张建中,等.新安江-海河模型的构建与应用[J].河海大学学报(自然科学版),2013,41(3):189-195.

[18] HUANG P N, LI Z J, LI Q L, et al. Application and comparison of coaxial correlation diagram and hydrological model for reconstructing flood series under human disturbance[J]. Journal of Mountain Science, 2016, 13(7):1245-1264.

[19] 霍文博.半湿润-半干旱地区产流机理及洪水预报模型研究[D].南京:河海大学,2020.

[20] SMITH R E, PARLANGE J Y. A parameter-efficient hydrologic infiltration model[J]. Water Resources Research, 1978, 14(3):533-538.

[21] NEUMAN S P. Wetting front pressure head in the infiltration model of Green and Ampt[J]. Water Resources Research, 1976, 12(3):564-566.

[22] MORIN J, KOSOVSKY A. The surface infiltration model[J]. Journal of Soil and Water Conservation, 1995, 50(5):470-476.

[23] STEWART R D. A dynamic multidomain Green-Ampt infiltration model[J]. Water Resources Research, 2018, 54(9):6844-6859.

[24] 沈冰,范荣生.黄土地区三个超渗产流模型对比分析[J].水文,1984(3):9-15.

[25] 王印杰,王玉珉.土壤非饱和导水率机理的探讨[J].水利学报,1994(12):78-82.

[26] 王印杰,王玉珉.无结构土壤非饱和水分函数解析[J].水文地质工程地质,1994(1):34-39.

[27] KUMAR P. Variability, feedback, and cooperative process dynamics: elements of a unifying hydrologic theory[J]. Geography Compass, 2007, 1(6):1338-1360.

[28] HUO W B, LI Z J, ZHANG K, et al. GA-PIC: An improved Green-Ampt rainfall-runoff model with a physically based infiltration distribution curve for semi-arid basins[J]. Journal of Hydrology, 2020, 586:124900.

[29] BURNASH R J C. The NWS river forecast system-Catchment modeling[A]// SINGH V P. Computer models of watershed hydrology[C]. Baton Rouge: Water Resources Publications, 1995:311-366.

[30] 陈红刚,李致家,李锐,等.新安江模型、TOPMODEL 和萨克拉门托模型的应用比较[J].水力发电,2009,35(3):14-18+25.

[31] ZHANG R H, CHEN G H, HUANG S. Multiphase mixture flowmodel and numerical

simulation for leak of LPG underground storage tank（Ⅰ）Model development[J]. Journal of Chemical Industry and Engineering (China)，2008，59(9)：2163-2167.

[32] ZHANG R H，CHEN G H，HUANG S. Multiphase mixture flow model and numerical simulation for leak of LPG underground storage tank（Ⅱ）Numerical simulation and validation[J]. Journal of Chemical Industry and Engineering (China)，2008,59(9)：2168-2174.

[33] LIANG X，XIE Z H. A new surface runoff parameterization with subgrid-scale soil heterogeneity for land surface models[J]. Advances in Water Resources，2001,24(9-10)：1173-1193.

[34] GOCHIS D J，YU W，YATES D N. The WRF-Hydro model technical description and user's guide，version 3.0[DB/OL]．(2015-05)[2022-08-10]. https：//ral. ucar. edu/sites/default/files/public/images/project/WRF_Hydro_User_Guide_v3.0. pdf.

[35] KOLLET S J，MAXWELL R M. Integrated surface-groundwater flow modeling：A free-surface overland flow boundary condition in a parallel groundwater flow model[J]. Advances in Water Resources，2006,29(7)：945-958.

[36] CLARK M P，KAVETSKI D，FENICIA F. Pursuing the method of multiple working hypotheses for hydrological modeling[J]. Water Resources Research，2011,47(9)：178-187.

[37] SAVENIJE H H G. HESS opinions" Topography driven conceptual modelling (FLEX-Topo)"[J]. Hydrology and Earth System Sciences，2010,7(4)：2681-2692.

[38] CLARK M P，SLATER A G，RUPP D E，et al. Framework for Understanding Structural Errors (FUSE)：A modular framework to diagnose differences between hydrological models[J]. Water Resources Research，2008,44：W00B02.

[39] BUYTAERT W，BEVEN K. Models as multiple working hypotheses：Hydrological simulation of tropical alpine wetlands[J]. Hydrological Processes，2011，25(11)：1784-1799.

[40] STOELZLE M，WEILER M，STAHL K，et al. Is there a superior conceptual groundwatermodel structure for baseflow simulation？[J]. Hydrological Processes，2015,29(6)：1301-1313.

[41] GAO H，HRACHOWITZ M，FENICIA F，et al. Testing the realism of a topography driven model (FLEX-Topo) in the nested catchments of the Upper Heihe，China[J]. Hydrology and Earth System Sciences，2013,18(10)：12663-12716.

[42] HUANG P N，LI Z J，CHEN J，et al. Event-based hydrological modeling for detecting dominant hydrological process and suitable model strategy for semi-arid catchments[J]. Journal of Hydrology，2016,542：292-303.

第2章
半干旱地区超渗产流模型研究

在半干旱地区,由于土层相对较厚,土壤含水量较低,在一场降雨中土壤很难蓄满,因此径流主要来源于当降雨强度大于土壤下渗能力时形成的超渗地表径流[1]。超渗产流模型可分为三类[2]:物理模型、半经验模型和经验模型。物理超渗产流模型包括格林-安普特(Green-Ampt)模型[3]、菲利普(Philip)模型[4]等;半经验超渗产流模型包括霍顿(Horton)模型[5]、霍尔坦(Holtan)模型[6]等;经验超渗产流模型包括赫金斯-蒙克(Huggins and Monke)模型[7]、改进的考斯加科夫(Modified Kostiakov)模型[8]等。

目前,格林-安普特下渗模型在国内外被广泛地应用于超渗产流计算,因为其计算精度高且计算量小[9,10]。格林-安普特下渗模型是在各处土壤下渗能力相同的假设下提出的,而在实际流域中,由于降雨及土壤类型等下垫面分布不均,不同地方土壤的下渗能力往往也不相同。为了将格林-安普特下渗模型应用于产流计算,目前常用的方法是引入一条下渗能力分布曲线[11]来表示流域中土壤下渗能力分布不均的情况,该下渗曲线为抛物线形的经验曲线,能反映出流域内降雨和下垫面特征分布不均的特点,但与实际下垫面分布情况还存在一定差距。本章通过流域土壤分布资料和降雨资料,计算出流域内各点在不同时刻的下渗能力,从而得到一条具有物理基础的下渗能力分布曲线。将这条具有物理基础的下渗曲线应用于格林-安普特下渗模型,研究改进的半分布式格林-安普特模型在半干旱地区的应用效果[12]。

2.1 格林-安普特降雨径流模型

格林-安普特降雨径流模型(Green-Ampt Rainfall-Runoff model,GA模型)是基于格林-安普特下渗模型计算产流的超渗产流模型。格林-安普特下渗模型的提出最初是为了解决土壤下渗问题,用来计算土壤下渗能力。根据超渗产流原理,当降雨强度小于土壤下渗能力时,全部降雨入渗到土壤中,不产生地表径流;当降雨强度大于土壤下渗能力时,土壤按照下渗能力进行下渗,超出下渗能力部分的降雨则形成地表径流。因此,使用格林-安普特下渗模型计算出流域内各位置在不同时刻的下渗能力,再根据降雨资料便可计算得到地表产流量。

在 GA 流模型中,蒸散发计算使用新安江模型中的三层蒸散发模型[13],河道汇流计算使用马斯京根汇流演算法[14]。

2.1.1 格林-安普特下渗模型

格林-安普特下渗模型是由格林和安普特[3]于 1911 年提出的均质土壤下渗模型,如图 2-1 所示。在下渗过程中,假定土壤湿润区与未湿润区之间存在一个水平的湿润锋,湿润区土壤含水率为饱和含水率,未湿润区为初始含水率,随着下渗过程的进行,湿润锋不断向下移动。格林-安普特下渗方程为:

$$f(t) = K_s \left[1 + \frac{\psi \Delta \theta}{F(t)} \right] \quad (2-1)$$

式中:$f(t)$ 为土壤下渗能力;K_s 为饱和水力传导度;ψ 为湿润锋处土壤吸力;$\Delta\theta$ 为饱和含水率与初始含水率之差;$F(t)$ 为累计下渗量;t 为时间。

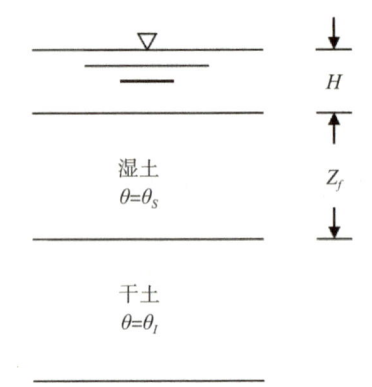

图 2-1 格林-安普特模型原理示意图

2.1.2 格林-安普特下渗能力分布曲线

格林-安普特下渗模型的应用条件为均质土壤,而在实际流域中土壤往往是非均质的。为了解决流域内降雨及土壤分布不均的问题,使格林-安普特模型能够应用于实际下渗及产流计算中,常用的方法是引入一条下渗能力分布曲线[11],如图 2-2 所示。其中,f'_m 为流域中某一点的下渗能力;f_{mm} 为流域中最大下渗能力;f_t 为流域平均下渗能力;PE 为时段净雨量;α 为下渗能力小于等于 f'_m 部分的流域面积;A 为全部流域面积。

该曲线类似于新安江模型中的蓄水容量曲线[13],假定在任意时刻,流域中各处土壤下渗能力分布呈抛物线形,其表达式为:

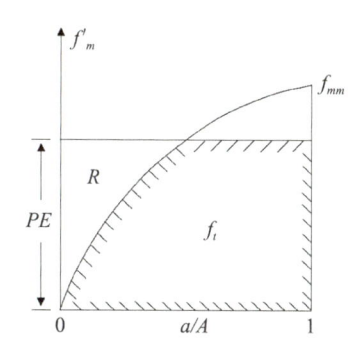

图 2-2 格林-安普特模型中的下渗能力分布曲线

$$\frac{a}{A} = 1 - \left(1 - \frac{f'_m}{f_{mm}}\right)^B \tag{2-2}$$

其中,B($B \geqslant 0$)为下渗能力分布曲线指数,用于控制曲线形状,由模型率定得到。当 $B=0$ 时,下渗能力分布曲线变成一条平行于 X 轴的直线,表示下垫面土壤分布均匀,流域内各位置下渗能力相同;当 $B>0$ 时,下渗能力分布曲线呈抛物线形,B 越大表示下垫面土壤分布越不均匀。由式(2-2)可得流域平均下渗能力:

$$f_t = \frac{f_{mm}}{1+B} \tag{2-3}$$

由此可以计算出流域中任意时段的产流量:
(1) 当时段净雨量 $PE \leqslant 0$ 时,产流量 $R = 0$;
(2) 当时段净雨量 $PE \geqslant 0$ 时,使用式(2-1)计算流域平均下渗能力 f_t;
(3) 根据 f_t 和 B,由式(2-3)计算流域最大下渗能力 f_{mm};
(4) 由式(2-4)计算产流量 R:

$$R = \begin{cases} \int_0^{PE} \frac{a}{A} df'_m, & PE \leqslant f_{mm} \\ PE - f_t, & PE > f_{mm} \end{cases} \tag{2-4}$$

则当前时段的下渗量为:

$$I = PE - R \tag{2-5}$$

第 τ 个时段的累计下渗量为:

$$F(t=\tau) = I(t=1) + I(t=2) + \cdots + I(t=\tau) \tag{2-6}$$

当累计下渗量超过最大累计下渗量 F_m 时,多出的水量则形成地下径流;
(5) 重复步骤(1)到步骤(4),依次进行下一时段的计算。

利用这条下渗能力分布曲线,解决了将格林-安普特下渗模型应用于非均质土壤的问题,使 GA 模型能够更好地用于半干旱地区洪水预报。

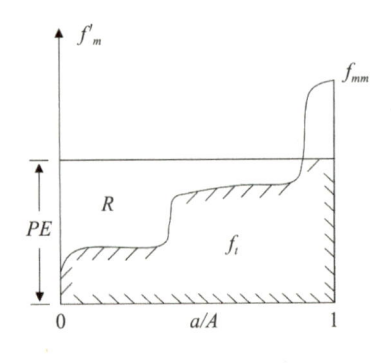

2.1.3 基于物理基础的下渗能力分布曲线

上节提到的下渗能力分布曲线是基于经验的曲线,认为在任意时刻流域中各处土壤下渗能力分布呈如式(2-2)所示的抛物线形状。然而这个假设与实际情况可能存在一定差异,实际流域下渗能力分布未必呈抛物线形。另外,为了模型率定和计算方便,经验下渗曲线认为在任何时刻流域中的下渗能力分布都满足式(2-2),曲线形状不随时间变化。而随着降雨的进行和变化,流域中各点下渗能力在不断变化,下渗能力曲线的形状也可能会发生改变,使用固定不变的经验下渗曲线进行产流计算可能会带来一定的误差。

为了克服经验下渗能力分布曲线的不足,本章提出了基于物理基础的下渗能力分布曲线,如图2-3所示,图中各变量含义与图2-2中相同。原经验曲线形状是通过指数B控制的,而这条具有物理基础的分布曲线形状是由降雨资料和土壤资料计算得到的。通过计算流域中每一点的下渗能力,可以得到一条类似图2-3中形状的下渗能力分布曲线;依次计算每一时刻流域中各点下渗能力,便可得到一条形状随时间不断变化的下渗能力分布曲线,利用这条下渗曲线代替原经验曲线进行产流计算[12]。

图2-3 基于物理基础的下渗能力分布曲线

根据美国农业部(the United States Department of Agriculture,USDA)土壤分类标准,Rawls等[15]给出了不同类型土壤的格林-安普特下渗模型中的四个参数值(表2-1):土壤总孔隙度、土壤有效孔隙度、湿润锋处土壤吸力和饱和水力传导度。利用这些土壤参数值,即可通过降雨资料和土壤类型分布资料计算出流域内各点在任意时刻的下渗能力,得到一条具有物理基础的下渗能力分布曲线。将这条下渗曲线应用于GA模型,并与原始基于经验下渗曲线的GA模型进行对比。使用的土壤资料分辨率为1 km×1 km,在每个网格内,土壤与降雨被视为均匀分布。

表 2-1　不同类型土壤的格林-安普特下渗参数

土壤类型	土壤总孔隙度 θ_t	土壤有效孔隙度 θ_e	湿润锋处土壤吸力 ψ (cm)	饱和水力传导度 K_s (cm/h)
砂土	0.437 (0.374～0.500)	0.417 (0.354～0.480)	4.95 (0.97～25.36)	11.78
壤质砂土	0.437 (0.363～0.506)	0.401 (0.329～0.473)	6.13 (1.35～27.94)	2.99
砂质壤土	0.453 (0.351～0.555)	0.412 (0.283～0.541)	11.01 (2.67～45.47)	1.09
壤土	0.463 (0.375～0.551)	0.434 (0.334～0.534)	8.89 (1.33～59.38)	0.34
粉质壤土	0.501 (0.420～0.582)	0.486 (0.394～0.578)	16.68 (2.92～95.39)	0.65
砂质黏壤土	0.398 (0.332～0.464)	0.330 (0.235～0.425)	21.85 (4.42～108.0)	0.15
黏壤土	0.464 (0.409～0.519)	0.309 (0.279～0.501)	20.88 (4.79～91.10)	0.10
粉质黏壤土	0.471 (0.418～0.524)	0.432 (0.347～0.517)	27.30 (5.67～131.5)	0.10
砂质黏土	0.430 (0.370～0.490)	0.321 (0.207～0.435)	23.90 (4.08～140.2)	0.06
粉质黏土	0.479 (0.425～0.533)	0.423 (0.334～0.512)	29.22 (6.13～139.4)	0.05
黏土	0.475 (0.427～0.523)	0.385 (0.269～0.501)	31.63 (6.39～156.5)	0.03

基于物理基础的下渗能力分布曲线及产流计算方法如下：

(1) 由式(2-1)计算流域内所有点的初始下渗能力 f'_m [f'_m 即式(2-1)中的 $f(t)$。K_s 和 ψ 值见表 2-1。$\Delta\theta = \theta_S - \theta_I$，其中，$\theta_S$ 为土壤饱和含水量，θ_I 为土壤初始含水量。θ_S 值等于土壤有效孔隙度 θ_e，由表 2-1 提供；θ_I 值由日模型率定得到。初始累计下渗量 $F(t)$ 给定一极小值 0.001]，将各点初始下渗能力从小到大排列得到一条初始下渗能力分布曲线(图 2-3)，图中横坐标表示流域中下渗能力小于等于 f'_m 的面积占总流域面积的比例。

(2) 利用降雨资料及土壤下渗能力 f'_m，计算每个网格内的径流量 $r_1, r_2, \cdots, r_n$。第 k 个网格的径流量 $r_k (k \in [1, n])$ 为：

$$r_k = \begin{cases} pe_k - f'_{k_m}, & pe_k \geqslant f'_{k_m} \\ 0, & pe_k < f'_{k_m} \end{cases} \qquad (2-7)$$

流域总径流量 R (图 2-3 中 R 代表的面积即为当前时段流域总径流量)为：

$$R = \sum_{k=1}^{n} r_k \qquad (2-8)$$

其中，n 为总网格数；pe_k 为第 k 个网格内的净雨量。则第 k 个网格内的下渗量 i_k ($k \in [1, n]$) 为：

$$i_k = pe_k - r_k \qquad (2-9)$$

流域总下渗量 I 为：

$$I = \sum_{k=1}^{n} i_k = PE - R \qquad (2-10)$$

其中，$PE = \sum_{k=1}^{n} pe_k$ 为总净雨量。第 k 个网格在第 τ 个时段的累计下渗量：

$$F_k(t=\tau) = i_k(t=1) + i_k(t=2) + \cdots + i_k(t=\tau) \tag{2-11}$$

每个网格存在一个最大累计下渗量 F_m，当累计下渗量超过最大累计下渗量 F_m 时，多出的水量则形成地下径流。

（3）将累计下渗量 $F_k(t=\tau)$ 代入式(2-1)，计算下一时段流域各处的下渗能力 f'_m 及下渗能力分布曲线。

（4）重复步骤(2)到步骤(3)，依次计算洪水过程中各时段的径流量 R 及下渗能力分布曲线。

这条具有物理基础的下渗能力分布曲线形状由降雨及流域土壤类型分布共同决定，并且曲线形状随时间不断变化。如图 2-3 所示，该曲线呈阶梯形，每个梯级代表一种类型的土壤，阶梯长度代表该类土壤覆盖面积占流域总面积的比例。由于同类土壤的性质及下渗参数几乎相同，当降雨均匀分布时，同类土壤下渗能力也非常接近。而不同土壤的下渗能力差别较大，因此该曲线呈现出阶梯形状。

2.2 模型率定与评价指标

将 GA 模型和 GA-PIC 模型应用在半干旱研究流域进行模拟对比，GA 模型使用的是经验下渗能力分布曲线，而 GA-PIC 模型使用的是基于物理基础的下渗能力分布曲线。在模型运算时，将研究流域划分为若干子流域，每个子流域内分别独立进行产汇流计算。由于经验下渗曲线中的形状参数 B 没有物理意义，是通过流域出口断面流量资料率定而得到的，因此每个子流域具有相同的形状参数 B，各子流域中下渗曲线形状也完全相同，且形状不随时间变化。而基于物理基础的下渗能力分布曲线是通过降雨及下垫面土壤资料计算得出的，由于不同子流域内降雨和土壤分布不同，子流域中下渗曲线形状也各不相同，并且随着降雨和时间变化，物理下渗曲线的形状也在不断变化。

2.2.1 模型参数率定方法

GA-PIC 模型中一些具有物理含义的参数值是由土壤性质决定的，如土壤饱和含水量 θ_s，湿润锋处土壤吸力 ψ 和饱和水力传导度 K_s。GA-PIC 模型中其余参数以及 GA 模型中的全部参数使用自动优选法与人工优选法结合率定。

格林-安普特模型中共有 8 个参数，根据相关研究[16,17]，将这 8 个参数分为敏感参数和不敏感参数，参数及其敏感性分类见表 2-2。敏感参数使用 SCE-UA 自动优化算法率定，不敏感参数根据其参数意义及人工经验手动率定，这样可以减少使用 SCE-UA 算法计算参数的数量，提高自动率定敏感参数的准确性。

对两种格林-安普特模型分别进行日模型率定和次洪模型率定，日模型计算时间步长为 24 h,主要目的是为次洪模型提供初始土壤含水量。为了研究模型计算步长对模拟结果的影响,次洪模型计算步长分别选择 5 min 和 10 min。表 2-3 列出了两种格林-安普特模型中各参数的率定方法。

表 2-2 格林-安普特模型参数敏感性分类

参数所属模块	参数	敏感性	
		敏感参数	不敏感参数
蒸散发模块	蒸散发折算系数 K	✓	
产流模块	饱和水力传导度 K_s	✓	
	土壤饱和含水量 θ_S		✓
	湿润锋处土壤吸力 ψ	✓	
	下渗能力分布曲线指数 B		✓
汇流模块	河网水流消退系数 C_s	✓	
	地下水消退系数 C_g		✓
	河道汇流马斯京根法系数 X		✓

表 2-3 格林-安普特模型参数率定方法

模型	参数及率定方法							
	K	K_s	θ_S	ψ	B	C_s	C_g	X
GA 模型	②	②	③	②	③	②	③	③
GA-PIC 模型	②	①	①	①	—	②	③	③

注:①表示由下垫面土壤性质确定(表 2-1);②表示使用自动优选法率定;③表示使用人工优选法率定;—表示模型中无该参数。

2.2.2 评价指标

选择 3 个指标作为 SCE-UA 算法率定参数的目标函数,分别为径流深相对误差(RE_{rd})、洪峰相对误差(RE_{pf})和确定性系数(NSE)。

选择 6 个评价指标来评判模型模拟结果,分别为径流深相对误差(RE_{rd})、径流深合格率(QR_{rd})、洪峰相对误差(RE_{pf})、洪峰合格率(QR_{pf})、峰现时间误差(TE_{pf})和确定性系数(NSE)。

2.3 模型应用

选择陕西省无定河曹坪站以上流域(以下简称"曹坪流域")为研究区域(图 2-4)。

曹坪水文站位于黄河无定河水系的二级支流岔巴沟,控制面积为 187 km²。该流域地貌主要为黄土丘陵沟谷,气候干旱,植被覆盖率较低,土壤侵蚀非常严重,是黄河中游主要的泥沙来源区。由于下垫面黄土层较厚且疏松,地表径流皆产生于大强度降雨,洪水历时短、强度大。

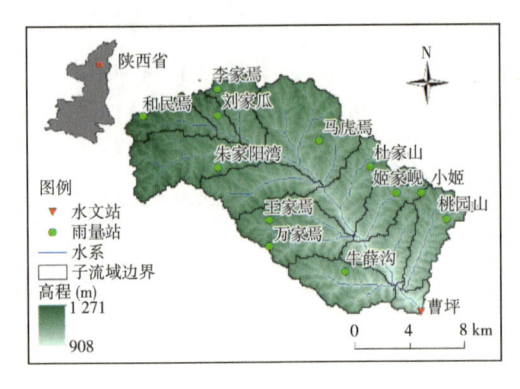

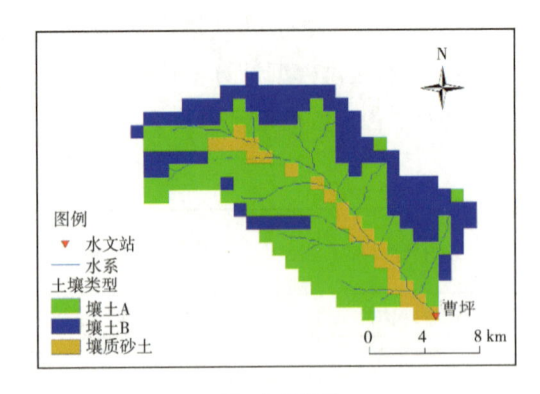

(a) 地理位置　　　　　　　　　　　　　　(b) 土壤类型

图 2-4　曹坪流域地理位置及土壤类型分布

在曹坪流域 17 场洪水中,选择 2000—2006 年中 10 场洪水率定模型参数,2006—2010 年中 7 场洪水作为检验。GA 模型和 GA-PIC 模型分别使用 5 min 和 10 min 两种时间步长计算,研究时间分辨率对模型模拟结果的影响。各模型参数值见表 2-4,各模型模拟结果见表 2-5。

比较 10 min 计算步长的两种模型,GA-PIC 模型在率定期和检验期均具有更高的洪峰合格率(QR_{pf})、确定性系数(NSE)和更小的径流深相对误差(RE_{rd})、洪峰相对误差(RE_{pf})。两种模型在率定期和检验期具有相同的径流深合格率(QR_{rd}),而 GA-PIC 模型在率定期峰现时间误差(TE_{pf})小于 GA 模型,在检验期峰现时间误差(TE_{pf})大于 GA 模型。总的来说,在 10 min 计算步长的模拟中,GA-PIC 模型表现比 GA 模型更好,尤其在检验期,GA-PIC 模型模拟的平均径流深相对误差和洪峰相对误差分别为 38.3% 和 40.5%,明显低于 GA 模型相应的误差值 54.0% 和 64.4%。

表 2-4　曹坪流域各模型参数值

模型	参数							
	K	K_s	θ_S	ψ	B	C_s	C_g	X
GA 模型 (10 min)	0.6	0.32	0.49	9.8	0.35	0.788	0.98	0.35
GA 模型 (5 min)	0.6	0.32	0.49	9.8	0.35	0.813	0.99	0.35
GA-PIC 模型 (10 min)	0.6	0.34/2.99	0.401/0.430/0.434	6.13/8.05/8.89	—	0.788	0.98	0.35
GA-PIC 模型 (5 min)	0.6	0.34/2.99	0.401/0.430/0.434	6.13/8.05/8.89	—	0.813	0.99	0.35

第 2 章 半干旱地区超渗产流模型研究

表 2-5 曹坪流域各模型模拟结果

模型	率定期						检验期					
	RE_{rd} (%)	QR_{rd} (%)	RE_{pf} (%)	QR_{pf} (%)	TE_{pf} (min)	NSE	RE_{rd} (%)	QR_{rd} (%)	RE_{pf} (%)	QR_{pf} (%)	TE_{pf} (min)	NSE
GA 模型(10 min)	28.2	100.0	37.2	40.0	40.0	0.04	54.0	85.7	64.4	0.0	22.9	0.36
GA 模型(5 min)	32.0	100.0	36.8	30.0	42.0	0.17	45.8	71.4	58.2	0.0	37.1	0.38
GA-PIC 模型 (10 min)	23.2	100.0	29.0	60.0	38.0	0.17	38.3	85.7	40.5	57.1	34.3	0.44
GA-PIC 模型 (5 min)	20.0	100.0	28.6	50.0	42.0	0.09	35.0	71.4	31.5	57.1	37.9	0.46

注:确定性系数(NSE)值为各场洪水平均值,径流深相对误差(RE_{rd})、洪峰相对误差(RE_{pf})和峰现时间误差(TE_{pf})为各场洪水绝对平均值,下同。

对于 5 min 计算步长的两种模型,GA-PIC 模型在率定期和检验期均具有更高的洪峰合格率和更低的径流深相对误差及洪峰相对误差。两种模型在率定期径流深合格率(100%)及峰现时间误差(42 min)相同;在检验期,两种模型具有相同的径流深合格率(71.4%),而 GA-PIC 模型的峰现时间误差为 37.9 min,略高于 GA 模型的 37.1 min。GA-PIC 模型模拟结果的确定性系数在率定期比 GA 模型低,但在验证期比 GA 模型高。总体来看,在 5 min 计算步长的模拟中,GA-PIC 模型表现同样比 GA 模型好。

综合比较 5 min 和 10 min 计算步长的各模型模拟结果,5 min 计算步长的 GA 模型和 GA-PIC 模型在模拟径流深相对误差和洪峰相对误差方面均比 10 min 计算步长的模型更好。在曹坪流域,实测降雨资料的时间分辨率为 5~20 min,实测径流资料的时间分辨率为 5~10 min,雨量站密度较高,约为 14 km²/站。不同计算步长模型的模拟结果表明,在半干旱地区,当实测资料的时空分辨率较高时,降低模型模拟计算步长可以更好地反映出降雨时空变化特点,能够提高模型模拟精度。

图 2-5 为 4 个格林-安普特模型对 20060812 号洪水的模拟洪水过程线对比情况。该场洪水起始于 2006-8-12 14:00:00,结束于 2006-8-13 4:00:00,实测洪峰流量 116.0 m³/s,实测径流深 2.83 mm。GA-PIC 模型(10 min)模拟的洪峰流量和径流深分别为 95.0 m³/s 和 2.85 mm,洪峰相对误差为 -18.1%,径流深相对误差为 0.71%;GA-PIC 模型(5 min)模拟的洪峰流量和径流深分别为 95.1 m³/s 和 3.13 mm,洪峰相对误差为 -18.0%,径流深相对误差为 10.6%。GA 模型(10 min)模拟洪峰流量为 26.7 m³/s,洪峰相对误差为 -77.0%,模拟径流深为 0.78 mm,径流深相对误差为 -72.4%;GA 模型(5 min)模拟洪峰流量为 27.8 m³/s,洪峰相对误差为 -76.0%,模拟径流深为 0.91 mm,径流深相对误差为 -67.8%。对于这场洪水,GA-PIC 模型对于洪峰和径流深的模拟结果明显好于 GA 模型,这主要得益于 GA-PIC 模型中更切合实际的下渗能力分布曲线。

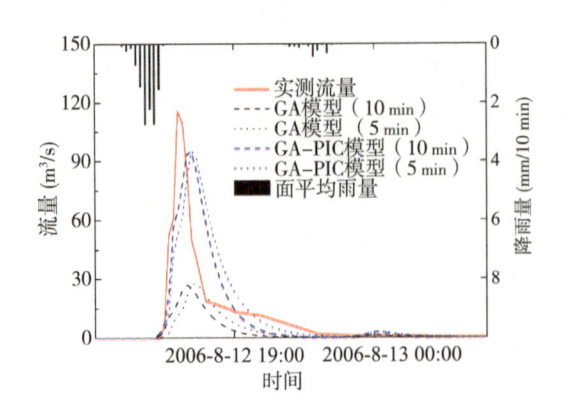

图 2-5　曹坪流域 20060812 号洪水模拟结果对比

在模型计算中,将曹坪流域分为 13 个子流域,图 2-6 为上述洪水过程中 10 min 计算步长的 GA 模型和 GA-PIC 模型在刘家瓜子流域的下渗曲线及其变化过程图。图 2-6(a)为 GA 模型中的经验下渗能力分布曲线,在该曲线中,每一点的下渗能力值 f'_m 会随降雨和时间变化而变化,但曲线的形状始终保持不变,满足式(2-2)所示的抛物线形,而且在每一个子流域中,下渗能力分布曲线具有相同的形状。GA-PIC 模型中基于物理基础的下渗能力分布曲线[图 2-6(b)]是根据降雨资料和土壤数据计算得出的,因此,该曲线的形状会随着降雨和时间变化而不断变化,并且在不同子流域中,由于降雨和土壤类型分布不同,下渗分布曲线的形状也各不相同。在刘家瓜子流域中,共有三种不同的土壤类型:壤土 A、壤土 B 和壤质砂土,这三种土壤类型的饱和水力传导度及湿润锋处土壤吸力等下渗参数值有所不同,因此在洪水起始时刻[图 2-6(b)中第一个子图],三种土壤的下渗能力各不相同,下渗曲线形状呈三层阶梯状。随着降雨的进行,三种土壤的下渗能力不断降低,壤土 A 和壤土 B 的下渗能力逐渐接近。直到洪水结束时刻,壤土 A 和壤土 B 的下渗能力已经非常接近,并且远小于壤质砂土的下渗能力[图 2-6(b)中第四个子图],因此下渗能力分布曲线变为两层阶梯形状。

在该场洪水中,刘家瓜子流域的最大产流发生在 2006-8-12 15:20:00—15:30:00 时段[图 2-6(a)和图 2-6(b)中第三个子图]。GA 模型在该时段计算径流深为 2.1 mm,而 GA-PIC 模型在该时段计算径流深为 5.0 mm,从图中可以看出,导致径流深计算差异的主要原因是下渗能力分布曲线形状的不同。GA-PIC 模型对这场洪水的洪峰流量和径流深模拟值都远大于 GA 模型模拟结果,更接近实测值,这也得益于 GA-PIC 模型中基于物理基础的下渗能力分布曲线。

(a) GA 模型(10 min)下渗曲线

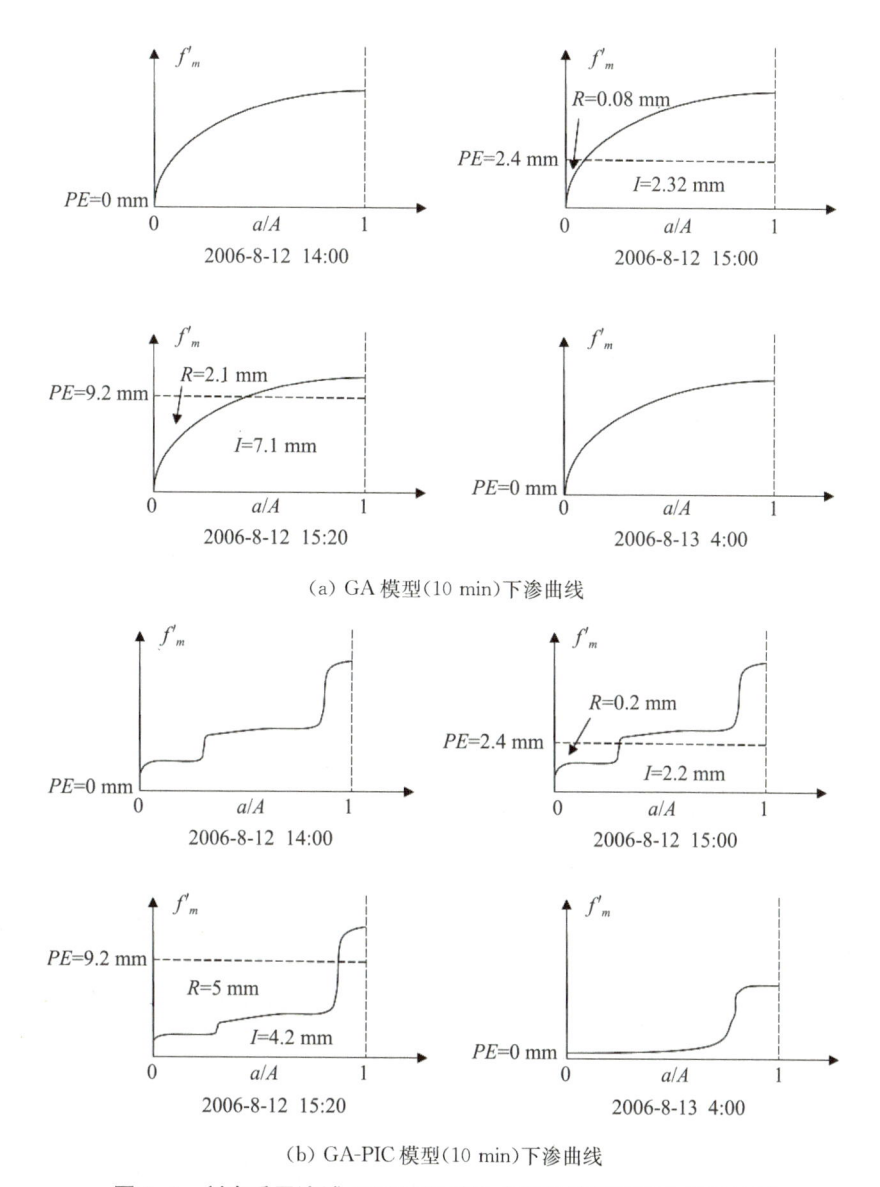

(b) GA-PIC 模型(10 min)下渗曲线

图 2-6　刘家瓜子流域 20060812 号洪水两种模型下渗曲线对比图

2.4　小结

本章提出了一种基于物理基础的下渗能力分布曲线,并将其应用于 GA 模型中,组合成新的半分布式超渗产流模型,即 GA-PIC 模型。通过在半干旱地区的模拟应用,证明了 GA-PIC 模型能够提高半干旱地区洪水预报精度。在半干旱地区,GA-PIC 模型在模拟径流深及洪峰流量方面比传统的 GA 模型精度更高。GA-PIC 模型中基于物理基础的下渗能力分布曲线有效地反映出流域内降雨及下垫面特征随时间和空间变化的特点。在不同的子流域内,物理下渗曲线的形状各不相同,并且会随着降雨和时间的变化而改变,这比传统 GA 模型中形状固定的经验下渗能力分布曲线更接近实际。同时,GA-PIC 模型中的三个参数:饱和水力传导度 K_s、土壤饱和含水量 θ_S 和湿润锋处土壤吸力 φ 是根据土壤性质得到的,不需要进行率定,因此,GA-PIC 模型在缺少洪水资料的地区比传统 GA 模型更加适用。

参考文献

[1] Simmers I. Understanding water in a dry environment: Hydrological processes in arid and semi-arid zones[M]. Lisse: A. A. Balkema Publisher, 2003.

[2] Mishra S K, Singh V P. Another look at the SCS-CN method[J]. Journal of Hydraulic Engineering, 1999, 4(3): 257-264.

[3] Green W H, Ampt G A. Studies on soil physics: 1. The flow of air and water through soils[J]. Journal of Agricultural Sciences, 1911, 4(1): 1-24.

[4] Philip J R. Theory of infiltration[J]. Advances in Hydroscience, 1969, 5: 215-296.

[5] Horton R I. The interpretation and application of runoff plot experiments with reference to soil erosion problems[J]. Soil Science Society of America Journal, 1938, 3: 340-349.

[6] Holtan H N. A concept for infiltration estimates in watershed engineering[Z]. Washington, D.C.: ARS41-51, U. S. Department of Agricultural Service, 1961.

[7] Huggins L F, Monke E J. The mathematical simulation of the hydrology of small watersheds[R]. Lafayette: Technical Report No. 1, Purdue Water Resources Research Centre, 1966.

[8] Smith R E. The infiltration envelope: Results from a theoretical infiltrometer[J]. Journal of Hydrology, 1972, 17(1-2): 1-22.

[9] Scoging H. Modelling overland-flow hydrology for dynamic hydraulics[A]//Parsons A J, Abrahams A D. Overland flow: Hydraulics and erosion mechanics[M]. London: UCL Press, 1992: 89-104.

[10] MuÑoz-Carpena R, Lauvernet C, Carluer N. Shallow water table effects on water, sediment, and pesticide transport in vegetative filter strips-Part 1: Nonuniform infiltration and soil water redistribution[J]. Hydrology and Earth System Sciences, 2018, 22(1): 53-70.

[11] 包为民. 格林-安普特下渗曲线的改进和应用[J]. 人民黄河, 1993(9): 1-3+61.

[12] 霍文博. 半湿润-半干旱地区产流机理及洪水预报模型研究[D]. 南京:河海大学, 2020.

[13] 赵人俊. 流域水文模拟——新安江模型和陕北模型[M]. 北京:水利电力出版

社,1984.

[14] McCarthy G T. The unit hydrograph and flood routing[R]. Conference of US Corps of Engineers, North Atlantic Division, 1938.

[15] Rawls W J, Brakensiek D L, Miller N. Green-Ampt infiltration parameters from soils data[J]. Journal of Hydraulic Engineering, 1983, 109(1): 62-70.

[16] Brocca L, Melone F, Moramarco T. On the estimation of antecedent wetness conditions in rainfall-runoff modelling[J]. Hydrological Processes, 2008, 22(5): 629-642.

[17] Gan Y D, Liu H, Jia Y W, et al. Infiltration-runoff model for layered soils considering air resistance and unsteady rainfall[J]. Hydrology Research, 2019, 50(2): 431-458.

第 3 章
半干旱地区分布式模型研究

为了对比研究半分布式模型与分布式模型在半干旱地区的应用效果,本章将半分布式的 GA-PIC 模型完全分布化,开发出一种基于网格计算的分布式格林-安普特超渗产流模型(Grid Green-Ampt model,Grid-GA 模型),在半干旱流域进行模拟预报,并与 GA-PIC 模型进行对比,探究哪种模型结构更适用于半干旱地区洪水预报[1]。

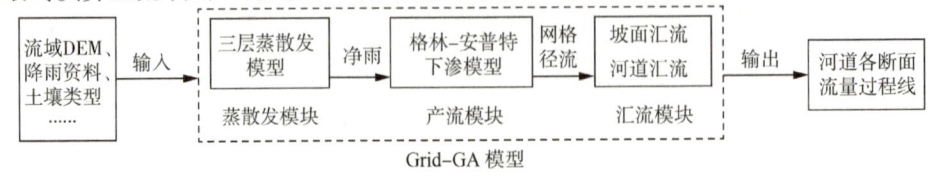

3.1 Grid-GA 模型构建

Grid-GA 模型是 GA-PIC 模型的完全分布化,两模型使用相同的蒸散发、产流和河道汇流计算方法。其中,蒸散发计算使用新安江模型中的三层蒸散发模型,超渗产流计算基于格林-安普特下渗模型,河道汇流计算使用马斯京根汇流演算法。与 GA-PIC 模型不同的是,Grid-GA 模型的蒸散发和产流计算都是在网格内进行的,坡面汇流和河道汇流计算也是在网格间进行的,该模型认为每个网格内的降雨、土壤性质等特征是均匀分布的,网格里不存在下渗能力分布曲线。

3.1.1 模型结构与原理

Grid-GA 模型的计算是在以 DEM 等数据为基础的网格内进行的,首先根据降雨资料计算出每个网格内的蒸散发量和净雨量,然后利用格林-安普特下渗模型计算每个网格内的产流量,根据网格之间的汇流演算次序,先进行坡面汇流计算,再进行河道汇流计算,最终演算至流域出口得到出口断面的流量过程。模型结构见图 3-1。

图 3-1 Grid-GA 模型结构框图

(1) 蒸散发计算

三层蒸散发模型将每个网格内的土壤分为三层：上层、下层和深层。当上层张力水蓄量足够时，上层土壤按蒸散发能力蒸发，此时上层蒸散发 E_u 为：

$$E_u = K \cdot E_M \tag{3-1}$$

式中：K 为蒸散发折算系数；E_M 为实测水面蒸发量。

若上层含水量不够蒸发，而下层水量足够时，剩余的蒸散发能力则从下层蒸发，此时下层蒸散发 E_l 为：

$$E_l = (K \cdot E_M - E_u) W_l / W_{lm} \tag{3-2}$$

式中：W_l 为实际土壤含水量；W_{lm} 为下层张力水蓄水容量。

当下层含水量也不够补给蒸发时，则由深层含水量补给，此时深层蒸散发 E_d 为：

$$E_d = C(K \cdot E_M - E_u) - E_l \tag{3-3}$$

式中：C 为深层蒸散发系数。时段总蒸散发量 $ET = E_u + E_l + E_d$。

Grid-GA 模型使用的降雨资料为雨量站观测资料，在进行网格降雨量计算前，先将流域按照自然分水岭划分为不同子流域，每个子流域内所有网格的降雨量等于其代表雨量站观测的降雨量，如图 3-2 所示。在网格内经过蒸散发计算后，可得到每个网格的净雨量：

$$pe = p - et \tag{3-4}$$

式中：p 为网格内降雨量；et 为网格内总蒸散发量。

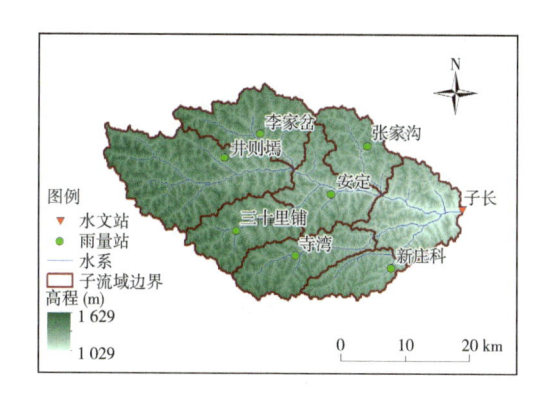

图 3-2 降雨量计算中子流域划分及各子流域代表雨量站

(2) 产流计算

使用格林-安普特下渗模型计算每个网格内土壤在不同时刻的下渗能力，根据超渗产流原理，当降雨强度大于土壤下渗能力时，超出下渗能力部分的降雨形成地表径流。第 2 章对格林-安普特下渗模型进行过详细介绍，此处不再赘述。

在第 2 章中介绍过,根据美国农业部(USDA)土壤分类标准,可以得到不同类型土壤的四个下渗参数值:土壤总孔隙度、土壤有效孔隙度、湿润锋处土壤吸力和饱和水力传导度。利用这些土壤参数值及蒸散发模块计算出的净雨量,即可由格林-安普特下渗方程计算每个网格内的超渗径流量,具体步骤如下:

① 由式(2-1)计算网格的下渗能力 f,其中饱和水力传导度 K_s、湿润锋处土壤吸力 ψ 和土壤饱和含水量 θ_S 的值可根据土壤类型得到,土壤初始含水量 θ_I 由日模型率定得到,初始累计下渗量 $F(t=1)$ 给定一极小值 0.001。

② 利用网格下渗能力 f 及净雨量 pe,计算网格内的径流量 r:

$$r = \begin{cases} pe - f, & pe \geq f \\ 0, & pe < f \end{cases} \tag{3-5}$$

③ 网格在当前时段的下渗量 i 为:

$$i = pe - r \tag{3-6}$$

第 τ 个时段网格内累计下渗量为:

$$F(t=\tau) = i(t=1) + i(t=2) + \cdots + i(t=\tau) \tag{3-7}$$

将累计下渗量 $F(t)$ 代入式(2-1),计算下一时段网格的下渗能力 f。每个网格存在一个最大累计下渗量 F_m,当累计下渗量超过最大累计下渗量 F_m 时,多出的水量则形成地下径流。

④ 重复步骤 ① 到步骤 ③,依次计算网格内各时段的径流量 r。

(3) 坡面汇流计算

模型中坡面汇流采用一维扩散波方程组计算[2]:

$$\begin{cases} \dfrac{\partial h_s}{\partial t} + \dfrac{\partial (u_s h_s)}{\partial x} = q_s \\ \dfrac{\partial h_s}{\partial x} = S_{oh} - S_{fh} \end{cases} \tag{3-8}$$

式中:h_s 为坡面水流水深(m);u_s 为坡面水流平均流速(m/s);q_s 为单位时间内计算的坡面径流深(m/s);t 为时间(s);x 为流径长度(m);S_{oh} 为沿出流方向的地表坡度;S_{fh} 为沿出流方向的地表摩阻比降。

在计算网格间坡面汇流时,需要将式(3-8)在每个网格单元上进行离散,其中连续性方程为:

$$\dfrac{\partial h_s}{\partial t} = \dfrac{1}{A_{gc}}[Q_{sup} + Q_s - Q_{sout}] \tag{3-9}$$

式中:A_{gc} 为网格单元面积(m^2);Q_s 为网格单元内径流量(m^3/s);Q_{sout} 为网格单元出流量(m^3/s);Q_{sup} 为上游网格入流量(m^3/s)。

在坡面汇流计算中考虑网格间的水量交换,若当前网格降雨强度大于下渗能力,此时当前网格下渗率达到下渗能力,上游网格入流在当前网格不发生下渗;若当前网格降雨强度小于下渗能力,则上游网格入流一部分在当前网格下渗,用于补充不足的降雨强度,当下渗率达到下渗能力时,剩余部分的入流继续流向下游网格。

使用基于两步法的 MacCormack 算法[3,4]的二阶显式有限差分格式进行扩散波方程组的求解,假设当前计算网格为 i,其下游网格为 k,则差分解法如下:

① 预测步

$$h_{s,i}^* = h_{s,i}^t + \frac{\Delta t}{A_{gc}}(Q_{sup,i}^t + Q_{s,i}^{t+1} - Q_{sout,i}^t) \tag{3-10}$$

$$h_{s,k}^* = h_{s,k}^t + \frac{\Delta t}{A_{gc}}(Q_{sup,k}^t + Q_{s,k}^{t+1} - Q_{sout,k}^t) \tag{3-11}$$

$$S_{fh,i}^* = S_{oh,i} - \frac{h_{s,k}^* - h_{s,i}^*}{\Delta x_i} \tag{3-12}$$

其中,Δx 为汇流路径长度(m)。设网格单元边长为 d (m),如图 3-3 所示,当网格出流方向为正向时,$\Delta x = d$,当出流方向为斜向时,$\Delta x = \sqrt{2}d$。

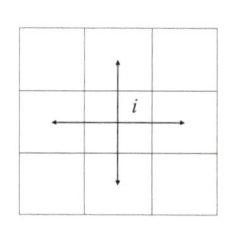

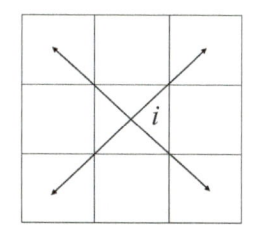

(a) 正向出流 (b) 斜向出流

图 3-3 网格径流流向

假设网格 i 出流的单宽流量为 $q_{sout,i}^*$,对于湍流而言,满足如下方程[5,6]:

$$q_{sout,i}^* = \frac{\sqrt{S_{fh,i}^*}}{n_h}(h_{s,i}^*)^{5/3} \tag{3-13}$$

$$Q_{sout,i}^* = q_{sout,i}^* L_e = \frac{\sqrt{S_{fh,i}^*}}{n_h}(h_{s,i}^*)^{5/3} L_e \tag{3-14}$$

式中:n_h 为地表曼宁糙率系数;L_e 为有效汇流宽度,正向出流时,$L_e = d$,斜向出流时,$L_e = \sqrt{2}d$。

② 校正步

$$h_{s,i}^{t+1} = \frac{1}{2}\left[h_{s,i}^t + h_{s,i}^* + \frac{\Delta t}{A_{gc}}(Q_{sup,i}^* + Q_{s,i}^{\overline{t+1}} - Q_{sout,i}^*)\right] \tag{3-15}$$

$$h_{s,k}^{t+1} = \frac{1}{2}\left[h_{s,k}^t + h_{s,k}^* + \frac{\Delta t}{A_{gc}}(Q_{sup,k}^* + Q_{s,k}^{\overline{t+1}} - Q_{sout,k}^*)\right] \tag{3-16}$$

$$S_{fh,i}^{t+1} = S_{oh,i} - \frac{h_{s,k}^{t+1} - h_{s,i}^{t+1}}{\Delta x_i} \tag{3-17}$$

$$Q_{sout,i}^{t+1} = \frac{\sqrt{S_{fh,i}^{t+1}}}{n_h} (h_{s,i}^{t+1})^{5/3} L_e \tag{3-18}$$

式中：$\overline{Q_{s,i}^{t+1}}$ 为预测步中计算得到的径流量（m³/s）。

上述所用的差分格式为显式差分，需要满足 CFL（Courant-Friedrichs-Lewy）条件才能稳定，即满足[7]：

$$\max\left[\frac{(u_s + \sqrt{gh_s})\Delta t}{\Delta x}\right] \leqslant 1 \tag{3-19}$$

其中：g 为重力加速度（m/s²）。

坡面汇流的初始条件与上、下边界条件分别为：

$$h_{s,i}^0 = Q_{sout,i}^0 = 0, \quad i = 1, 2, \cdots, k \tag{3-20}$$

$$Q_{sup} = 0 \tag{3-21}$$

$$h_{s,O} = h_{s,O+1} \tag{3-22}$$

其中：k 为流域内总网格数；O 为流域出口对应的网格数。

（4）河道汇流计算

Grid-GA 模型中河道汇流采用基于网格的马斯京根汇流演算法[8]计算。如图 3-4 所示，a、b、c 三个网格的流量分别为 Q_a、Q_b、Q_c。Q'_a、Q'_b、Q'_c 可通过马斯京根法计算得到：

$$Q_{i+1}^{t+1} = C_1 Q_i^t + C_2 Q_i^{t+1} + C_3 Q_{i+1}^t \tag{3-23}$$

其中：$C_1 = \dfrac{0.5\Delta t - X_e K_e}{(1 - X_e) K_e + 0.5\Delta t}$；$C_2 = \dfrac{0.5\Delta t + X_e K_e}{(1 - X_e) K_e + 0.5\Delta t}$；$C_3 = \dfrac{(1 - X_e) K_e - 0.5\Delta t}{(1 - X_e) K_e + 0.5\Delta t}$；$X_e$ 和 K_e 为马斯京根法的两个参数。

在 t 时刻，网格 d 的出流可表示为：

$$Q_d^t = Q'^t_a + Q'^t_b + Q'^t_c + Q^t_{s,d} \tag{3-24}$$

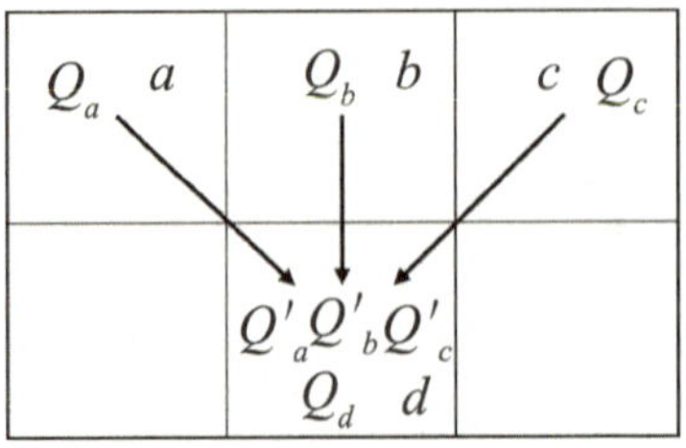

图 3-4　基于网格的马斯京根汇流演算法示意图

3.1.2 不同时空分辨率与土壤分层的 Grid-GA 模型

由于半干旱地区降雨及下垫面特征在时间和空间上分布极不均匀,因此选择不同的时空分辨率来计算 Grid-GA 模型,研究在现有观测降雨资料情况下模型时空分辨率对模拟结果的影响。在时间尺度上分别使用 5 min 和 10 min 两种时间步长运算模型,在空间尺度上分别选择 90 m 分辨率网格和 1 km 分辨率网格作为模型蒸散发、产流及汇流计算的基本单元。

自然界中土壤的性质在垂向上会有差异,即使同一类土壤上层和下层的孔隙度可能不同,下渗参数也有差别。为了考虑土壤性质在垂向上分布不均对产流造成的影响,在 Grid-GA 模型产流计算中将土壤分为两层(图 3-5),上层饱和水力传导度、湿润锋处土壤吸力和饱和含水量与初始含水量之差分别为 K_{s1},ψ_1 和 $\Delta\theta_1$,下层相应的下渗参数分别为 K_{s2},ψ_2 和 $\Delta\theta_2$。设上层土壤厚度为 H_1,湿润锋距土壤表面的深度为 Z_f。

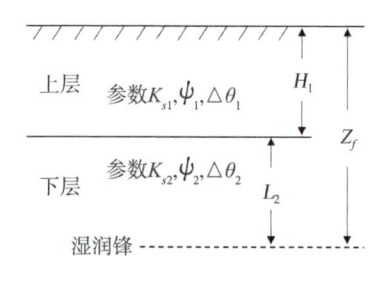

图 3-5 两层格林-安普特产流模型

当下渗刚开始进行时,湿润锋位于上层土壤中,即 $Z_f < H_1$,根据水量平衡原理,可得出累计入渗量 F 和湿润锋距土壤表面的深度 Z_f 的关系为:

$$F = \Delta\theta_1 Z_f \tag{3-25}$$

此时,土壤下渗能力 f 仍按照原始格林-安普特公式计算:

$$f = K_{s1}\left(1 + \frac{\psi_1 \Delta\theta_1}{F}\right) \tag{3-26}$$

随着下渗过程的持续,湿润锋不断向下移动,当湿润锋到达下层土壤,即 $Z_f > H_1$ 时,累计入渗量 F 和上层土壤厚度 H_1 之间有如下关系:

$$F > \Delta\theta_1 H_1 \tag{3-27}$$

设湿润锋与上下土层边界的距离为 L_2,根据 Darcy 定律可推导出当湿润锋位于下层土壤时土壤下渗能力 f 为[9]:

$$f = \frac{K_{s1} K_{s2}}{H_1 K_{s2} + L_2 K_{s1}}(\psi_2 + H_1 + L_2) \tag{3-28}$$

此时累计入渗量 F 可表示为：

$$F = \Delta\theta_1 H_1 + \Delta\theta_2 L_2 \tag{3-29}$$

联立式(3-28)和式(3-29)消去 L_2，可得土壤下渗能力 f 与累计入渗量 F 之间的关系：

$$f = \frac{\Delta\theta_2 K_{s1} K_{s2}}{\Delta\theta_2 H_1 K_{s2} + K_{s1}(F - \Delta\theta_1 H_1)} \left(\psi_2 + H_1 + \frac{F - \Delta\theta_1 H_1}{\Delta\theta_2} \right) \tag{3-30}$$

式(3-30)即为两层土壤中湿润锋位于下层土壤时的格林-安普特公式。Rawls 等人通过实验研究给出了各类土壤不同土层的格林-安普特下渗参数[10]。根据式(3-30)，结合降雨资料，即可计算每个网格单元内的产流量，计算方法见本章 3.1.1 节中"产流计算"部分。

采用单层产流 Grid-GA 模型与两层产流 Grid-GA 模型分别在半干旱地区进行模拟，研究哪种产流计算方法更符合实际，在半干旱地区应用效果更好。

3.2　单层产流 Grid-GA 模型与 GA-PIC 模型应用比较

单层产流 Grid-GA 模型与 GA-PIC 模型在产流计算中都将土壤分为一层，认为土壤性质在垂向上是均匀的。在产流计算中，两模型都是基于格林-安普特公式计算超渗地表径流，并且使用相同的土壤下渗参数；不同的是单层产流 Grid-GA 模型产流计算是以网格为单元，在每个网格内计算产流，而 GA-PIC 模型是利用物理下渗曲线在整个子流域上计算产流。在坡面汇流计算中，单层产流 Grid-GA 模型使用一维扩散波方程分别计算每个网格的汇流过程，而 GA-PIC 模型使用线性水库和滞后演算法以整个子流域为单位计算汇流。两模型在河道汇流计算中都使用马斯京根法，单层产流 Grid-GA 模型采用基于网格的马斯京根法在河道网格间计算，而 GA-PIC 模型使用传统的马斯京根法在河道断面间计算汇流。

为了研究时间和空间分辨率对模型模拟结果的影响，分别选择 5 min 和 10 min 两种时间步长来运算单层产流 Grid-GA 模型与 GA-PIC 模型，以及 90 m×90 m 和 1 km×1 km 的网格作为单层产流 Grid-GA 模型计算的基本单元。选择径流深相对误差(RE_{rd})、径流深合格率(QR_{rd})、洪峰相对误差(RE_{pf})、洪峰合格率(QR_{pf})、峰现时间误差(TE_{pf})和确定性系数(NSE)共 6 个评价指标来评判模型模拟结果。

3.2.1　1 km 分辨率 Grid-GA 模型与 GA-PIC 模型的应用比较

与第 2 章相同，选择曹坪流域作为 1 km 分辨率的 Grid-GA 模型与 GA-PIC 模型对比研究的实验流域。在曹坪流域 17 场洪水中，选择 2000—2006 年的 10 场洪水率定模型参数，2006—2010 年的 7 场洪水作为检验。各模型模拟结果见表 3-1。

表 3-1　曹坪流域 1 km 分辨率的 Grid-GA 模型与 GA-PIC 模型模拟结果对比

模型	率定期						检验期					
	RE_{rd}(%)	QR_{rd}(%)	RE_{pf}(%)	QR_{pf}(%)	TE_{pf}(min)	NSE	RE_{rd}(%)	QR_{rd}(%)	RE_{pf}(%)	QR_{pf}(%)	TE_{pf}(min)	NSE
GA-PIC 模型(10 min)	23.2	100.0	29.0	60.0	38.0	0.17	38.3	85.7	40.5	57.1	34.3	0.44
GA-PIC 模型(5 min)	20.0	100.0	28.6	50.0	42.0	0.09	35.0	71.4	31.5	57.1	37.9	0.46
Grid-GA 模型(10 min,1 km 分辨率)	26.1	100.0	26.3	60.0	35.0	0.17	38.2	85.7	32.4	57.1	14.3	0.56
Grid-GA 模型(5 min,1 km 分辨率)	24.0	100.0	27.0	60.0	34.0	0.20	39.0	85.7	33.1	57.1	15.7	0.55

首先对比 10 min 计算步长的两模型,在率定期,Grid-GA 模型与 GA-PIC 模型具有相同的径流深合格率(100%)、洪峰合格率(60%)和确定性系数(0.17)。Grid-GA 模型的径流深相对误差(26.1%)高于 GA-PIC 模型的相应值(23.2%),但其洪峰相对误差(26.3%)和峰现时间误差(35 min)分别低于 GA-PIC 模型的相应值(29.0%和 38 min)。在检验期,两模型也具有相同的径流深合格率(85.7%)和洪峰合格率(57.1%)。Grid-GA 模型的径流深相对误差与 GA-PIC 模型的非常接近,分别为 38.2%和 38.3%,而 Grid-GA 模型的洪峰相对误差和峰现时间误差分别为 32.4%和 14.3 min,明显低于 GA-PIC 模型的相应值 40.5%和 34.3 min。由于 Grid-GA 模型峰现时间误差更小,模拟过程线与实际洪水过程线拟合得更好,因此其确定性系数(0.56)也高于 GA-PIC 模型的确定性系数(0.44)。总体来看,在率定期,两模型模拟结果比较接近,Grid-GA 模型对径流深的模拟精度稍低于 GA-PIC 模型,而对洪峰的模拟精度稍高于 GA-PIC 模型;在检验期,两模型对径流深模拟精度相当,而 Grid-GA 模型对洪峰的模拟精度显著高于 GA-PIC 模型,尤其是峰现时间误差有大幅降低。

对比 5 min 计算步长的两模型结果可以发现,在率定期,Grid-GA 模型径流深相对误差(24.0%)稍高于 GA-PIC 模型的相应值(20.0%),而其洪峰相对误差和峰现时间误差(27.0%和 34.0 min)低于 GA-PIC 模型的相应值(28.6%和 42.0 min)。在检验期,Grid-GA 模型径流深相对误差(39.0%)和洪峰相对误差(33.1%)都高于 GA-PIC 模型的相应值(35.0%和 31.5%),但其峰现时间误差为 15.7 min,明显低于 GA-PIC 模型的峰现时间误差(37.9 min),因此 Grid-GA 模型的确定性系数(0.55)高于 GA-PIC 模型的相应值(0.46)。总体上,Grid-GA 模型对径流深和洪峰的模拟精度相比于 GA-PIC 模型并没有提高,但对峰现时间的模拟精度比 GA-PIC 模型有较大提高。

综合比较四个模型的表现,1 km 分辨率的 Grid-GA 模型与 GA-PIC 模型对径流深和洪峰流量的模拟各有优势,但差别不大,总体上表现相当,但对峰现时间的模拟差别较大,尤其在检验期,两个 Grid-GA 模型的平均峰现时间误差为 15 min,而两个 GA-PIC 模型的平均峰现时间误差为 36.1 min。图 3-6 展示了曹坪流域四个模型模拟结果的峰现时间误差,从图中可以看出,率定期两个 Grid-GA 模型峰现时间误差中位数稍小于两个 GA-PIC 模型,但最小峰现时间误差大于两个 GA-PIC 模型,而检验期两个 Grid-GA 模型峰现时间误差的中位数,最大值和最小值都小于两个 GA-PIC 模型。模拟结果说明 Grid-GA 模型中分布式的坡面汇流与河道汇流模块能够更准确地计算出径流汇到流域出口断面的时间。

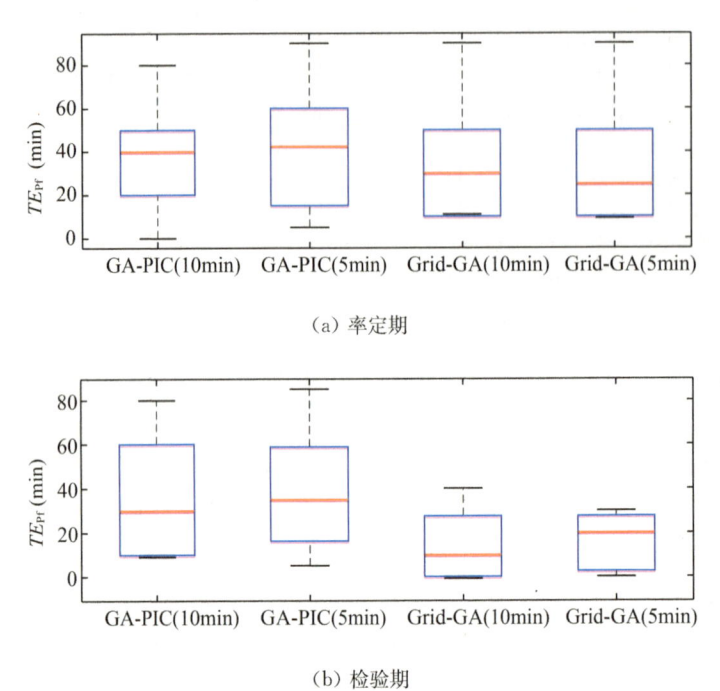

(a) 率定期

(b) 检验期

图 3-6　曹坪流域各模型模拟结果峰现时间误差箱线图

分析 Grid-GA 模型和 GA-PIC 模型模拟的各场洪水过程线图可以发现,两模型在对不同类型的洪水进行模拟时有各自的特点和优势。图 3-7 为 Grid-GA 模型与 GA-PIC 模型对曹坪流域检验期 20100504 号洪水模拟的洪水过程线对比图。该场洪水实测总雨量为 7.4 mm,实测洪峰流量为 20.8 m³/s,实测径流深为 0.60 mm,降雨量和产流量都非常小。GA-PIC 模型(10 min)模拟的洪峰流量和径流深分别为 2.2 m³/s 和 0.08 mm,洪

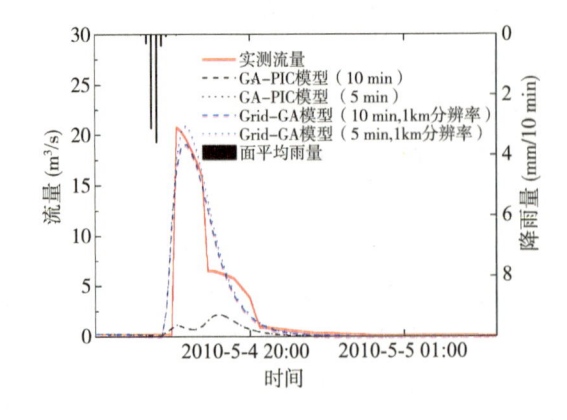

图 3-7　曹坪流域 20100504 号洪水各模型模拟结果对比图

峰相对误差为 -89.4%，径流深相对误差为 -86.7%，GA-PIC 模型(5 min)的模拟结果和 GA-PIC 模型(10 min)结果非常接近。显然，对于这场由小降雨量引起的洪峰较低的洪水，GA-PIC 模型对产流量的模拟误差很大。Grid-GA 模型(10 min，1 km 分辨率)模拟的洪峰流量和径流深分别为 19.0 m³/s 和 0.59 mm，洪峰相对误差为 -8.7%，径流深相对误差为 -1.7%，模拟精度明显高于 GA-PIC 模型，而 Grid-GA 模型(5 min，1 km 分辨率)模拟结果与 Grid-GA 模型(10 min，1 km 分辨率)也比较接近。

通过分析曹坪流域各场洪水过程线可以发现，在对降雨量较小、产流量较低的洪水模拟中，Grid-GA 模型往往比 GA-PIC 模型表现得更好，径流深和洪峰误差更小。在这场洪水中，由于降雨量和雨强较小，流域中只有少部分土湿大、土层较薄、下渗能力小的区域产生了径流。Grid-GA 模型是在每个网格上单独计算产流的，各网格产流与否、产流量大小都相互独立，因此 Grid-GA 模型能够较精确地计算出流域任何一个位置的产流过程。而 GA-PIC 模型是利用下渗能力分布曲线在整个子流域面积上计算产流，对于个别区域产生的少量径流模拟得不够精确。在降雨量小、径流量小的洪水中，Grid-GA 模型能够比 GA-PIC 模型更准确地模拟出产流面积的分布和产流量大小。

另外，实测洪水过程只有一个洪峰，而 GA-PIC 模型模拟的洪水出现了两个洪峰，峰现时间误差为 80 min，说明在这场洪水中 GA-PIC 模型对汇流时间的模拟误差较大，各子流域的洪峰本应在同一时刻汇到总流域出口，而 GA-PIC 模型模拟的各子流域洪峰并未同时汇到总流域出口，因此出现两个洪峰。Grid-GA 模型在这场洪水中峰现时间误差为 20 min，模拟的洪峰形状与实际洪峰形状非常接近，并且只有一个洪峰，这说明在 Grid-GA 模型中，基于网格的坡面汇流和河道汇流计算模块更准确地模拟出了流域上不同位置的产流汇到总流域出口的过程。

图 3-8 为 Grid-GA 模型与 GA-PIC 模型对曹坪流域检验期 20090719 号洪水模拟的洪水过程线对比图。该场洪水实测总雨量为 28.2 mm，实测洪峰流量为 88.3 m³/s，实测径流深为 3.53 mm，降雨量和产流量相对较大。GA-PIC 模型(10 min)模拟的洪峰流量和径流深分别为 77.9 m³/s 和 3.52 mm，洪峰相对误差为 -11.8%，径流深相对误差为

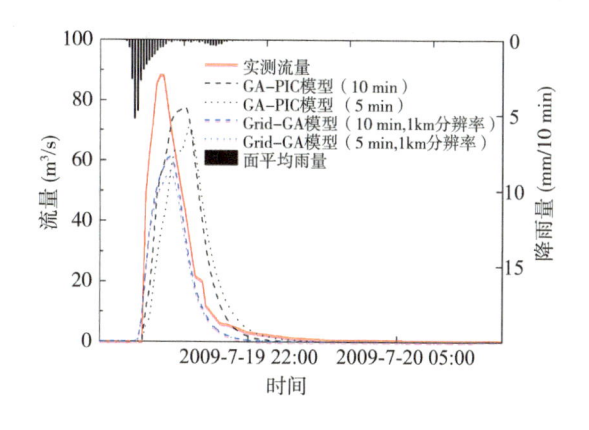

图 3-8　曹坪流域 20090719 号洪水各模型模拟结果对比

−0.28%。GA-PIC 模型(5 min)的模拟结果和 GA-PIC 模型(10 min)的模拟结果类似,洪峰相对误差和径流深相对误差分别为−19.4%和−6.5%。在这场洪水中,Grid-GA 模型对洪峰和径流深的模拟结果不如 GA-PIC 模型,Grid-GA 模型(10 min,1 km 分辨率)模拟的洪峰流量和径流深分别为 61.3 m^3/s 和 2.33 mm,对应的相对误差分别为−30.6%和−34.0%,而 Grid-GA 模型(5 min,1 km 分辨率)的洪峰流量和径流深分别为 56.3 m^3/s 和 2.16 mm,对应的相对误差分别为−36.2%和−38.8%。

在这场洪水中,由于降雨量相对较大,产流面积和产流量也较大,Grid-GA 模型中产生径流的网格数较多,在网格间进行产汇流计算时会存在一定误差,而参与计算的网格越多,累积误差也会越大。利用下渗能力分布曲线在整个子流域面积上计算产流的 GA-PIC 模型则不存在累积误差的问题,因此对于该场洪水,GA-PIC 模型在洪峰流量模拟和径流深模拟方面的精度都高于 Grid-GA 模型。不过,Grid-GA 模型的峰现时间误差比 GA-PIC 模型更小,两个 Grid-GA 模型峰现时间误差都为 20 min,而 GA-PIC 模型(10 min)和 GA-PIC 模型(5 min)的峰现时间误差分别为 60 min 和 70 min,因此两个 Grid-GA 模型的确定性系数(分别为 0.87 和 0.84)高于两个 GA-PIC 模型的确定性系数(分别为 0.67 和 0.50)。在这场洪水中,同样是 Grid-GA 模型中分布式的汇流计算方法对汇流时间的计算更为准确。

对比不同时间步长的两个 Grid-GA 模型可以看出,在率定期,Grid-GA 模型(5 min)在径流深相对误差、峰现时间误差和确定性系数方面的模拟结果都稍好于 Grid-GA 模型(10 min),而其洪峰相对误差比 Grid-GA 模型(10 min)的稍大。在检验期,两模型结果各项评价指标比较接近,Grid-GA 模型(10 min)的模拟精度稍高于 Grid-GA 模型(5 min)。总体上两个不同时间步长的 Grid-GA 模型在曹坪流域表现相当,降低 Grid-GA 模型的计算步长并没有提高模拟精度。第 2 章分析过 GA-PIC 模型在曹坪流域的表现,将 GA-PIC 模型计算步长从 10 min 降低到 5 min 后,模型对径流深和洪峰流量的模拟精度都有一定提高,但对于 Grid-GA 模型,降低计算步长后并没有表现得更好。其原因主要是两模型产流计算的差异,GA-PIC 模型是在整个子流域面积上计算产流,并不考虑流域内不同位置的水量交换,而 Grid-GA 模型在计算坡面汇流时考虑了网格间的水量交换,当网格内降雨强度小于下渗能力时,上游网格入流一部分在当前网格下渗,用于补充不足的降雨强度,当下渗率达到下渗能力时,剩余部分的入流继续流向下游网格。网格间的水量交换会影响每个网格内产流量的计算,因此在同一场洪水中,Grid-GA 模型计算出的总径流量和 GA-PIC 模型计算出的总径流量会有差别。在进行网格间水量交换计算时,由于降雨资料、土壤参数、模型结构和原理等与实际情况都会存在一定误差,因此水量交换计算也存在误差。当把 Grid-GA 模型计算步长从 10 min 降为 5 min 时,网格间水量交换的计算量也会翻倍,导致计算误差累积,这部分增加的误差与降低模型计算步长获得的精度提高相互抵消,因此两个不同计算步长的 Grid-GA 模型表现相当。

3.2.2　90 m 分辨率 Grid-GA 模型与 GA-PIC 模型的应用比较

90 m 分辨率 Grid-GA 模型在曹坪流域的应用效果见表 3-2。

表 3-2　曹坪流域不同分辨率 Grid-GA 模型与 GA-PIC 模型模拟结果对比

模型	率定期						检验期					
	RE_{rd} (%)	QR_{rd} (%)	RE_{pf} (%)	QR_{pf} (%)	TE_{pf} (min)	NSE	RE_{rd} (%)	QR_{rd} (%)	RE_{pf} (%)	QR_{pf} (%)	TE_{pf} (min)	NSE
GA-PIC 模型(10 min)	23.2	100.0	29.0	60.0	38.0	0.17	38.3	85.7	40.5	57.1	34.3	0.44
GA-PIC 模型(5 min)	20.0	100.0	28.6	50.0	42.0	0.09	35.0	71.4	31.5	57.1	37.9	0.46
Grid-GA 模型 (10 min, 1 km 分辨率)	26.1	100.0	26.3	60.0	35.0	0.17	38.2	85.7	32.4	57.1	14.3	0.56
Grid-GA 模型 (5 min, 1 km 分辨率)	24.0	100.0	27.0	60.0	34.0	0.20	39.0	85.7	33.1	57.1	15.7	0.55
Grid-GA 模型 (10 min, 90 m 分辨率)	25.7	100.0	27.2	60.0	32.0	0.17	39.8	85.7	31.5	57.1	12.9	0.56
Grid-GA 模型 (5 min, 90 m 分辨率)	25.3	100.0	26.6	60.0	32.5	0.18	37.1	85.7	32.6	57.1	13.6	0.58

当计算步长为 10 min 时，在率定期，90 m 分辨率和 1 km 分辨率的 Grid-GA 模型具有相同的径流深合格率和洪峰合格率，分别都为 100%和 60%。90 m 分辨率的 Grid-GA 模型的径流深相对误差为 25.7%，稍低于 1 km 分辨率的 Grid-GA 模型(26.1%)，而其洪峰相对误差为 27.2%，稍高于 1 km 分辨率的 Grid-GA 模型(26.3%)。90 m 分辨率的 Grid-GA 模型平均峰现时间误差为 32 min，比 1 km 分辨率的 Grid-GA 模型的平均峰现时间误差缩短了 3 min，而两模型确定性系数相同，都为 0.17。在检验期，不同分辨率的两模型在径流深和洪峰流量方面模拟精度也比较接近，两模型具有相同的径流深合格率和洪峰合格率，90 m 分辨率的 Grid-GA 模型径流深相对误差稍高于 1 km 分辨率的 Grid-GA 模型，而洪峰相对误差稍低于 1 km 分辨率的 Grid-GA 模型。和率定期相似，在检验期，90 m 分辨率的 Grid-GA 模型对峰现时间的模拟精度高于 1 km 分辨率的 Grid-GA 模型，7 场洪水的平均峰现时间误差为 12.9 min，比 1 km 分辨率的 Grid-GA 模型缩短了 1.4 min。综合率定期和检验期的结果可以看出，将 Grid-GA 模型计算网格单元大小从 1 km×1 km 降低为 90 m×90 m 后，模型对径流深和洪峰流量的模拟精度没有提高，但平均峰现时间误差有所减小。

对比 5 min 计算步长不同分辨率的两个 Grid-GA 模型，可以发现相似的结论：90 m 分辨率和 1 km 分辨率的两模型对径流深和洪峰流量的模拟误差非常接近，但 90 m 分辨率的 Grid-GA 模型对峰现时间的模拟精度比 1 km 分辨率的 Grid-GA 模型更高。在率定期 10 场洪水中，90 m 分辨率的 Grid-GA 模型平均峰现时间误差为 32.5 min，比 1 km 分辨率的 Grid-GA 模型 34 min 的峰现时间误差缩短了 1.5 min；在检验期 7 场洪水中，90 m 分辨率的 Grid-GA 模型平均峰现时间误差为 13.6 min，比 1 km 分辨率的 Grid-GA 模型的峰现时间误差缩短了 2.1 min。

在曹坪流域，90 m 分辨率和 1 km 分辨率的 Grid-GA 模型对径流深和洪峰流量的模拟精度相当，其主要原因是两模型输入资料的精度相同。两模型所用的蒸散发资料相同，降雨资料都为相同雨量站的观测资料，虽然不同分辨率的 Grid-GA 模型计算网格大小不同,但在流域同一位置的网格中输入的降雨量值是相同的。两模型使用的土壤类型资料原始分辨率都为 1 km,在 90 m 分辨率的 Grid-GA 模型中,使用降尺度方法将土壤类型资料的分辨率从 1 km 转化为 90 m 后输入模型,因此本质上,两个 Grid-GA 模型使用的土壤类型数据也是相同的。通过两模型对比研究可以发现,当输入资料的精度相同时,单纯地降低 Grid-GA 模型网格单元大小、提高模型计算的分辨率,并不会提高模型对径流深和洪峰流量的模拟精度,相反,这样会增加模型运算量和运算时间,还可能造成累积误差增加从而影响模型精度。

90 m 分辨率的 Grid-GA 模型对峰现时间的模拟精度比 1 km 分辨率的 Grid-GA 模型更高,说明降低模型网格单元大小可以使模型对汇流时间的模拟更准确。在 1 km 分辨率的 Grid-GA 模型中,每个网格单元的大小为 1 km×1 km,每个网格中的径流作为一个整体参与汇流计算,最终同时汇集到流域出口。实际上,在 1 km×1 km 网格内不同位置产生的径流的汇流时间也有不同,尤其对于曹坪流域这样面积较小、汇流时间短、洪水陡涨陡落的流域,几分钟的汇流时间误差也会比较明显,因此使用 1 km×1 km 的网格进行坡面汇流计算时会产生汇流时间误差。在进行河道汇流计算时,模型中每个河道网格单元的大小也是 1 km×1 km,这个面积远大于实际河道面积,导致河道汇流计算中也存在一定误差。而使用 90 m×90 m 的网格计算时,由于网格内不同位置产生的径流实际汇流时间更接近,坡面汇流计算误差更小,并且模型中河道网格单元大小与实际情况更接近,河道汇流计算也更加精确,因此 90 m 分辨率的 Grid-GA 模型对峰现时间的模拟精度比 1 km 分辨率的 Grid-GA 模型高。

3.3 两层产流 Grid-GA 模型与单层产流 Grid-GA 模型应用比较

两层产流 Grid-GA 模型与单层产流 Grid-GA 模型只在产流计算方法上有区别。在两层产流 Grid-GA 模型中,土壤被分为上层和下层,上下两层土壤的部分下渗参数不同,在下渗过程中,当湿润锋进入下层土壤时,下渗能力按照式(3-30)计算。在其余蒸散发、坡面汇流及河道汇流等模块,两模型的计算方法完全相同。

对比两层产流 Grid-GA 模型与单层产流 Grid-GA 模型在曹坪流域的应用效果。两模型都选择 10 min 为计算步长,使用 1 km×1 km 的网格作为计算基本单元。

由于研究流域中各类土壤上层和下层的饱和水力传导度相同,即式(3-30)中 K_{s1}、K_{s2} 相等,令 $K_{s1} = K_{s2} = K_s$,则式(3-30)可简化为:

$$f = \frac{\Delta \theta_2 K_s}{F + H_1(\Delta \theta_2 - \Delta \theta_1)} \left(\psi_2 + H_1 + \frac{F - \Delta \theta_1 H_1}{\Delta \theta_2} \right) \tag{3-31}$$

式中:f 为土壤下渗能力;F 为累计入渗量;H_1 为上土层厚度;K_s 为上下土层饱和水力传导度;ψ_2 为下层湿润锋处土壤吸力;$\Delta \theta_1$ 和 $\Delta \theta_2$ 分别为上层和下层土壤饱和含水量与初始含水量之差。

使用式(3-31)的条件是湿润锋进入下层土壤,即需满足式(3-27)中 $F > \Delta\theta_1 H_1$。当湿润锋位于上层土壤时,仍使用原格林-安普特公式[式(3-26)]计算土壤下渗能力。两流域模拟结果统计指标见表3-3,所选洪水及其率定期和检验期洪水场次与上文相同。

表3-3 曹坪流域单层产流Grid-GA模型与两层产流Grid-GA模型模拟结果对比

模型	率定期						检验期					
	RE_{rd} (%)	QR_{rd} (%)	RE_{pf} (%)	QR_{pf} (%)	TE_{pf} (min)	NSE	RE_{rd} (%)	QR_{rd} (%)	RE_{pf} (%)	QR_{pf} (%)	TE_{pf} (min)	NSE
单层产流 Grid-GA 模型	26.1	100.0	26.3	60.0	35.0	0.17	38.2	85.7	32.4	57.1	14.3	0.56
两层产流 Grid-GA 模型	24.7	100.0	25.7	70.0	35.0	0.20	36.9	85.7	32.2	57.1	15.7	0.56

在曹坪流域,率定期单层产流 Grid-GA 模型与两层产流 Grid-GA 模型具有相同的径流深合格率(100%)和平均峰现时间误差(35 min)。两层产流 Grid-GA 模型的径流深相对误差和洪峰相对误差分别为 24.7% 和 25.7%,都低于单层产流 Grid-GA 模型的相应值 26.1% 和 26.3%,同时两层产流 Grid-GA 模型在率定期的洪峰合格率为 70%,比单层产流 Grid-GA 模型洪峰合格的洪水多了一场。两层产流 Grid-GA 模型的确定性系数(0.20)也比单层产流 Grid-GA 模型的确定性系数(0.17)有所提高。在检验期,两模型的径流深合格率、洪峰合格率和确定性系数相同,分别都为 85.7%、57.1% 和 0.56。两层产流 Grid-GA 模型的径流深相对误差为 36.9%,相比单层产流 Grid-GA 模型的相对误差(38.2%)有所降低。两模型的洪峰相对误差非常接近,而两层产流 Grid-GA 模型的平均峰现时间误差(15.7 min)稍高于单层产流 Grid-GA 模型(14.3 min)。

总体来看,在曹坪流域,两层产流 Grid-GA 模型模拟精度比单层产流 Grid-GA 模型有一定提高,尤其是对径流深的模拟更加精确。在率定期,两层产流 Grid-GA 模型平均径流深相对误差比单层产流 Grid-GA 模型降低了 1.4%,在检验期降低了 1.3%。

图 3-9 为曹坪流域 20020704 号洪水两种不同产流的 Grid-GA 模型模拟洪水过程线对比图。该场洪水实测洪峰流量为 30.7 m³/s,实测径流深为 1.55 mm。单层产流 Grid-GA 模型模拟的洪峰流量和径流深分别为 40.0 m³/s 和 1.46 mm,洪峰相对误差为 30.3%,径流深相对误差为 -5.8%;两层产流 Grid-GA 模型模拟洪峰流量和径流深分别为 38.2 m³/s 和 1.52 mm,洪峰相对误差为 24.4%,径流深相对误差为 -1.9%。在这场洪水中,两层产流 Grid-GA 模型对径流深和洪峰流量的模拟精度都高于单层产流 Grid-GA 模型。两模型峰现时间误差都为 10 min,单层产流 Grid-GA 模型模拟的确定性系数为 -0.14,而两层产流 Grid-GA 模型的确定性系数为 0.15。对比两模型模拟的洪水过程线可以发现,虽然两模型洪峰时刻相同,但两层产流 Grid-GA 模型模拟的洪水过程起涨更晚,退水更慢,与实际洪水过程拟合度更高,因此其确定性系数高于单层产流 Grid-GA 模型。造成模拟结果差异的主要原因是两模型下渗过程和下渗参数不同。曹坪流域壤土面积占全流域面积的比例为 90.5%,而壤土的湿润锋处土壤吸力 ψ 值在单层与两层土壤中差别较大。单层土壤中 ψ 值为整个土层平均值,在壤土 A 中 ψ 值为 8.89 cm,壤土

B中ψ值为8.05 cm。将土壤分为两层后，壤土A上层和下层的ψ值分别为10.01 cm和6.40 cm，壤土B上层和下层的ψ值分别为9.17 cm和5.56 cm，上层土壤的ψ值大于单层土壤的ψ值，而下层土壤的ψ值小于单层土壤的ψ值。由格林-安普特公式可知，在其他参数不变的情况下，ψ值越大，水分在土壤中下渗速度越快，土壤的下渗能力越强。参数ψ比较敏感，对产流量影响较大。在该场洪水中，降雨初期渗入土壤中的水量较少，这时在两层产流Grid-GA模型中湿润锋位于上层土壤，由于上层土壤的ψ值大于单层产流Grid-GA模型的ψ值，两层产流Grid-GA模型的下渗能力大于单层产流Grid-GA模型，因此当单层产流Grid-GA模型中降雨强度大于土壤下渗能力开始产流时，两层产流Grid-GA模型还没有产流，导致两层产流Grid-GA模型模拟洪水过程起涨较晚。随着降雨的进行，当两层产流Grid-GA模型中湿润锋进入下层土壤时，由于下层土壤的ψ值小于单层土壤的ψ值，这时两层产流Grid-GA模型的下渗能力小于单层产流Grid-GA模型，因此两层产流Grid-GA模型的产流量大于单层产流Grid-GA模型，导致在退水阶段两层产流Grid-GA模型模拟的流量大于单层产流Grid-GA模型。

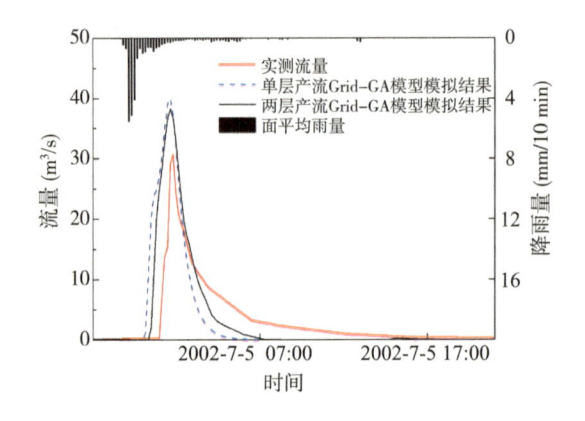

图3-9 曹坪流域20020704号洪水两种不同产流的Grid-GA模型模拟洪水过程线

3.4 小结

本章将半分布式的GA-PIC模型完全分布化，构建了分布式的Grid-GA模型，并将Grid-GA模型与GA-PIC模型应用到半干旱地区进行对比；同时研究了不同时空分辨率的Grid-GA模型应用效果，对比分析了单层产流Grid-GA模型与两层产流Grid-GA模型的合理性及应用效果，得出如下主要结论：

（1）Grid-GA模型对峰现时间的模拟精度明显高于GA-PIC模型，Grid-GA模型中基于网格的分布式汇流计算方法不仅能够模拟出流域上每个网格内径流的汇流路径，还能更准确地模拟出径流汇流时间。同时，Grid-GA模型对产流的计算更加精细，能够较精确地计算出流域产流面积的分布和变化特征，对于雨量较小、流域中只有少部分面积产流的洪水过程，Grid-GA模型模拟精度比GA-PIC模型更高。

(2) 流域中不同深度的土壤下渗参数存在差别。在实测资料精度较高的曹坪流域，两层产流 Grid-GA 模型的整体表现优于单层产流 Grid-GA 模型，尤其对径流深的模拟精度有明显提高。两层产流 Grid-GA 模型对每个网格内产流量的计算更加准确，在下渗及产流计算中将土壤分为两层比不分层更为合理。

参考文献

[1] 霍文博. 半湿润-半干旱地区产流机理及洪水预报模型研究[D]. 南京:河海大学，2020.
[2] 姚成. 基于栅格的新安江(Grid-Xin'anjiang)模型研究[D]. 南京:河海大学，2009.
[3] MACCORMACK R W. Numerical solution of the interaction of a shock wave with a laminar boundary layer[J]. Proceedings of the Second International Conference on Numerical Methods in Fluid Dynamics，1971，8:151-163.
[4] WANG M H，HJELMFELT A T. DEM based overland flow routing model[J]. Journal of Hydrologic Engineering，1998，3(1):1-8.
[5] CHOW V T. Open channel hydraulics[M]. New York:McGraw-Hill，1959.
[6] JAIN M K，SINGH V P. DEM-based modelling of surface runoff using diffusion wave equation[J]. Journal of Hydrology，2005，302:107-126.
[7] CHAUDHRY M H. Open channel flow[M]. New Jersey:Prentice Hall, Englewood Cliffs，1993.
[8] LI Z J，ZHANG K. Comparison of three GIS-based hydrological models[J]. Journal of Hydrologic Engineering，2008，13(5):364-370.
[9] CHOW V T. Applied hydrology[M]. New York:McGraw-Hill，1988.
[10] RAWLS W J，BRAKENSIEK D L，MILLER N. Green-Ampt infiltration parameters from soils data[J]. Journal of Hydraulic Engineering，1983，109(1):62-70.

第 4 章
半湿润半干旱地区集合预报与实时校正研究

由于半湿润地区产流模式复杂,单一模型很难全面准确地模拟出流域内各种径流成分及河道洪水的全部特征。多模型集合方法是一种解决半湿润地区洪水预报难度较大问题的有效手段[1-4],许多研究发现[5-8],使用多模型集合预报可以有效克服单一模型的缺点和局限性,降低预报结果的不确定性,提高洪水预报精度。

本章研究 BMA 集合预报法在半湿润流域的应用效果。由于半湿润地区产流模式复杂,蓄满产流和超渗产流同时存在,大部分水文模型和 BMA 方法都很难准确预报出洪峰流量。为了提高 BMA 集合预报法在半湿润地区的预报精度,本章对 BMA 方法进行了针对性改进,在 BMA 模型中加入了超渗产流计算模块,该模块运用格林-安普特公式计算流域中产生的超渗地表径流,从而进一步提高 BMA 集合预报法在半湿润地区对洪峰的预报精度[9]。

实时校正是指在实时洪水预报中,根据当前实测信息,结合历史实测与预报信息,对模型的结构、参数、状态变量或预报结果进行修正,使其更符合实际,以期提高预报精度。世界气象组织(WMO)在 1992 年发布的报告中指出,根据校正对象的不同,可将实时校正方法分为 3 类:① 对输入数据的校正;② 对状态变量及模型参数的校正;③ 对预报结果的校正。其中,输入数据包括实测降雨量、径流量、蒸散发量,以及部分水文模型所需的气温、空气湿度、风速、潜热通量等观测信息。由于受到观测条件与仪器设备的限制,观测数据与实际值之间难免存在误差,对输入数据进行校正可以减小模型的输入误差,从根源上提高模型预报精度。状态变量是指模型通过输入资料计算出的中间变量,这些中间变量对模型输出结果有直接影响,如在降雨径流模拟中模型通过降雨及蒸散发等资料计算得到的土壤含水量,对状态变量校正常用的方法有卡尔曼滤波法[10-12]、集合卡尔曼滤波法[13]等。对模型参数的校正主要针对水文模型的蒸散发及产汇流模块中对模型结果有重要影响的敏感参数。预报结果是指模型计算的最终输出结果,包括预报流量、水位等。

本章还研究对模型预报结果的校正方法。通过对比不同实时校正方法的应用效果,探索更适合半湿润半干旱地区洪水预报的校正方法,并针对目前实时校正方法存在的问题做出改进,提高实时校正方法在半湿润半干旱地区的校正精度[9]。

4.1 半湿润地区集合预报方法

4.1.1 BMA 集合预报法

BMA 方法是一种基于贝叶斯理论的统计分析方法[14]。该方法考虑到模型本身的不确定性,将以单个模型为最优的后验概率作为权重,对各模型预报结果的后验分布进行加权,得出综合预报结果[15]。假设共有 k 个模型参与集合 $M=\{M_1,M_2,\cdots,M_k\}$,根据贝叶斯公式,模型 M_i 的后验概率为:

$$p(M_i \mid D) = \frac{p(D \mid M_i)p(M_i)}{p(D)} \tag{4-1}$$

式中:$p(D \mid M_i)$ 为模型 M_i 的似然函数;$p(M_i)$ 为模型 M_i 的先验概率;$D=\{d_1,d_2,\cdots,d_t\}$ 为实测数据,根据全概率公式可得 $p(D)=\sum_{j=1}^{k}p(D \mid M_j)p(M_j)$。在给定实测资料 D 的情况下,模型 M_i 的后验概率为:

$$p(M_i \mid D) = \frac{p(D \mid M_i)p(M_i)}{\sum_{j=1}^{k} p(D \mid M_j)p(M_j)} \tag{4-2}$$

假设 y 为 k 个模型预报值的加权平均值,则 y 的后验概率为:

$$p(y \mid D) = \sum_{i=1}^{k} p(M_i \mid D)p(y \mid M_i,D) \tag{4-3}$$

式(4-2)中先验概率 $p(M_i)$ 满足 $\sum_{i=1}^{k}p(M_i)=1$。$p(M_i)$ 的初值根据模型表现好坏的先验知识来给定,在缺乏先验知识的情况下,通常为 $p(M_i)$ 分配平均值,即 $p(M_i)=1/k$,$i=1,2,\cdots,k$。在 BMA 计算过程中,模型 M_i 在当前时刻的先验概率 $p_t(M_i)$ 等于前一时刻的后验概率 $p_{t-1}(M_i \mid D)$,并且先验概率和后验概率会随着模型的运行不断更新。最终计算得到的 $p(M_i)$ 作为模型 M_i 在 BMA 算法中的权重值。

实测值和模型模拟值的先验概率分布需要用现有数据来确定。选择常用的三参数威布尔函数来描述实测值和模拟值的概率分布,并利用相关系数法对三参数进行估计。

利用正态分位数转换(Normal Quantile Transform,NQT)方法将实测值和模拟值转换到正态空间中,假定实测值和模拟值的正态分位数 y'_t 与 f'_{it} 具有如下的线性关系:

$$y'_t = a_i f'_{it} + b_i + \xi_i, \quad i=1,2\cdots,k; t=1,2,\cdots,T \tag{4-4}$$

式中:a_i 和 b_i 为回归系数;$\xi_i \sim N(0,\sigma_i^2)$ 为服从正态分布的残差系列;T 为数据长度。则 y'_t 服从条件 f'_{it} 下的高斯分布:

$$y'_t \mid M_i, D'_{obs} \sim N(a_i f'_{it} + b_i, \sigma_i^2) \tag{4-5}$$

式中：D'_{obs} 是正态转换后的实测数据集。正态空间中实测序列的后验概率分布可表示为：

$$p(y' \mid D'_{obs}) = \sum_{i=1}^{k} P(M_i \mid D'_{obs}) p(y' \mid M_i, D'_{obs}) = \sum_{i=1}^{k} w_i B_i(y') \tag{4-6}$$

式中：$B_i(y')$ 服从均值为 $a_i f'_i + b_i$、方差为 σ_i^2 的高斯分布；w_i 为权重系数。由于公式(4-6)以概率的形式反映不同高斯成分在水文模型组合中所起的作用，因此被称作高斯混合模型[16]。

本节使用期望最大化算法(Expectation-Maximization algorithm，EM)对高斯混合模型中的 4 个参数(a_i，b_i，w_i，σ_i)进行参数估计。EM 算法是在统计模型中寻找参数的最大似然估计或最大后验估计的迭代方法。EM 算法初始化后，经期望步(E 步)与极大化步(M 步)迭代运算直至似然函数值的变化幅度小于预先设定的阈值或满足其他收敛条件，此时得到的参数值被认为满足 EM 算法要求。有关 EM 算法的细节介绍可参考文献[17]和文献[18]。

为了利用 BMA 算法进行概率预报，采用蒙特卡罗抽样方法获得预报变量在正态空间的后验分布。根据模型权重系数 w_i，通过随机抽样选择出可能最优模型 i，将模型 i 在 t 时刻的预报值代入其威布尔分布函数得到其概率。然后用 NQT 方法将预报值转换至正态空间。通过随机采样可获得正态空间中的预报值及其对应的概率，将此概率值代入实测序列的威布尔分布函数中，通过逆运算计算原始空间中实测序列的预报值。重复上述步骤 L 次，通过大量采样获得预报值可能的概率分布情况。将这些值按照从小到大的顺序排列之后，在 0.05 与 0.95 分位数上的值被认为是 90% 置信区间的置信下限和置信上限，可以作为 BMA 集合预报 90% 置信水平的概率预报结果，而这些预报值的平均值即为集合后的确定性预报结果。

4.1.2　G-BMA 集合预报法

在对超渗径流占据一定比例的半湿润流域使用 BMA 方法时，集合后的洪峰精度并不理想，通过对各模型结果的分析，发现 BMA 方法对洪峰预报不准确的一个重要原因是部分水文模型在洪水起涨阶段的预报误差较大，大多数模型不能准确模拟出洪水起涨阶段的超渗径流成分。为了提高 BMA 方法在半湿润地区的预报精度，本章提出一种基于物理校正的 BMA 集合预报方法——G-BMA 集合预报法，即在 BMA 方法中加入一个超渗产流计算模块来准确模拟洪水起涨阶段的超渗径流成分，从而提高半湿润地区洪水预报尤其是洪峰预报精度。

在 G-BMA 集合预报法的超渗产流计算模块中，使用格林-安普特公式计算超渗地表径流，为了考虑降雨及流域下垫面特征分布不均的情况，在产流计算中引入一条下渗能力分布曲线(图 4-1)，该曲线的方程为：

$$\frac{a}{A} = 1 - \left(1 - \frac{f'_m - f_{\min}}{f_{mm} - f_{\min}}\right)^B \tag{4-7}$$

流域平均下渗能力 f_t 为：

$$f_t = \frac{f_{mm}}{1+B}\left[1 - \left(\frac{f_{\min}}{f_{mm}}\right)^{1+B}\right] + f_{\min} \tag{4-8}$$

其中：f'_m 为流域中某一点的下渗能力；f_{mm} 为流域最大下渗能力；$f_{\min}$ 为流域最小下渗能力；a 为下渗能力小于等于 f'_m 部分的流域面积；A 为全部流域面积；B 为下渗能力分布曲线指数。

在超渗产流模块中，使用格林-安普特公式计算流域平均下渗能力 f_t，进而通过式(4-8)计算流域最大下渗能力 f_{mm}，流域最小下渗能力 $f_{\min}$ 作为模型调节参数，其他计算过程与 GA 模型相同。

将多种水文模型预报的径流结果输入 G-BMA 集合预报法后，通过 G-BMA 集合预报法中的超渗产流模块对模型预报结果的涨洪前期流量进行校正，将校正后的流量结果输入 G-BMA 集合预报法中的集合预报模块，计算后输出最终的综合预报结果。图 4-2 为 G-BMA 集合预报法计算流程。

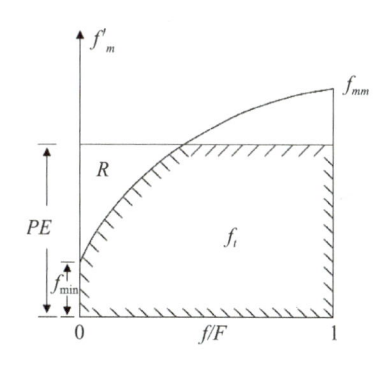

图 4-1 G-BMA 集合预报法中的下渗能力分布曲线

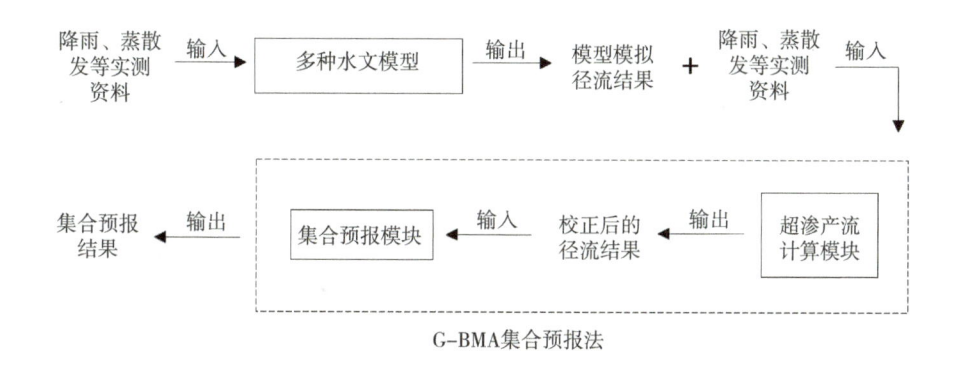

图 4-2 G-BMA 集合预报法计算流程图

4.1.3 研究流域与评价指标

本章所选研究流域为陕西省陈河流域、河南省东湾流域和河北省王岸流域三个半湿润流域,使用 BMA 方法对 7 种水文模型的模拟结果进行集合。

由于 BMA 集合预报法既可以产生确定性预报结果,又能给出某一置信区间内的概率预报结果,因此选择两种类型的指标对其预报结果进行评价。确定性预报评价指标选择洪峰相对误差(RE_{pf})和确定性系数(NSE)。在许多研究中,概率预报评价指标常选择离散度(Ensemble Spread, ES)和排名概率评分(the Ranked Probability Score, RPS)[19,20],但这些指标不适用于本章中比较不同数量模型的集合预报结果。本章选用覆盖率(Coverage Rate, CR)、平均相对带宽(Average Relative Bandwidth, B_R)[21]和洪峰相对带宽(Flood Peak Relative Bandwidth, B_P)来评价概率预报结果。覆盖率(CR)是由熊立华等[22]提出的表征置信区间(取 90% 置信度)覆盖实测值比例的指标,CR 值等于落在置信区间内的实测值数量与实测值总数的比值,在同一置信度下,CR 值越高,说明概率预报结果越可靠。

平均相对带宽(B_R)计算公式为:

$$B_R = \frac{1}{K} \sum_{i=1}^{K} \frac{q_{ui} - q_{li}}{Q_i} \quad (4-9)$$

式中:K 为总时段数;q_{ui}、q_{li} 分别为 i 时刻预报置信上限值和置信下限值(m^3/s);Q_i 为 i 时刻实测流量(m^3/s)。

洪峰相对带宽(B_P)计算公式为:

$$B_P = \frac{q_{up} - q_{lp}}{Q_p} \quad (4-10)$$

式中:q_{up}、q_{lp} 分别为洪峰时刻预报置信上限值和置信下限值(m^3/s);Q_p 为实测洪峰流量(m^3/s)。B_R 和 B_P 分别评价整场洪水过程和洪峰时刻概率预报结果的好坏,在同一置信度下,相对带宽值越小,说明概率预报结果越精确。

4.1.4 集合预报方法应用比较

4.1.4.1 BMA 集合预报法与水文模型结果比较

在陈河、东湾和王岸流域使用 BMA 方法对 7 个水文模型模拟结果进行集合。在陈河和东湾流域选择洪峰合格率(QR_{pf})和确定性系数(NSE)作为模型结果评价指标,在王岸流域选择径流深合格率(QR_{rd})和洪峰合格率(QR_{pf})作为评价指标。BMA 集合预报法与水文模型模拟结果见表 4-1,其中陈河流域检验期有 8 场洪水,东湾流域检验期有 15 场洪水,王岸流域检验期有 7 场洪水。

在陈河流域,BMA 集合预报法的洪峰合格率为 87.5%,为所有模型中最高;确定性系数与新安江模型的相同,都为 0.86,同样为所有模型中最高。通过对各场洪水过程线分析可以看出，BMA集合预报法模拟的洪水过程线与实测洪水过程线在涨洪前后及洪峰部分都拟合得较好。图4-3为陈河流域20100818号洪水各模型模拟洪水过程线与实测洪水过程线对比图，在这场洪水中，BMA集合预报法模拟的洪峰相对误差为－1.15%，确定性系数为0.92，均为所有模型中最高。总体来看，BMA集合预报法在陈河流域的模拟结果好于其他6个单一水文模型。

在东湾流域，BMA集合预报法的洪峰合格率为46.7%，低于大多数水文模型模拟结果，而确定性系数为0.75，高于其他6种水文模型。通过分析各场洪水过程线可以发现，BMA集合预报法模拟的洪峰流量大多低于实测洪峰流量，但在低水阶段的模拟结果与实测值较为接近，洪水过程线整体拟合得较好，因此BMA集合预报法洪峰合格率较低而确定性系数相对较高。

在王岸流域，BMA集合预报法洪峰合格率较低，为14.3%，与新安江-海河模型相同，但径流深合格率为85.7%，在所有模型中最高，甚至高于新安江-海河模型的径流深合格率(71.4%)。由于王岸流域洪水过程受人类活动干扰较大，洪峰极小，洪峰模拟难度较大，而准确模拟洪量对当地饮水及灌溉具有重要意义。BMA集合预报法径流深合格率最高，即对洪量的模拟精度高于其他水文模型，因此认为BMA集合预报法提高了王岸流域的洪水模拟精度。

综合分析BMA集合预报法在三个半湿润流域的应用结果可以看出，在陈河流域BMA集合预报法表现最好，对于洪峰和整体洪水过程的模拟精度均高于单一水文模型的模拟精度。在东湾流域和王岸流域，BMA集合预报法提高了对洪量和整体洪水过程的模拟精度，但没有提高洪峰模拟精度。总的来说，BMA集合预报法在半湿润地区洪水预报中具有应用价值，相比单一模型，BMA集合预报法可以降低预报结果的不确定性，除此之外，它还可以提供某一置信区间内的概率预报结果，这是单一水文模型无法做到的。

表4-1 三个流域BMA集合预报法与单一水文模型模拟结果

模型	陈河流域 QR$_{pf}$(%)	陈河流域 NSE	东湾流域 QR$_{pf}$(%)	东湾流域 NSE	王岸流域 QR$_{rd}$(%)	王岸流域 QR$_{pf}$(%)
新安江模型	75.0	0.86	60.0	0.58	28.6	28.6
TOPMODEL	37.5	0.77	40.0	0.23	42.9	0.0
萨克拉门托模型	50.0	0.72	53.3	0.06	28.6	28.6
GA模型	62.5	0.45	33.3	－4.85	14.3	14.3
XAJ-GA模型	75.0	0.82	66.7	0.56	28.6	28.6
先超后蓄模型	62.5	0.61	46.7	－0.34	57.1	0.0
新安江-海河模型	—	—	—	—	71.4	14.3
BMA集合预报法	87.5	0.86	46.7	0.75	85.7	14.3

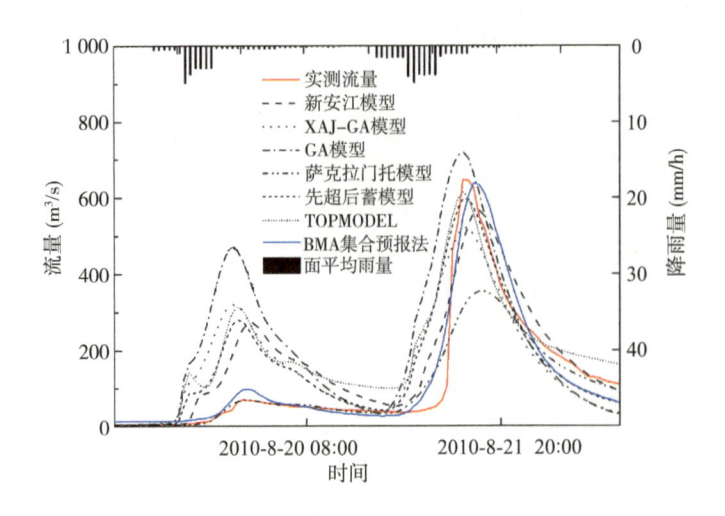

图 4-3　陈河流域 20100818 号洪水各模型模拟结果对比

4.1.4.2　BMA 集合预报法与 G-BMA 集合预报法结果比较

通过 BMA 集合预报法在三个半湿润流域的预报结果比较发现,在陈河流域 BMA 集合预报法可以精确预报整体洪水过程和洪峰流量。在东湾流域,BMA 集合预报法对整体洪水过程的预报精度有所提高,但对洪峰预报精度较低,甚至低于单一模型的精度。陈河流域产流方式主要为蓄满产流,超渗径流所占比例极小;而在东湾流域超渗径流占据一定比例,尤其是在水量较小和涨洪前阶段,流域并未蓄满,常有超渗径流产生,但大多数水文模型不能准确地模拟出这部分超渗径流。东湾流域的洪水特点是陡涨陡落,在涨洪前流量较低,而蓄满产流模型模拟出的洪水过程线缓慢上涨直至洪峰,因此在大部分洪水中该模型模拟的涨洪前期流量高于实测流量。图 4-4 为东湾流域 19950811 号洪水各模型模拟洪水过程线与实测洪水过程线比较图。在这场洪水中,大部分水文模型在涨洪前模拟流量高于实测流量,而对洪峰模拟得比较准确,尤其是新安江模型和 XAJ-GA 模型的洪峰模拟精度较高。萨克拉门托模型和 TOPMODEL 在涨洪前和洪峰部分模拟流量值均较低,洪峰模拟精度不高,但因涨洪前流量更接近实测流量,因此在 BMA 集合预报法中被分配了较高的权重,导致 BMA 集合预报法预报的洪峰流量低于实测洪峰流量。

在东湾流域,BMA 对洪峰预报精度较低的主要原因是水文模型在涨洪前阶段模拟误差较大。对于类似东湾流域这样的半湿润流域,在涨洪前流域还未蓄满时径流的主要成分为超渗地表径流,准确地模拟出这部分径流对提高 BMA 洪峰预报精度有重要作用。

表 4-2 列出了东湾流域 BMA 集合预报法与 G-BMA 集合预报法预报结果。在确定性预报方面,G-BMA 的洪峰合格率为 53.3%,高于 BMA 的 46.7%;G-BMA 平均洪峰相对误差为 20.8%,低于 BMA 的 24.1%;两种方法确定性系数相同,都为 0.75。由此可以看出,G-BMA 在洪峰预报精度上比 BMA 有明显提高,平均洪峰相对误差下降了 3.3%。在概率预报方面,G-BMA 的覆盖率为 93.06%,高于 BMA 的 92.66%;G-BMA 的平均

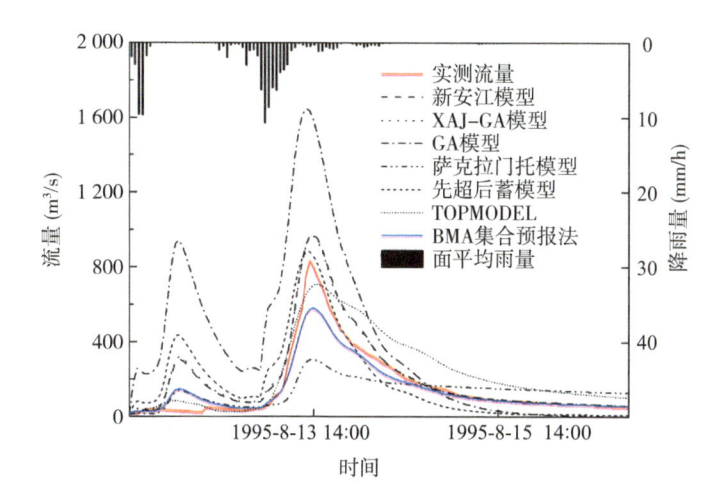

图 4-4　东湾流域 19950811 号洪水各模型模拟结果

相对带宽和洪峰相对带宽分别为 1.21 和 0.75，都好于 BMA 的相应值 1.37 和 0.76。概率预报结果表明，G-BMA 预报结果的不确定性比 BMA 的小，G-BMA 对整体洪水过程和洪峰的概率预报精度比 BMA 更高。

表 4-2　东湾流域 BMA 集合预报法与 G-BMA 集合预报法预报结果对比

评价指标		BMA 集合预报法	G-BMA 集合预报法
确定性预报评价指标	洪峰合格率(%)	46.7	53.3
	洪峰相对误差(%)	24.1	20.8
	确定性系数	0.75	0.75
概率预报评价指标	覆盖率(%)	92.66	93.06
	平均相对带宽	1.37	1.21
	洪峰相对带宽	0.76	0.75

图 4-5 为东湾流域 19980813 号洪水 BMA 集合预报法与 G-BMA 集合预报法预报洪水过程线比较图，该场洪水实测洪峰流量为 1 320 m³/s，BMA 预报洪峰流量为 931 m³/s，洪峰相对误差为 −29.5%；G-BMA 预报洪峰流量为 1 300 m³/s，洪峰相对误差为 −1.5%，G-BMA 相比 BMA 洪峰预报精度有大幅提高。在这场洪水中，BMA 的洪峰相对带宽为 1.04，G-BMA 的洪峰相对带宽为 0.63，在 90% 置信度下 G-BMA 的置信上限与置信下限间距更小，说明 G-BMA 在这场洪水中预报结果的不确定性比 BMA 更小。

图 4-6 为东湾流域 BMA 集合预报法与 G-BMA 集合预报法预报结果箱线图，从图中可以看出，在检验期的 15 场洪水中，G-BMA 洪峰相对误差的中位数明显低于 BMA，两种方法的确定性系数比较接近。G-BMA 覆盖率的中位数和最小值高于 BMA，最大值低于 BMA。在平均相对带宽方面，G-BMA 的最大值、最小值和中位数都低于 BMA，而两种方法在各场洪水中洪峰相对带宽预报值比较接近。

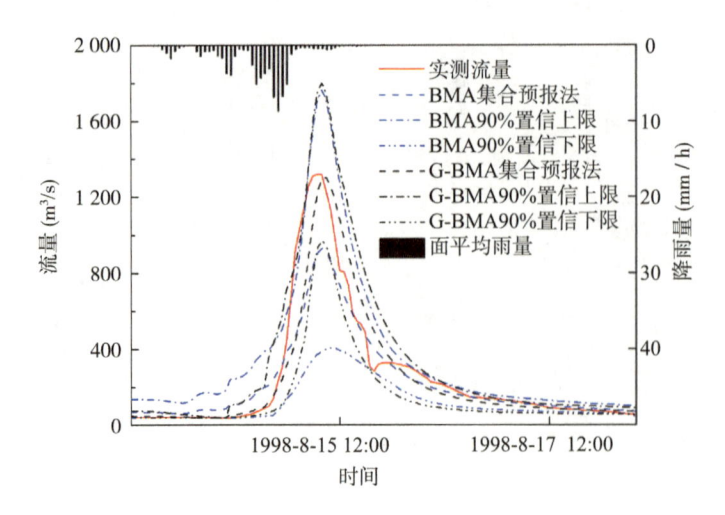

图 4-5　东湾流域 19980813 号洪水 BMA 与 G-BMA 预报洪水过程线

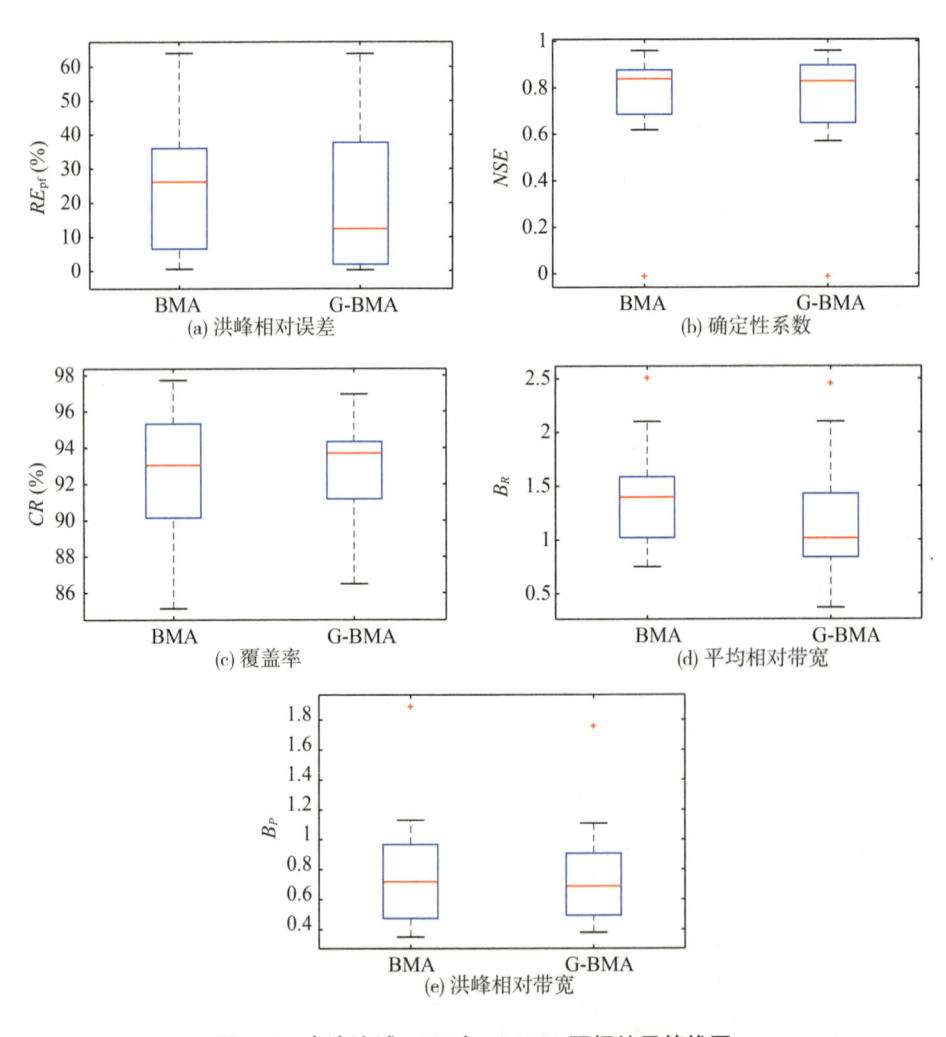

图 4-6　东湾流域 BMA 与 G-BMA 预报结果箱线图

总体上，G-BMA 的确定性预报精度和概率预报精度都高于 BMA，尤其是在洪峰预报方面，G-BMA 比 BMA 有明显提高。在超渗产流占有重要比例的半湿润流域洪水预报中，G-BMA 能够提供更加准确的洪峰流量预报值，并且其概率预报不确定性更小，可以更好地为防洪决策提供依据。

4.2 半湿润半干旱地区实时校正方法

对预报结果进行校正主要是通过计算每一时刻实测值与预报值之间误差，基于误差时间序列构建误差预报模型，并估算误差预报模型的参数。误差自回归法、BP 神经网络法以及 K-最近邻（KNN）法都是具有代表性的对预报结果校正的方法。本章选择 KNN 法对半湿润半干旱地区水文模型预报结果进行校正，并探索进一步提高该地区实时校正精度的方法[9]。

4.2.1 K-最近邻（KNN）法

KNN 法是一种利用概率统计原理进行自主学习的方法[23]，其基本原理是选择预报流量值或流量误差值作为特征向量，根据 t 时刻的特征向量，在历史样本中选择 k 个与该特征向量最相似的样本，对相似样本的预报值或误差值反距离加权得到 t 时刻预报误差估计值[24]。本章选择模型预报值与实测值的误差作为特征向量，以向量之间欧氏距离最小作为相似性判断标准。KNN 法具体计算步骤如下：

（1）更新历史样本库。假设当前时刻为 t，将 t 时刻及之前时刻的模型预报值与实测值的误差作为历史样本，存放于历史样本库中。随着实测数据的不断更新，每过一个时刻将有一个新的误差值进入历史样本库。选择连续 s 个误差值作为特征向量，s 即为特征向量的长度。在洪水预报实时校正中，一般取洪水过程前 30% 的误差样本作为初始历史样本库。

（2）匹配近邻样本。设 $t+l$ 时刻（l 为 KNN 法预见期）模型预报值的误差为 e_{t+l}，选择与当前时刻 t 相邻的 s 个误差值作为预报误差 e_{t+l} 的特征向量，即预报误差的特征向量为 $v_t(e_{t-s+1},\cdots,e_{t-1},e_t)$。历史样本中的特征向量及其对应的预报误差分别为 $v_n(e_{n-s+1},\cdots,e_{n-1},e_n)$ 和 e_{n+l}，将预报误差 e_{t+l} 的特征向量与历史样本中的特征向量逐一对比，计算其欧氏距离 D：

$$D = \sqrt{(e_{t-s+1}-e_{n-s+1})^2+\cdots+(e_{t-1}-e_{n-1})^2+(e_t-e_n)^2} \qquad (4-11)$$

欧氏距离 D 越小，代表预报误差的特征向量与历史样本中的特征向量匹配度越高。选择匹配度最高的 k 个历史样本特征向量，认为这 k 个样本对当前洪水预报最具参考价值，称其为 k 个最近邻值。

（3）估计预报误差值，校正预报值。使用反距离权重法对 k 个历史样本的预报误差赋予一定权重值，第 j 个样本预报误差的权重值 a_j 为：

$$a_j = \frac{\frac{1}{D_j}}{\sum_{i=1}^{k} \frac{1}{D_i}}, \qquad j = 1, 2, \cdots, k \tag{4-12}$$

则预报误差 e_{t+l} 的值为：

$$e_{t+l} = a_1 e_1 + a_2 e_2 + \cdots + a_k e_k \tag{4-13}$$

其中，$e_1, e_2, \cdots, e_k$ 分别为 k 个历史样本对应的预报误差。将 $t+l$ 时刻模型预报值减去误差 e_{t+l} 即得到校正后的预报值。

KNN 法中共有两个参数：近邻数目 k 和特征向量长度 s。k 值的大小决定了参与计算预报误差的样本数量多少，如果取值过小，会造成校正误差值过度依赖少数几个样本，导致校正结果上下震荡；如果取值过大，又会造成样本数过多而弱化真正有价值的样本的作用。根据以往研究和经验[25]，k 的推荐取值范围为 5~100。特征向量长度 s 代表与当前预报误差相关的历史预报误差个数，s 取值较小代表当前预报误差仅与少数历史预报误差相关，仅适用于对洪水过程发生突变的阶段进行校正，如洪峰部分；s 取值过大代表当前预报误差与很长一段时间的历史预报误差相关，仅适用于对洪水变化较为平缓的阶段进行校正。因此，s 值取过大或过小都不能准确地校正整个洪水过程，一般 s 的推荐取值范围为 2~10。

4.2.2　加入历史洪水学习的 KNN 实时校正法（KNN-H 法）

在半湿润和半干旱地区实时校正的研究中发现，使用预报时刻之前的资料供实时校正方法学习预热存在以下几个问题：① 随着校正预见期的增长，实时校正精度下降严重。当校正预见期较短时，两种实时校正方法的校正精度都很高，由于实时校正预见期需要和洪水预报预见期相匹配，对于面积较大、洪水预报预见期长的流域，实时校正精度不够理想。② 对于面积小、汇流时间短的流域，降雨后很快出现洪峰，由于洪峰前实测和预报资料较少，实时校正方法无法进行有效学习，导致校正效果不好。③ 当校正预见期较长时，校正后的洪峰常常比实际洪峰滞后出现，造成较大的峰现时间误差，尤其对于半干旱地区面积较小的流域，洪水涨落速度很快，校正结果滞后会造成很大的预报误差。

以上三个问题都是由预热期中可供实时校正方法学习的洪水资料不足或资料参考价值不大导致的。本节选择在半湿润半干旱地区应用较好的 KNN-H 法，通过改变预热期洪水资料，探究进一步提高实时校正精度的方法。

为了给实时校正方法提供更多且更有用的学习资料，选择同一流域历史上发生过的洪水过程，作为实时校正方法的学习样本。在历史上发生的所有洪水过程中，实时校正方法需要自己判断并选择与当前校正的洪水过程相似的历史洪水，通过学习历史洪水预报值与实测值误差，对当前模型预报结果进行校正。由于实时校正是对未来时刻的预报值进行校正，在校正时洪水还未出现，没有实测流量资料，因此无法通过实测洪水过程来判断与当前洪水相似的历史洪水。本研究通过降雨资料与前期土壤含水量资料判断相似洪水,认为如果引发当前洪水的降雨过程及前期土壤含水量与历史上某场洪水相似,则当前洪水与该场历史洪水相似。降雨过程相似有两个方面:一是降雨量及降雨强度相似,二是降雨中心位置相似。在湿润蓄满产流地区,影响产流量大小的主要因素是降雨量;而在干旱超渗产流地区,影响产流量大小的主要因素是降雨强度,因此降雨量或降雨强度相似是保证洪水过程相似的重要条件。本研究在半湿润地区选择降雨量为判断标准,在半干旱地区选择降雨强度为判断标准。降雨中心位置会影响洪水出现的时间,当降雨主要集中在流域上游时,径流从流域上游汇集到流域出口断面所需时间较长,从开始降雨到洪水起涨的时间也会较长;当降雨集中在流域下游时,降雨过后流域出口很快便会产生洪水过程。选择降雨中心位置作为判断相似洪水的标准是为了提高实时校正方法对峰现时间的校正精度。前期土壤含水量同样是影响产流量大小的重要因素,如果前期土壤含水量差别很大,即使降雨完全相同,产生的洪水过程也会差距很大。前期土壤含水量可以通过日模型率定得到。

本章提出的 KNN-H 法通过分析历史洪水的降雨量及降雨强度、降雨中心位置和前期土壤含水量,选择出与当前洪水相似的一场或几场洪水,通过对相似历史洪水预报误差的学习,判断当前预报值可能存在的误差并对预报值进行校正。其具体步骤如下:

(1)在半湿润地区选择与当前洪水总雨量和降雨时间分布接近的历史洪水(设置一个雨量相对误差值作为判断相似的标准,如不超过±20%);在半干旱地区选择与当前降雨强度和降雨时间分布接近的历史洪水。

(2)从第(1)步选择出的洪水中,进一步挑选降雨中心位置接近的历史洪水,降雨中心位置以降雨中心到流域出口断面的汇流路径长度来衡量。

(3)从第(2)步选择出的洪水中,挑选与当前前期土壤含水量接近的历史洪水。

(4)如果历史洪水中没有同时满足上述(1)、(2)、(3)三个条件的洪水,则选择尽可能多的满足条件的历史洪水作为较相似洪水。

(5)将选出的历史洪水实测流量和预报流量资料放入 KNN-H 法历史样本库,作为历史资料供 KNN-H 法学习预热。在 KNN-H 法中加入一个流量比例系数 c:

$$c = \frac{Q_s(t)}{Q_s(t-1)} \tag{4-14}$$

其中:Q_s 为模型预报流量;c 为当前时刻与前一时刻水文模型预报流量的比值,用来表示预报值所处的洪水阶段,认为连续 n 个时刻 c 大于某一值(如 $c>1.1$)为涨洪阶段,连续 n 个时刻 c 小于某一值(如 $c<0.9$)为退水阶段。当待校正的预报值处于涨洪或退水阶段时,KNN-H 法可以快速匹配到历史洪水的相同阶段,对历史洪水该阶段的预报值与实测值误差进行重点学习。剩余计算步骤与 4.2.1 节中 KNN 法相同,通过匹配近邻样本,估计预报误差值等最终得到校正后的预报流量值。

KNN-H 法的理论依据是:在洪水预报中,由于水文模型的结构和参数不变,当历史洪水与当前洪水的降雨及前期土壤含水量接近时,同一水文模型对历史洪水的预报误差和对当前洪水的预报误差也会比较接近。如果水文模型对相似的历史洪水预报洪峰偏大或偏小、预报峰现时间提前或延后，那么该模型对当前洪水的预报很有可能也出现同样的偏差。因此，通过学习相似历史洪水的预报误差有助于提高 KNN-H 法对当前预报值的校正精度。

4.2.3　KNN-H 法在半湿润半干旱地区的应用

将 KNN-H 法应用于三个半湿润流域和两个半干旱流域，比较 KNN-H 法与 KNN 法在半湿润半干旱地区的应用效果。选择各流域率定期的洪水作为 KNN-H 法的历史洪水资料，并对检验期洪水进行实时校正。KNN-H 法从率定期洪水中挑选出与当前校正洪水相似的历史洪水，通过学习历史洪水的预报误差进而校正当前洪水预报值。

在半湿润流域，选择三个以蓄满产流为主且应用效果相对较好的水文模型，分别为新安江模型、萨克拉门托模型和 XAJ-GA 模型，对比 KNN 法与 KNN-H 法对这三种模型预报结果的校正效果。其中，在王岸流域增加应用效果最好的新安江-海河模型。在半干旱流域，选择应用效果较好的两个超渗产流模型——GA-PIC 模型和两层产流 Grid-GA 模型，为两种实时校正方法提供预报结果。半湿润和半干旱地区 KNN 法与 KNN-H 法校正结果统计分别见表 4-3 和表 4-4。

表 4-3　半湿润地区 KNN 法与 KNN-H 法校正结果对比

流域	模型	校正前模型结果 QR_{rd} (%)	校正前模型结果 QR_{pf} (%)	校正前模型结果 NSE	KNN 法校正结果 QR_{rd} (%)	KNN 法校正结果 QR_{pf} (%)	KNN 法校正结果 NSE	KNN-H 法校正结果 QR_{rd} (%)	KNN-H 法校正结果 QR_{pf} (%)	KNN-H 法校正结果 NSE
陈河	新安江模型	75.0	75.0	0.86	75.0	87.5	0.88	87.5	75.0	0.91
陈河	萨克拉门托模型	62.5	50.0	0.72	62.5	50.0	0.75	62.5	62.5	0.80
陈河	XAJ-GA 模型	75.0	75.0	0.82	75.0	87.5	0.87	75.0	87.5	0.87
东湾	新安江模型	66.7	60.0	0.58	53.3	46.7	0.30	73.3	73.3	0.67
东湾	萨克拉门托模型	40.0	53.3	0.06	33.3	40.0	0.10	53.3	60.0	0.35
东湾	XAJ-GA 模型	73.3	66.7	0.56	53.3	53.3	0.30	73.3	73.3	0.70
王岸	新安江模型	28.6	28.6	—	28.6	28.6	—	28.6	28.6	—
王岸	萨克拉门托模型	28.6	28.6	—	28.6	42.9	—	28.6	28.6	—
王岸	XAJ-GA 模型	28.6	28.6	—	28.6	28.6	—	28.6	28.6	—
王岸	新安江-海河模型	71.4	14.3	—	71.4	28.6	—	71.4	28.6	—

从表 4-3 可以看出，在东湾流域，KNN-H 法校正结果的精度明显比 KNN 法提高了很多。经 KNN-H 法校正后新安江模型预报结果的径流深合格率（QR_{rd}）、洪峰合格率（QR_{pf}）和确定性系数（NSE）分别为 73.3%、73.3% 和 0.67，相较 KNN 法的校正结果分别提高了 20.0%、26.6% 和 0.37；相较校正前的新安江模型预报结果分别提高了 6.6%、13.3% 和 0.09。萨克拉门托模型和 XAJ-GA 模型预报结果经 KNN-H 法校正后精度也比校正前和 KNN 法的校正结果有明显提升。上文中分析过，由于东湾流域汇流时间长，

实时校正预见期为 10 h，在三个半湿润流域中最长。在一场洪水中，10 h 前模型的预报误差与 10 h 后的预报误差之间没有太大的关联性，KNN 法对本场洪水的历史资料学习后无法得到有用的信息来校正当前预报值，因此 KNN 法在东湾流域的校正精度较低。KNN-H 法是对历史相似洪水过程进行学习，并且 KNN-H 法在校正预报值时能快速定位到历史洪水的相同阶段，比如预报值处于涨洪阶段时，KNN-H 法可以快速定位到历史洪水的涨洪阶段，并对其预报误差进行学习，通过学习后对当前预报值做出校正。同时，东湾流域率定期洪水场次较多，KNN-H 法在校正检验期洪水时能较容易地找到相似历史洪水。相比于 KNN 法，KNN-H 法对历史资料的学习更有效，针对性更强。并且由于 KNN-H 法学习的是历史洪水过程，其校正精度受校正预见期增长的影响较小，因此 KNN-H 法在东湾流域应用效果明显好于 KNN 法。

在陈河流域，KNN 法校正精度较高，KNN-H 法在 KNN 法的基础上校正精度有小幅提升，对于新安江模型和萨克拉门托模型校正结果的确定性系数高于 KNN 法。在王岸流域，KNN-H 法的表现不够理想，经 KNN-H 法校正后各模型预报精度与校正前差别不大，萨克拉门托模型经 KNN-H 法校正后洪峰合格率低于 KNN 法校正结果。由于王岸流域率定期洪水场次较少，并且洪水受水利工程等人为因素影响较大，率定期与检验期洪水预报误差之间相关性不大，KNN-H 法很难在率定期洪水中找到与当前校正洪水相似的历史洪水，对历史洪水预报误差学习后也无法准确判断出当前预报值的误差，因此 KNN-H 法在王岸流域的校正精度不高。

图 4-7 为东湾流域 20070729 号洪水 KNN 法与 KNN-H 法校正结果对比，其中图 4-7(a)为 KNN-H 法在率定期洪水中找到的与当前洪水相似的历史洪水(19880812 号洪水)，图 4-7(b)为两种实时校正法对当前 20070729 号洪水新安江模型预报值的校正结果。19880812 号历史洪水实测降雨量为 60.8 mm，实测径流深为 27.1 mm，实测洪峰流量为 591 m^3/s；20070729 号校正洪水实测降雨量为 68.7 mm，实测径流深为 29.7 mm，实测洪峰流量为 812 m^3/s。历史洪水与当前校正洪水的总降雨量、降雨中心位置以及前期土壤含水量都比较接近，因此 KNN-H 法选择了该场洪水作为相似洪水进行学习。在这两场洪水中，新安江模型对总径流深和洪峰流量的预报结果都偏大。在 20070729 号洪水中，新安江模型预报洪峰流量为 1 232.7 m^3/s，相对误差为 51.8%；经 KNN 法校正后洪峰流量为 1 048.6 m^3/s，相对误差为 29.1%；经 KNN-H 法校正后洪峰流量为 872.9 m^3/s，相对误差为 7.5%。从图 4-7(b)中可以看出，在涨洪前新安江模型预报流量和实测流量非常接近，从涨洪阶段开始新安江模型预报流量就持续偏高。由于东湾流域实时校正预见期为 10 h，KNN 法校正所用的历史资料为 10 h 前本场洪水的预报值与实测值的误差。当新安江模型预报流量开始上涨并高于实测流量时，由于 10 h 前的预报值与实测值非常接近，因此 KNN 法认为新安江模型预报准确，没有对其预报结果进行过多干预。在涨洪阶段 KNN 法校正结果和新安江模型预报结果几乎一致，比实测流量偏高很多，直到 2007-7-31 23:00，KNN 法才发现新安江模型预报结果偏高，对其进行校正，这时 KNN 法校正结果出现了下降，随后继续上升直到洪峰出现。KNN-H 法在校正

20070729 号洪水前学习了 19880812 号历史洪水的预报值与实测值的误差，由于 KNN-H 法中增加了流量比例系数 c，当预报流量开始上涨时，KNN-H 法可以快速判断出当前处于涨洪阶段，并迅速定位到历史洪水的涨洪阶段，通过对历史洪水预报误差分析后认为当前模型预报值很可能偏大，于是对预报值进行校正。从图 4-7(b)中也可以看到，KNN-H 法校正结果在涨洪初期也与新安江模型预报结果几乎一致，在 2007-7-31 20:00 KNN-H 法判断出当前预报值偏大，对预报值进行了校正，经 KNN-H 法校正后预报值开始下降，随后继续上升直到洪峰。KNN-H 法比 KNN 法提前 3 h 判断出新安江模型预报结果偏大，即在涨洪阶段实测流量还未知时，KNN-H 法就根据历史洪水经验判断出预报流量会比实测值偏大，并提前对预报值进行校正。因此，在涨洪阶段，KNN-H 法的校正结果与实测值更接近，对洪峰的校正精度也比 KNN 法更高。在退水阶段，新安江模型预报值也比实测值偏高，KNN 法通过对本场洪水的误差学习后认为模型预报值严重偏高，并对退水阶段的预报值进行了过度校正，使得校正后的流量过低，与实测流量偏差较大。KNN-H 法通过对历史洪水退水阶段的误差学习后，对本场洪水退水阶段的预报值进行了更为合理的校正。总体上，KNN-H 法对 20070729 号洪水校正精度高于 KNN 法。

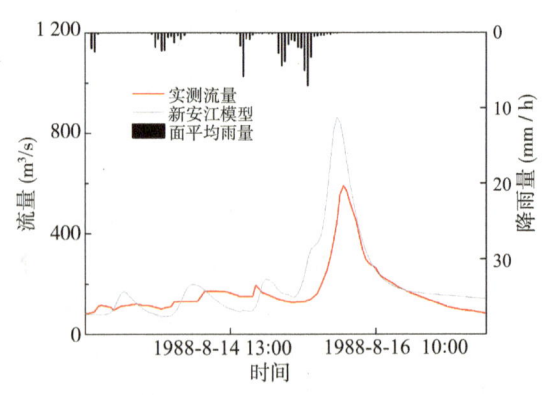

(a) 供 KNN-H 法学习的历史相似洪水(19880812 号洪水)

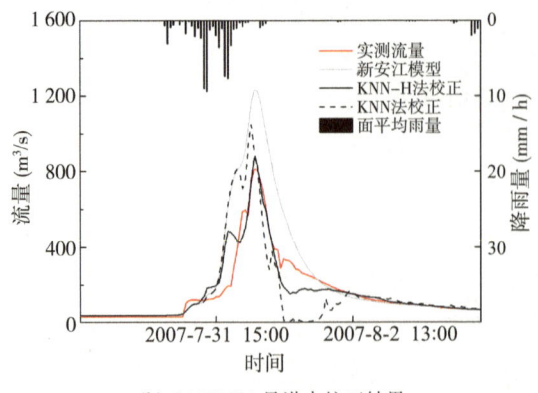

(b) 20070729 号洪水校正结果

图 4-7　东湾流域 20070729 号洪水 KNN 法与 KNN-H 法校正结果对比

表 4-4　半干旱地区 KNN 法与 KNN-H 法校正结果对比

流域	模型	校正前模型结果 RE_{rd} (%)	RE_{pf} (%)	NSE	KNN 法校正结果 RE_{rd} (%)	RE_{pf} (%)	NSE	KNN-H 法校正结果 RE_{rd} (%)	RE_{pf} (%)	NSE
曹坪	GA-PIC 模型	38.3	40.5	0.44	33.8	32.8	0.21	34.2	33.5	0.50
	两层产流 Grid-GA 模型	36.9	32.2	0.56	34.1	28.3	0.25	32.3	27.6	0.59
子长	GA-PIC 模型	37.4	54.1	0.10	37.8	50.3	0.05	40.7	55.3	0.15
	两层产流 Grid-GA 模型	39.7	53.3	0.16	39.4	47.0	0.12	41.5	51.1	0.17

从表 4-4 可以看出,在曹坪流域,两水文模型预报结果经 KNN-H 法校正后各项评价指标都好于校正前。GA-PIC 模型经 KNN-H 法校正后径流深相对误差和洪峰相对误差都稍大于 KNN 法的校正结果,而两层产流 Grid-GA 模型经 KNN-H 法校正后径流深和洪峰相对误差都稍小于 KNN 法校正结果,总体上两种实时校正方法对于径流深和洪峰流量的校正精度相当。但 KNN-H 法校正结果的确定性系数明显高于 KNN 法,KNN-H 法对 GA-PIC 模型和两层产流 Grid-GA 模型校正结果的确定性系数分别为 0.50 和 0.59,比 KNN 法校正结果分别高出 0.29 和 0.34,这主要是由于 KNN-H 法校正结果的峰现时间误差更小,与实际洪水过程拟合度更高。

图 4-8 为曹坪流域 20060829 号洪水 KNN 法与 KNN-H 法校正结果对比,其中图 4-8(a)为 KNN-H 法在率定期洪水中找到的与当前洪水相似的历史洪水(20010817 号洪水),图 4-8(b)为两种实时校正法对当前 20060829 号洪水 GA-PIC 模型预报值的校正结果。在这两场洪水中,GA-PIC 模型对总径流深和洪峰流量的预报结果都偏小。20060829 号洪水实测洪峰流量为 154 m³/s,GA-PIC 模型预报洪峰流量为 42.8 m³/s,相对误差为 −72.2%;经 KNN 法校正后洪峰流量为 172.4 m³/s,相对误差为 11.9%;经 KNN-H 法校正后洪峰流量为 165.7 m³/s,相对误差为 7.6%。虽然两种实时校正方法校正后的洪峰流量值差别不大,但 KNN 法校正结果的峰现时间比实测峰现时间晚了 90 min,因此确定性系数只有 −0.05,而 KNN-H 法校正结果的峰现时间比实测峰现时间晚 20 min,确定性系数达到 0.69。KNN 法通过学习本场洪水历史资料后进行校正会存在一定的"滞后性",校正结果比实测洪水过程滞后一段时间,并且校正预见期越长,滞后的时间也越长。而 KNN-H 法通过学习历史洪水资料,当预报值进入涨洪阶段时,KNN-H 法能够快速定位到历史洪水的涨洪阶段,分析历史误差后迅速对当前预报值做出校正,因此 KNN-H 法校正结果的峰现时间误差更小,并且其校正结果受校正预见期增长的影响也较小。

在子长流域,两种水文模型预报结果经 KNN-H 法校正后,径流深相对误差和洪峰相对误差与校正前差别不大,精度没有得到提高,并且 KNN-H 法校正结果的径流深相对误差和洪峰相对误差都大于 KNN 法校正结果。KNN-H 法的确定性系数高于 KNN 法,这是由于 KNN-H 法的峰现时间误差更小。在子长流域,KNN-H 法校正精度不高,主要原因是子长流域率定期洪水场次不多,并且率定期洪水与检验期洪水相似度不高,KNN-H 法不能从历史洪水中学习到更多有用信息。

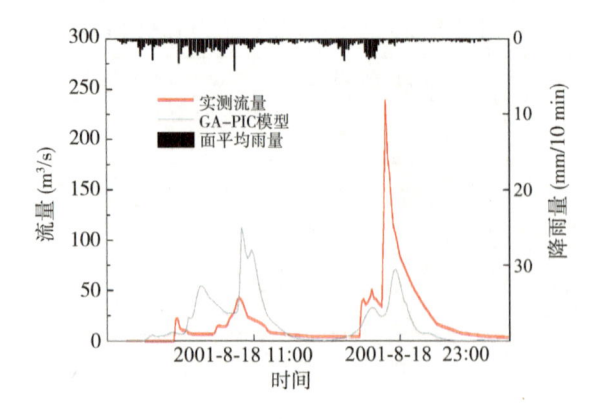

(a) 供 KNN-H 法学习的历史相似洪水（20010817 号洪水）

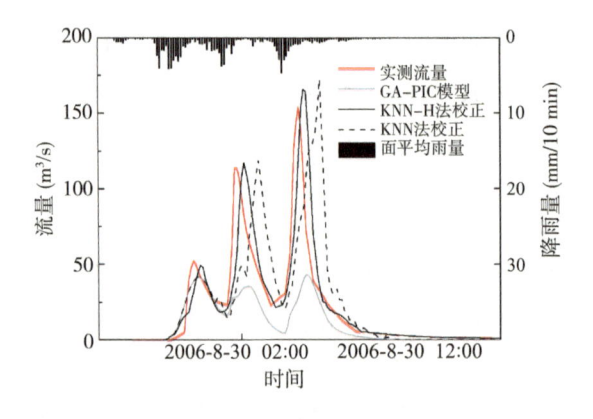

(b) 20060829 号洪水校正结果

图 4-8　曹坪流域 20060829 号洪水 KNN 与 KNN-H 校正结果对比

从 KNN-H 法与 KNN 法在三个半湿润流域和两个半干旱流域的表现来看，总体上 KNN-H 法的校正精度高于 KNN 法。尤其在历史洪水资料丰富的流域，KNN-H 法可以充分有效地对历史预报误差进行学习，并为当前预报提供更加精确的校正结果。

4.3　小结

本章将 BMA 集合预报法应用于半湿润地区，对比了不同 BMA 集合方式的结果，并针对半湿润流域特点提出了增加物理校正的 G-BMA 集合预报法。根据目前实时校正方法的不足提出了加入历史洪水学习的 KNN 实时校正法（KNN-H 法）。在五个半湿润半干旱流域的应用结果表明，KNN-H 法总体表现优于现有的 KNN 法，KNN-H 法能有效提高半湿润半干旱地区洪水预报精度。

（1）总体上，BMA 集合预报法在半湿润地区的预报结果好于单一水文模型结果，经 BMA 集合后确定性系数有显著提高，说明 BMA 集合预报法预报的洪水过程线与实测洪水过程线拟合得更好。但在超渗产流占比较高的东湾流域，BMA 集合预报法的洪峰预报精度不高。相比单一模型，BMA 集合预报法可以降低预报结果的不确定性，还能够提供某一置信区间内的概率预报结果，这是单一水文模型无法做到的。

（2）G-BMA 集合预报法在超渗产流占比较高的半湿润流域应用效果较好，相比 BMA 集合预报法，G-BMA 能有效提高洪峰预报的精度。G-BMA 中的超渗产流计算模块能够较准确地计算出洪水起涨前流域未蓄满时产生的超渗地表径流，对水文模型模拟的洪水起涨前期流量进行校正，进而提高洪峰预报的精度。在相同的置信度下，G-BMA 预报结果比 BMA 预报结果的覆盖率更高，置信上限与置信下限间距更小，说明 G-BMA 预报结果的不确定性比 BMA 的更小，可以更好地为半湿润地区防洪决策提供依据。

（3）KNN 法对本场洪水已有的历史资料进行学习，对于面积小、洪水涨落速度快的流域，其涨洪前实测及预报流量资料很少，可供 KNN 法学习的有效历史资料少，因此 KNN 法校正精度不高。而 KNN-H 法通过对相似历史洪水过程的学习，可以获得大量有用信息来校正当前预报值，从而提高实时校正精度。

参考文献

[1] WMO. Intercomparison of snowmelt runoff[C]. Geneva: Secretariat of the World Meteorological Organization, 1986.

[2] SMITH M B, SEO D J, KOREN V I, et al. The distributed model intercomparison project (DMIP): Motivation and experiment design[J]. Journal of Hydrology, 2004, 298(1-4):4-26.

[3] DIKS C G H, VRUGT J A. Comparison of point forecast accuracy of model averaging methods in hydrologic applications[J]. Stochastic Envionmental Research and Risk Assessment, 2010, 24(6):809-820.

[4] SHOAIB M, SHAMSELDIN A Y, KHAN S, et al. A wavelet based approach for combining the outputs of different rainfall-runoff models[J]. Stochastic Envionmental Research and Risk Assessment, 2018, 32(1):155-168.

[5] BARNSTON A G, MASON S J, GODDARD L, et al. Multimodel ensembling in seasonal climate forecasting at IRI[J]. Bulletin of the American Meteorological Society, 2003, 84(12):1783-1796.

[6] KRISHNAMURTI T N, KISHTAWAL C M, LAROW T E, et al. Improved weather and seasonal climate forecasts from multimodel superensemble[J]. Science, 1999, 285(5433):1548-1550.

[7] GEORGAKAKOS K P, SEO D J, GUPTA H, et al. Towards the characterization of streamflow simulation uncertainty through multimodel ensembles[J]. Journal of Hydrology, 2004, 298(1-4):222-241.

[8] AJAMI N K, DUAN Q Y, SOROOSHIAN S. An integrated hydrologic Bayesian

multimodel combination framework: Confronting input, parameter, and model structural uncertainty in hydrologic prediction[J]. Water Resources Research, 2007, 43(1):W01403.

[9] 霍文博. 半湿润-半干旱地区产流机理及洪水预报模型研究[D]. 南京:河海大学, 2020.

[10] HUSAIN T. Kalman filter estimation model in flood forecasting[J]. Advances in Water Resources, 1985, 8(1):15-21.

[11] 葛守西, 程海云, 李玉荣. 水动力学模型卡尔曼滤波实时校正技术[J]. 水利学报, 2005, 36(6):687-693.

[12] 葛守西. 现代洪水预报技术[M]. 北京:中国水利水电出版社, 1999:72-129.

[13] GILLIJNS S, MENDOZA O B, CHANDRASEKAR J, et al. What is the ensemble Kalman filter and how well does it work? [C]. Proceedings of American Control Conference, 2006(6):1-12.

[14] HOETING J A, MADIGAN D, RAFTERY A E, et al. Bayesian model averaging: A tutorial[J]. Statistical Science, 1999, 14(4):382-401.

[15] 戴荣. 贝叶斯模型平均法在水文模型综合中的应用研究[D]. 南京:河海大学, 2008.

[16] GIROLAMI M. An alternative perspective on adaptive independent component analysis algorithms[J]. Neural Computation, 1998, 10(8):2103-2114.

[17] MCLACHLAN G, KRISHNAN T. The EM algorithm and extensions[M]. New York: John Wiley and Sons, 1997.

[18] RAFTERY A E, GNEITING T, BALABDAOUI F, et al. Using Bayesian model averaging to calibrate forecast ensembles[J]. Monthly Weather Review, 2005, 133:1155-1174.

[19] BRADLEY A A, HASHINO T, SCHWARTZ S S. Distributions-oriented verification of probability forecasts for small data samples[J]. Weather and Forecasting, 2003, 18(5):903-917.

[20] FRANZ K J, HARTMANN H C, SOROOSHIAN S, et al. Verification of national weather service ensemble streamflow predictions for water supply forecasting in the Colorado River basin[J]. Journal of Hydrometeorology, 2003, 4(6):1105-1118.

[21] 梁忠民, 蒋晓蕾, 曹炎煦, 等. 考虑降雨不确定性的洪水概率预报方法[J]. 河海大学学报(自然科学版), 2016, 44(1):8-12.

[22] XIONG L H, SHAMSELDIN A Y, O'CONNOR K M. A non-linear combination of the forecasts of rainfall-runoff models by the first-order Takagi-Sugeno fuzzy system[J]. Journal of Hydrology, 2001, 245(1-4):196-217.

[23] AITMAN N S. An introduction to kernel and nearest-neighbor nonparametric regression[J]. The American Statistician, 1992, 46(3):175-185.
[24] 刘开磊, 姚成, 李致家, 等. 水动力学模型实时校正方法对比[J]. 河海大学学报(自然科学版), 2014, 42(2):124-129.
[25] 刘开磊. 淮河流域实时校正与集合预报研究[D]. 南京:河海大学, 2016.

第 5 章
新安江-海河模型

洪水模拟及预报需要合适的水文模型。模型结构反映流域水文规律,模型参数反映流域水文特征。当前人类活动对流域水文过程的影响越来越大,在某些流域甚至已成为主要影响因素,因此有必要在模型结构及参数中加以反映。目前流行的能够反映人类活动影响的水文模型主要分为两类,一类是基于物理基础的分布式水文模型,一类是概念性水文模型。

基于物理基础的分布式水文模型可以全面地反映与评估人类活动的影响,然而,这一类模型需要详细的资料反映流域的物理水文过程。天然流域主要需要地形、土壤、植被、地质及河道资料,而在受人类活动影响的流域,比如海河流域,除上述资料之外,还需要各种水利工程及水土保持工程资料。这些资料有些是保密资料而难以获得,有些因为没有实际测量而根本不存在。如果基于物理基础的分布式模型在欠缺资料的环境中运行,则大量的参数需要估计或率定,模型的物理基础会受到动摇。

概念性模型是另一类可以反映人类活动影响的水文模型,如 Buytaert[1]用线性水库模型定量估计土地利用变化对流域水文过程的影响,Fencia[2]揭示了流域地理特征与概念性模型的结构特征存在着一定的对应关系。因此,在某些人类活动剧烈的流域,即使是概念性模型,也应在结构上加以改进,专门反映人类活动的影响。本研究针对海河流域山丘区产汇流特点,在新安江模型的基础上,构建具有较强物理意义、能够反映人类活动影响的概念性水文模型,称为新安江-海河模型[3,4]。

5.1 海河流域概况与人类活动的影响

(1) 海河流域概况

海河流域主要分布于我国渤海以西、黄河以北,流域面积达 31.78 万 km²,其中 60%为山区,40%为平原。多年观测数据显示,海河流域年降水量仅 548 mm,是我国东部沿海降水最少的地区。受气候、地形等多种因素的影响,海河流域夏季暴雨集中,冬春雨雪稀少，年降水量分布具有很强的地域性及季节差异性，同时还伴随着连续枯水及连续丰水的周期性变化。由于海河流域地域广阔，各地区纬度高低及地形地貌各不相同，因而气候特征差别明显。海河流域年平均气温为0～14℃，年平均相对湿度为50%～70%，年平均无霜期为150～220 d，年平均日照时数为2 500～3 000 h。

（2）土地开发利用对下垫面的影响

按照国家土地资源分类标准，可将海河流域土地利用类型分为旱地、水田、林地、草地、建筑用地、水域及未利用地七类。采用Landsat卫星遥感数据，根据中国科学院遥感应用研究所解译结果，海河流域1980年及2000年土地利用情况如表5-1及图5-1所示[5]。

表5-1　1980年与2000年海河流域土地利用分类面积对比表

类别	年份	旱地	水田	林地	草地	建筑用地	水域	未利用地
面积（km²）	1980年	174 866	6 962	60 835	62 502	8 294	2 543	5 298
	2000年	172 005	6 959	60 701	62 031	11 863	2 965	4 776
占比（%）	1980年	54.42	2.17	18.93	19.45	2.58	0.79	1.65
	2000年	53.53	2.17	18.89	19.31	3.69	0.92	1.49
面积变化（km²）		−2 861	−3	−134	−471	3 569	422	−522
占比变化		−0.89%	0.0	−0.04%	−0.14%	1.11%	0.13%	−0.16%

注：书中数据因四舍五入的原因，存在微小数值偏差。

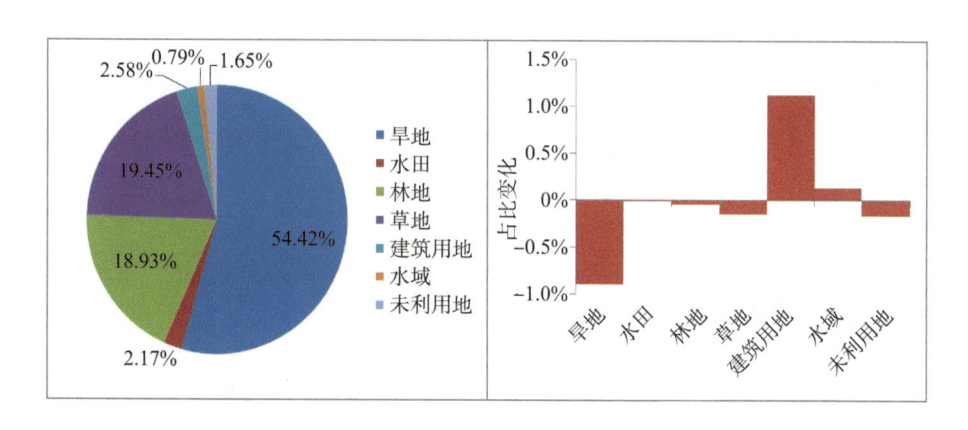

图5-1　海河流域1980年与2000年土地利用变化示意图

按从大到小排序，1980年旱地占比最大，占流域总面积的54.42%左右；林地和草地次之，各占流域总面积的18.93%和19.45%；接下来是建筑用地，占流域总面积的2.58%；之后依次是水田，占比为2.17%；未利用土地，占比为1.65%；水域，占比为0.79%。到了2000年，旱地面积仍占总面积的一半以上，仅减少约1.6%，水田、林地及草地变化不到1%，未利用土地减少9.9%，水域增加16.6%，变化最大的是建筑用地，增加了43.0%。虽然建筑用地变化最大，但2000年建筑用地总面积仅占海河流域总面积的 3.69%。由此可见，虽然局部区域土地用途的改变会对当地产流条件产生较大影响，但从海河流域整体范围来看，土地利用变化不是海河流域径流或洪水减少的主要因素。

(3) 地下水开采对地下水埋深与包气带厚度的影响

海河流域地表水资源匮乏，不足以支撑生产及生活的需要，因而地下水的开采与利用就显得十分重要。根据海河水利委员会项目报告，按实际用水资料分析，海河流域山丘区及山间盆地地下水年开采量达到了 40 亿～43 亿 m^3，折合水深为 22～24 mm。山丘区地下水的开采主要集中在山间盆地和河谷地带，地下水开采将使地下水位在汛前出现一定的降幅，汛期接受降雨和径流补给后恢复天然状态，在一些区域地下水开采量已大于多年平均补给量，地下水常年处于超采状态。山区及丘陵区地表土层颗粒较粗，透水性好。一般强度的降雨量，在覆盖层区域很难产生超渗地表径流，降雨量首先补给覆盖层的水分亏缺，这对汛初的降雨产流量产生明显影响。海河流域平原区地下水开采更为严重，如山前平原地区，20 世纪 50 年代中期地下水深仅 1～3 m，但 2005 年山前平原大部分地区地下水深已超过 20 m，部分地区在 30～40 m，致使产流条件发生根本改变，不再出现包气带蓄满的情况[5]。

(4) 水利工程及水土保持工程对下垫面的影响

新中国成立尤其是改革开放以来，海河流域兴建了大量的水利工程及水土保持工程。目前，海河流域已建成大、中、小型水库 1 879 座，总库容 321 亿 m^3。其中，大型水库 36 座（山区 33 座、平原 3 座），总库容 272.5 亿 m^3，调洪库容 147 亿 m^3，兴利库容 125 亿 m^3；中型水库 136 座，小型水库 1 707 座，中小型水库总库容为 48.5 亿 m^3。全流域建成蓄水塘坝 17 505 座，引水工程 6 170 处，提水工程 13 081 处。为了治理水土流失，流域内有梯田工程、果树坪、谷坊坝等微地形改造与拦蓄工程，以及植树、封禁等植物措施。近十几年来，农民收入水平提高，原来生活必需的薪柴多数已由燃气和煤炭取代，加上禁牧措施的实施，山地的植物量大大增加[5]。水利工程及水土保持工程具有拦蓄洪水和削减洪峰的作用，对洪水影响是非常明显的。

(5) 灌溉工程对下垫面的影响

将旱地改为灌溉耕地，需要进行土地平整，这改变了原来的自然地貌，不利于径流流动。同时由于灌溉畦埂的蓄水作用，大大增加了流域的蓄水能力。1955 年，海河流域耕地面积为 19 200 万亩①，灌溉面积为 3 245 万亩。到 2005 年，耕地面积为 17 400 万亩，减少 1 800 万亩，而灌溉面积却达到 11 196 万亩，是 1955 年的 3.45 倍（图 5-2）。海河流域平原开阔，少雨多晴，水系匮乏，灌溉工程多利用地下水源。地下水位的下降和灌溉工程的保水作用，使得平原区耕地已经多年没有径流产生[5]。

5.2 新安江-海河模型的构建

尽管新安江模型的产流原理与海河流域的产流现状并不是非常吻合，但在实际业务

---

① 1 亩 ≈ 667 m^2。

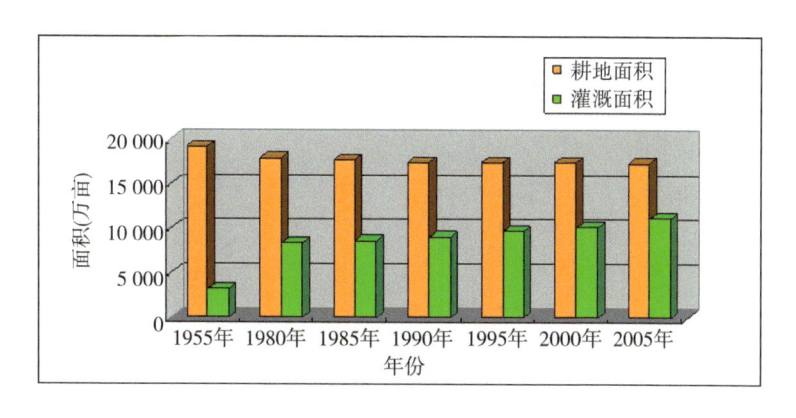

图 5-2　海河流域灌溉面积及地下水开采量变化趋势图

工作中，新安江模型仍然是海河流域很受欢迎的模型，主要是新安江模型精度高、效果好。新安江模型成功之处在于考虑了下垫面要素空间变异性，而海河流域下垫面要素的空间分布是非常不均匀的，因此，新安江模型的抛物曲线十分适用于海河流域。

但若直接将新安江模型用于海河流域，也会产生若干问题，如参数取值严重不合理，自由水蓄水容量 S_m 大于张力水蓄水容量 W_m。用严重不合理的参数进行洪水预报，其结果是不可靠的。因此，有必要在保持新安江模型主体结构的基础上，根据海河流域当前产汇流特点，对模型进行适当改进，以使模型参数及结构合理，同时保持或提高模拟精度。

海河流域当前产汇流主要特点是人类活动影响显著，在同等降雨条件下，径流量显著减少。针对这一特点，课题组曾在 2012 年提出过最初版的新安江-海河模型[6]，将人类活动的影响用一个拦蓄水库描述，新安江模型产流量经拦蓄水库调蓄后，再流至流域出口。如此，既可以使流域出口模拟流量显著降低，又可以使新安江模型原有参数取值适当。

但此版本的新安江-海河模型也存在着严重的问题，主要在于拦蓄水库物理意义不明确，取值没有规律，完全靠率定决定。为了使模拟结果更加可靠，本研究研发了新版本的新安江-海河模型。

新版本的新安江-海河模型将海河流域人类活动归结为 4 类：土地利用变化、地表小型水利工程及水土保持工程建设、地下水开采及河道水利工程建设，对这 4 类活动在模型中分别加以描述，而不是用一个拦蓄水库集中描述。因此，新版本的新安江-海河模型对人类活动影响的描述更加精细合理，参数物理意义更强，结果更加可靠。

在概念性模型中，对于人类活动的影响，可以采用两种方法描述，一是改变参数取值，二是改进模型结构。新版本的新安江-海河模型采用自由水蓄水容量 S_m 的取值变化来反映土地利用变化的影响，用河网调蓄参数 C_s 的取值变化反映河道水利工程的影响，同时，新增加了两个模块：地表拦蓄模块及地下拦蓄模块，分别描述地表水利工程及地下水开采对径流的削减作用。地表拦蓄模块用空间拦蓄水库描述，与地表径流模块是串联关系，地下拦蓄模块用时间拦蓄水库描述，与地表径流、壤中流及地下径流模块是并联关系，如图 5-3 所示。

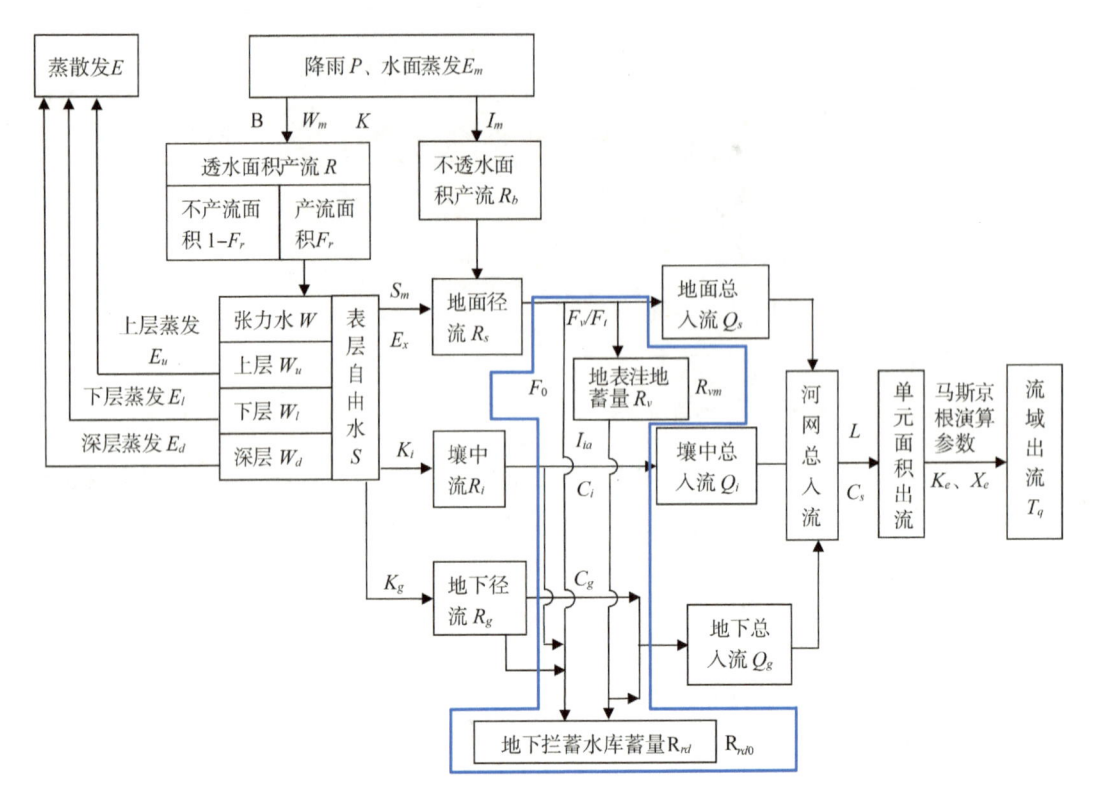

图 5-3 新安江-海河模型流程图(人类活动影响模块由方框标出)

5.2.1 土地利用变化的模拟

土地利用变化能够影响蒸发、入渗、植被截留及地表蓄滞,最终影响流域局部产流状况。但是,流域局部产流状况的改变,能否影响到流域出口的流量过程,当前并没有一致的看法[7]。目前,越来越多的证据显示,对于稍微大一些的流域(流域面积 > 10 km²),土地利用变化对洪水过程的影响是比较小的,具有高度的不确定性[8]。

前文已描述了海河流域的土地利用变化是不显著的,因此,在新安江-海河模型中,土地利用变化并不作为重点影响因素突出来描述,而是通过自由水蓄水容量 S_m 的取值变化来反映。S_m 与土地利用和土壤性质是密切相关的,可以用下式先验估计:

$$S_m = (\theta_S - \theta_{fc}) L_h \tag{5-1}$$

式中:θ_S 是土壤饱和含水量;θ_{fc} 是土壤田间持水量;L_h 是腐殖质层厚度。

θ_S 与 θ_{fc} 描述的是土壤性质,可以通过土壤质地资料大致估算,具体可参见 Anderson 等人的文献[9]。L_h 与土地利用尤其是植被覆盖程度密切相关,取值一般为 0~0.3 m,需要通过流域查勘确定。国内有学者认为,L_h 与叶面积指数(LAI)高度相关,可通过叶面积指数推算 L_h,公式如下[10]:

$$L_h = 0.176 \, LAI^{0.721} \tag{5-2}$$

土地利用变化对洪水过程影响不大,但对蒸发还是有一定影响的。蒸发的改变影响了洪水发生前的初始土壤含水量,从而间接影响洪量。

有关文献研究表明,流域蒸散发量与植被指数参数和植被盖度均呈现正相关关系,图 5-4 为某典型区利用遥感数据分析得出的日蒸散发量与 NDVI 的相关关系[11]。

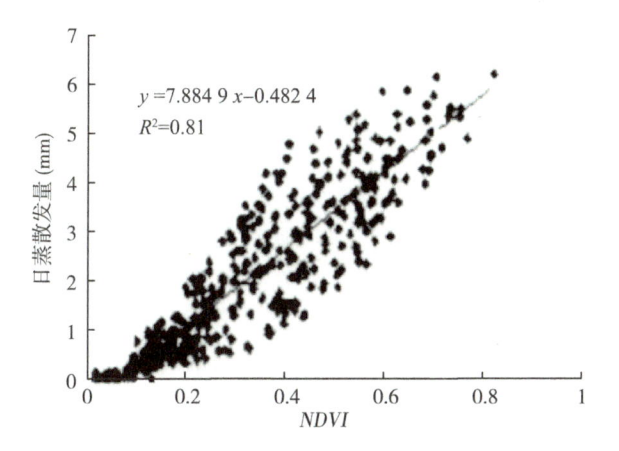

图 5-4　日蒸散发量与 NDVI 相关关系图

流域植被变化引起的蒸散发量变化按以下公式计算:

$$\Delta E = \alpha(NDVI_p - NDVI_0) \tag{5-3}$$

式中:ΔE 为植被覆盖变化引起的蒸散发变化量;$NDVI_p$、$NDVI_0$ 分别为现状及前期修正年份的植被指数;α 为蒸散发量与 NDVI 相关性修正系数。

5.2.2　流域地表径流拦蓄量的模拟

新安江-海河模型采用空间拦蓄水库描述小型水利工程及水土保持工程对地表径流的拦蓄作用。在模型参数率定前,可对流域小型蓄水工程控制面积、蓄水容量进行调查,给定初始值,而后再进行参数率定;也可通过日模型演算获得初始值。模拟单元一次洪水过程的地表径流填注量用下述公式估算:

$$R_v = \min\left(R_{vm} - R_0, \frac{F_v}{F_t} R_s\right) \tag{5-4}$$

式中:R_{vm} 为地表蓄水能力;R_0 为初始填注量;F_v、F_t 分别为模拟单元内小型蓄水工程控制面积及模拟单元总面积。

F_v/F_t 体现了空间的含义,并不是所有的地表径流都要被地表拦蓄水库拦蓄,而是只受到地表水利工程影响的那一部分。需注意,空间拦蓄水库是阈值函数,而不是通常所用的蓄泄关系,地表径流进入地表拦蓄水库后,并不会稍后排出,而是消耗于蒸散发,或用于灌溉等。当地表拦蓄水库蓄满之后,地表径流直接进入河道,不再受到拦蓄影响。

5.2.3 流域地下径流拦蓄量的模拟

地下水开采是海河流域非常重要的人类活动,导致地下水面快速下降。地下水下降对产流的影响是间接而又显著的[12]。随着地下水位的下降,流域土壤逐渐从湿润转为干旱。在土壤湿润状况下,当降雨来临,浅层地下水位快速上涨,蓄满产流大面积出现,降雨大量转化为径流,此时产生的洪水一般洪量很大。在干旱的土壤状况下,即使降雨来临,也难以出现蓄满面积,而只是在某些下渗率较低的区域出现局部产流,并且径流不一定能达到流域出口,甚至未进入河道又重新渗入地下。也就是说,产流面积并不能连成片,因此洪水洪量一般不大,但由于超渗产流的关系,可能洪峰较高。

海河流域秋冬季降雨较少,用水量较多,地下水开采量大于补给量,地下水位下降。汛期刚开始,地下水埋深较深,径流在坡地汇流过程中不断渗漏,补充地下水,抬升地下水水面。

新安江-海河模型设立时间拦蓄水库,描述地下水开采对产流的影响。地下拦蓄水库与地表径流、壤中流及地下径流并联,地表径流、壤中流及地下径流按某一比例因子补给地下水库。地下水库设有阈值 R_d,当水库蓄水量小于 R_d 时,不出流,全部蓄积于水库内;当水库蓄水量大于 R_d 时,超过部分按地下径流出流,参数直接借用地下径流参数。所谓时间,是指从洪水开始到洪水结束,地下水库的拦蓄是持续不断的,地表径流及壤中流的渗漏损失也是持续不断的,因为海河流域地下水埋深很深,一次降雨不可能让地下水位恢复至天然状态,因而地下水开采的影响作用于洪水全过程,这是一个时间的概念,所用公式为:

$$R_s = R_{s0}(1-F_0) - R_v \tag{5-5}$$

$$R_i = K_i F_r (1-F_0) S \tag{5-6}$$

$$R_g = K_g F_r (1-F_0) S \tag{5-7}$$

式中:R_{s0} 为原有新安江模型计算出的地表径流量,也就是未经拦蓄的地表径流量;F_0 是地表径流、壤中流及地下径流向地下拦蓄水库的渗漏系数;S 是原有新安江模型自由水蓄水量;K_i 和 K_g 分别是原有新安江模型自由水蓄水库壤中流及地下径流出流系数;F_r 是产流面积比例;R_s、R_i 和 R_g 分别是新安江-海河模型最终计算出的地表径流、壤中流及地下径流量。

5.2.4 河道人类活动的模拟

河道人类活动主要包括防洪堤建设、河道整治及河道侵占等,这些人类活动都能影响河网调蓄能力。防洪堤建设及河道整治促进洪水向下游倾泻,防止洪水漫溢,减弱了河网调蓄能力;而河道侵占正好相反。河网调蓄能力主要由参数 C_s 描述,当前还没有比较精确估计 C_s 的公式,因此,C_s 主要通过参数率定。在新安江-海河模型中,河道人类活动对洪水过程的影响由参数 C_s 的取值变化集中描述。

5.2.5 参数及变量先验估计方法

新安江-海河模型的调试方法与新安江模型相似,新安江-海河模型就是让原有新安江模型参数取值更合理,新增人类活动影响参数能够简单率定。

新安江模型有 17 个参数,有些参数敏感,有些参数不敏感。在调试新安江模型时,一般只调试敏感参数,对于不敏感参数,可根据经验,结合海河流域实际情况,在每个流域取固定值,不再作变动。

赵人俊曾提出解决新安江模型参数 S_m、K_g 和 K_i 不独立的方法,即取 $K_g+K_i=0.7$ 来解决[13]。这等于把自由水蓄水库参数减为两个,可找到唯一最优解。只有这种解才存在各流域间的可比性,找出区域性规律。但是这样求得的 S_m 与 K_g 不一定与其物理意义相符,定量只是相对的。参照赵人俊的这种方法,在海河流域,W_{un} 统一取 20 mm,W_{ln} 统一取 90 mm,这对于海河部分流域可能不大合适,但对于整个海河流域而言,还是合适的,这样既能避免土壤含水量出现负值,又不使张力水参数值过大。以此方法,可对新安江模型参数在海河流域的敏感性进行进一步的分析。

《水文预报(第五版)》曾对新安江模型参数敏感性有过分析和统计,见表 5-2[14]。

表 5-2 新安江模型各层次参数

层次	参数符号	参 数 意 义	敏感程度	取值范围
第一层次 蒸散发计算	K	流域蒸散发折算系数	敏 感	
	W_{un}	上层张力水蓄水容量(mm)	敏 感	10~50
	W_{ln}	下层张力水蓄水容量(mm)	敏 感	60~90
	C	深层蒸散发系数	不敏感	0.10~0.20
第二层次 产流计算	W_m	流域平均张力水蓄水容量(mm)	不敏感	120~200
	B	流域蓄水容量分布曲线指数	不敏感	0.1~0.4
	I_m	不透水面积占全流域面积的比例	不敏感	
第三层次 水源划分	S_m	自由水蓄水容量(mm)	敏 感	
	E_x	流域自由水蓄水容量分布曲线指数	不敏感	1.5
	K_g	地下水出流系数	敏 感	
	K_i	壤中流出流系数	敏 感	
第四层次 汇流计算	C_i	壤中流消退系数	敏 感	
	C_g	地下水消退系数	敏 感	
	C_s	河网蓄水消退系数	敏 感	
	L	流域汇流滞时(h)	敏 感	
	K_e	马斯京根法演算参数(h)	敏 感	$K_e=\Delta t$
	X_e	马斯京根法演算参数	敏 感	0.0~0.5

从上表可看出,新安江模型的敏感参数有 12 个。

流域蒸散发参数 K,W_{un},W_{ln} 对于多年水量平衡计算影响是很显著的,但在洪水模拟与预报中,蒸散发参数就是不敏感参数了。受地下水过量开采的影响,海河流域地下水埋深较深,不易蓄满,产流机制呈现出"先超后蓄"的特点[15],超渗地表径流产流机制发挥了重要作用,而壤中流与地下径流的影响相对微弱。C_g,C_i,K_g 和 K_i 用于调试壤中流及地下径流所占比例和消退速率,在海河流域,根据多次调试的经验,认为这几个参数并不是敏感参数。因此,一般可将 C_g 设为 0.998,C_i 设为 0.96,K_g 设为 0.45,K_i 设为 0.25。如此设置,等于是大大增强了对壤中流与地下径流的调蓄作用,反映在过程线上,就是洪水过程线的主体部分是地表径流,壤中流与地下径流过程线非常平缓。这符合海河流域当前人类活动影响下产汇流情形,虽然可能使某些洪水退水段模拟过程线有些偏差,但洪水模拟并不注重退水模拟,因而总体来看模拟精度还是很高的。

L 表示洪峰滞时,用于调试峰现时间,与径流深以及洪峰流量没有关系,参数独立性很强。在海河流域山丘区,山高坡陡,水流速度很快,峰现时间很短,因此,L 可设为 0。K_e 是马斯京根法演算参数,较为敏感,但为了满足马斯京根法槽蓄曲线线性关系的假定,K_e 要等于计算时段 Δt。这样,就剩下 3 个敏感参数 S_m、C_s 和 X_e 了。

C_s 和 X_e 都是汇流参数,二者高度相关,可固定一个参数,集中调试另一个参数。根据海河流域调试经验,C_s 敏感性远远强于 X_e,因此固定 X_e,调试 C_s。X_e 是反映河槽调节作用的一个指标,反映洪水传播过程的坦化程度。海河流域山丘区河槽较陡,因此研究中 X_e 定为 0.35。至此,新安江模型在海河流域需要自动优化的参数只剩下 S_m 和 C_s 了,其余参数手动微调即可。

为了反映海河流域人类活动对洪水过程的影响,模型增加了人类活动模块,其中包括 3 个敏感参数,F_v/F_t、R_{um} 与 F_0。F_v/F_t 与 R_{um} 是相关的,在实际调试中发现 F_v/F_t 比 R_{um} 更加敏感,因此,研究中集中调试 F_v/F_t,R_{um} 可设为定值。R_{um} 表示人类活动影响下流域地表拦水蓄水能力,根据流域查勘,一般可设为 10 mm 左右。F_v/F_t 是指计算单元内中小型水利工程与水土保持工程集水面积占单元总面积的比例,F_0 是指地下水位下降引发的地表径流和壤中流的渗漏比例系数,因此,新安江-海河模型需要参与自动优化的参数为 S_m、C_s、F_0 和 F_v/F_t,可根据流域查勘资料估算参数上下界,通过 SCE-UA 自动优化算法得到。由此,新安江-海河模型不仅可以模拟流域出口的洪水过程,还能反映海河流域人类活动对产汇流的影响。

在进行洪水模拟与预报前需要知道模型内部状态变量的初始值,主要是土壤含水量的初始值,这可以借鉴海河水利委员会水文局降雨径流相关图的制作经验。制作降雨径流相关图需有前期影响雨量 P_a,因为海河流域相当多雨量站及水文站仅有汛期资料,所以每年从 6 月 1 日开始逐日计算单站 P_a,至 9 月 30 日结束。一般情况下,将 6 月 1 日汛期开始之日的 P_a 值设为 0。

运行日模型,每年自 6 月 1 日开始计算,由此向后逐日推算,获得每日 8 时的土壤含水量 W。6 月 1 日 W 的值不能设为 0,否则土壤含水量容易出现负值。在计算中当 W 为负值时,以 W 值为零来处理是不对的,因为这样做破坏了产流量计算的前提。实践证明,6 月 1 日 W 值取 $\frac{1}{3} W_m$ 较为合理。

运行日模型是为了进行水量平衡计算,得到每日 8 时的土壤含水量,确定洪水开始时的土壤干湿条件,而不是要重现日流量过程。因此,蒸散发折算系数 K 最为重要,其余参数粗略估计,取固定值即可。根据《海河流域下垫面变化对洪水的影响》[5],6—9月海河流域蒸散发量相当大,占全年蒸散发总量的60%以上。尤其是8月份,植被茂密,蒸腾作用强烈,实际蒸散发大于水面蒸发,K在1.0以上,如表5-3所示。

表5-3　海河流域汛期逐月K值成果表

时间	耕地			林地		
	2013年	2014年	2016年	2013年	2014年	2016年
6月	0.50	0.56	0.44	0.58	0.50	0.50
7月	0.85	0.97	0.91	0.87	0.97	0.93
8月	1.23	1.08	1.14	1.10	1.02	1.11
9月	1.09	0.81	0.68	1.01	0.75	0.63

经研究,在海河流域,日模型从每年6月1日运行到9月30日,K取为1,其余参数也为定值,也就是说,日模型不进行SCE-UA算法自动优化,如此可得到逐日土壤含水量数据。对于洪水模拟而言,这么做能消除模型初始状态变量的不确定性,土壤初始含水量估算也较准确。

5.3　典型流域概况

本章节选取海河流域的典型流域作为研究对象,研究范围和概况详见表5-4。

表5-4　研究范围和流域概况

干流	支流	水文站	流域面积（km²）	流域概况
大清河	拒马河	紫荆关	1 760	主河道长81.5 km,河道纵坡为5.5‰,流域平均宽度为25.4 km。流域内植被情况较差,仅局部地区有小块成林。流域多年平均年降水量约为650 mm
	沙河	阜平	2 210	阜平以上一般为深山区,河道纵坡平均为5.3‰,河床呈"V"形,两岸皆为岩石,几乎无台地,河床覆盖物为大块石和沙砾。流域内植被情况较差,局部有小块成林。流域多年平均年降水量约为600 mm
潮白河	白河	张家坟	8 506	密云水库流域面积15 788 km²,占潮白河流域面积19 500 km²的81%。本流域除水库库区附近地势稍低,其高程一般在海拔500 m以下,其他地方地势均较高,具有山高、坡陡、沟深、流急的特点,河道比降较大。东支潮河发源于河北省承德地区,河源至水库全长220 km,河道平均比降为1.87%。西支白河发源于河北省张家口地区,河源至水库全长248 km,河道平均比降为4.87%。流域内基本上属于土石山区,一般土层较薄,植被较好,但流域内各地差异较大,不少地方岩石裸露,裂隙较发育
	潮河	戴营	4 266	
		下会	5 340	
蓟运河	还乡河	邱庄水库	525	邱庄水库以上流域为山区,多白云岩,土壤以淋溶或石灰性褐土为主,上游一部分为山地棕色森林土,东北部兼有草甸褐土。土壤肥沃,植被较好,植被覆盖度在30%~50%,梯田较多。流域多年平均年降水量约为630 mm

本章节采用美国国家海洋和大气管理局(NOAA)提供的1 km×1 km DEM数据,根

据该流域雨量站情况进行分块。某些流域资料情况较复杂，如张家坟流域，流域内先后有云州水库、白河堡水库等大中型水库建成，则不同时期流域分块情况及模拟面积也不同。

根据代表性原则和实际观测条件，在保证资料质量前提下，尽可能选用较多场次的洪水，各个流域选用的雨量站及洪水场次详见表 5-5。

表 5-5 各典型流域选用的雨量站及洪水场次

编号	流域	雨量站	洪水场次
1	紫荆关	紫荆关、艾河、插箭岭、石门、东团堡、王安镇、团圆村、胡子峪、狮子峪、斜山、乌龙沟 11 个站点	1967—2005 年的 38 场洪水
2	阜平	桥南沟、龙泉关、砂窝、不老台、庄旺、下关、冉庄、阜平 8 个站点	1958—2004 年的 41 场洪水
3	张家坟	云州水库、雕鹗、下堡、黑龙山、东万口、三道营、喇叭沟门、长哨营、千家店、汤河口、张家坟 11 个站点	1960—2006 年的 41 场洪水
4	戴营	大阁、上黄旗、小坝子、戴营、石人沟、安纯沟门 6 个站点	1964—2002 年的 40 场洪水
5	下会	大阁、上黄旗、小坝子、下会、石人沟、安纯沟门 6 个站点	1979—2006 年的 26 场洪水
6	邱庄水库	邱庄水库、新集、西莲花院、铁厂、娘娘庄、崖口 6 个站点	1966—1998 年的 40 场洪水

5.4 新安江模型模拟结果分析

5.4.1 阜平流域模拟结果分析

采用新安江模型模拟阜平流域 1958—2004 年的 41 场洪水率定参数，参数值如表 5-6 所示。

表 5-6 阜平流域新安江模型参数

参数意义	参数	参数值	参数意义	参数	参数值
蒸散发折算系数	K	1	地下水出流系数	K_g	0.45
流域蓄水容量分布曲线指数	B	0.5	壤中流出流系数	K_i	0.25
深层蒸散发系数	C	0.12	地下水消退系数	C_g	0.998
张力水蓄水容量	W_m	180 mm	壤中流消退系数	C_i	0.96
上层张力水蓄水容量	W_{um}	20 mm	河道汇流的马斯京根法系数	X_e	0.35
下层张力水蓄水容量	W_{bm}	90 mm	河道汇流的马斯京根法系数	K_e	1 h
不透水面积比例	I_m	0.01	河网水流消退系数	C_s	0.32
自由水蓄水容量	S_m	37 mm	河网汇流滞时	L	0
流域自由水蓄水容量分布曲线指数	E_x	1.5			

统计阜平流域新安江模型模拟结果。阜平流域 41 场洪水中,新安江模型径流深模拟合格 23 场,合格率 56.1%;洪峰模拟合格 17 场,合格率 41.5%。显然,将 41 场洪水在同一套参数下模拟,预报精度达不到要求,这是半湿润半干旱流域与湿润流域有较大差别的地方。

20 世纪 80 年代之后以经济建设为中心,人类活动影响显著。对于海河流域,一般认为 20 世纪 80 年代以前人类活动对下垫面影响不大,属微弱期;80 年代以后人类活动明显加剧,为明显期[16,17]。就阜平流域而言,80 年代前次洪径流深误差多为正值,表明模拟结果偏小;80 年代后次洪径流深误差多为负值,表明模拟结果偏大,如图 5-5 所示。也就是说,阜平流域 80 年代前后下垫面变化较大,径流特性改变较大,同等水平的降雨量,产流量明显偏小。用同一套参数模拟,不能反映流域产汇流条件的改变。

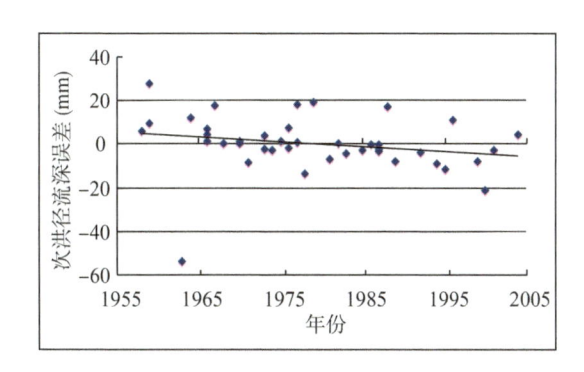

图 5-5　阜平流域次洪径流深误差与洪水发生时间关系图

研究表明,洪水量级越小,受下垫面变化影响越大。与长江以南湿润流域相比,海河流域属半湿润半干旱流域,年平均降水量较小,大中洪水较少,小洪水居多。因此,下垫面的变化,对海河流域洪水影响更大,需分年代模拟。

将阜平流域 41 场洪水分为 20 世纪 80 年代前和 80 年代后两个时期,80 年代前 23 场洪水,80 年代后 18 场洪水。用新安江模型分别模拟阜平流域 80 年代前和 80 年代后洪水。由于次洪模型中,与其他参数相比,S_m 和 C_s 相对敏感,所以在参数率定时,80 年代前后洪水 S_m 和 C_s 参与变化,80 年代前 W_m 为 160 mm,80 年代后为 180 mm,其余参数取值与表 5-6 相同。80 年代前阜平流域新安江模型 S_m 取值 37 mm,C_s 取值 0.32,径流深合格 16 场,合格率 69.6%,洪峰合格 11 场,合格率 47.8%;80 年代后 S_m 取值 68 mm,C_s 取值 0.25,径流深合格 13 场,合格率 72.2%,洪峰合格 7 场,合格率 38.9%。显然,径流深合格率大幅提高了,接近或超过乙级精度。

进一步研究发现,阜平流域次洪径流深误差不仅与洪水发生时间有关,而且与洪水量级有关,如图 5-6、图 5-7 所示。80 年代前洪水次洪径流深误差与次洪实测径流深的关系,除个别场次洪水,一般而言,小洪水次洪径流深误差多为负值,即模拟结果偏大,大洪水次洪径流深误差多为正值,即模拟结果偏小。80 年代后洪水的这种趋势就更明显了。阜平流域 41 场洪水中,最大次洪实测径流深达 182.8 mm,最小次洪实测径流深仅为 1.3 mm,大小洪水量级相差巨大,产汇流特性也有显著差别,因此,不仅要分年代模拟,还要分量级模拟,这是与湿润流域不同的地方。

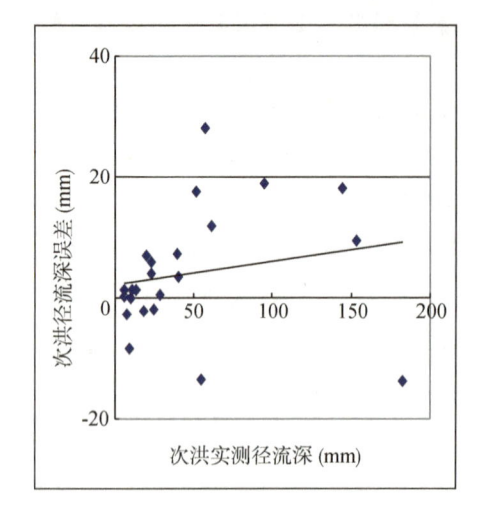

图 5-6 阜平流域 20 世纪 80 年代前洪水次洪径流深误差与洪水量级关系图

图 5-7 阜平流域 20 世纪 80 年代后洪水次洪径流深误差与洪水量级关系图

采用新安江模型分量级、分年代模拟阜平流域洪水,仅 S_m 和 C_s 有变化,20 世纪 80 年代前 W_m 为 160 mm,80 年代后为 180 mm,其余参数同表 5-6,结果如表 5-7 所示。

表 5-7 阜平流域新安江模型各时期模拟结果

洪水量级	洪水时间	S_m(mm)	C_s	洪量合格率(%)	洪峰合格率(%)
大于或等于 10 年一遇	20 世纪 80 年代前	30	0.15	100	100
	20 世纪 80 年代后	30	0.15	100	100
5 至 10 年一遇	1958 年、1966 年、1967 年	20	0.02	100	100
	1973 年、1975 年、1976 年、1977 年	35	0.15	75	75
	1978 年、1979 年、1982 年、1995 年、2000 年	69	0.20	80	100
小于 5 年一遇	20 世纪 80 年代前	40	0.29	73	—
	20 世纪 80 年代后	72	0.14	77	—

表 5-7 显示,新安江模型此时模拟效果很好,但 S_m 取值严重不合理。S_m 反映表土蓄水能力。在土层很薄的山区,其值为 10 mm 或更小一些;而在土深林茂、透水性很强的流域,其值可取 50 mm 或更大一些;一般流域为 10~20 mm。

阜平流域以山地为主,植被覆盖度小于 85%。因此,阜平流域 S_m 值应较小,次洪模型中 S_m 值最高达 69 mm 和 72 mm,显然偏大。

20 世纪 80 年代后,由于流域内人类活动的影响,主要是地表水利工程和水土保持工程的建设,以及地下水的过量开采,流域包气带蓄水能力发生重大改变,必然在模型参数上有所反映。理论上来说,张力水蓄水容量是田间持水量和凋萎含水量之差,自由水蓄水容量是饱和含水量与田间持水量之差。新安江模型80年代后洪水的S_m数值过大,远远超出了自然流域表土蓄水能力,其实是将流域拦蓄等各种人类活动对洪水过程的影响,都用该参数加以总反映。此时,S_m参数的物理意义模糊不清,不利于海河流域洪水的模拟与预报。

5.4.2 其他流域模拟结果分析

采用新安江模型模拟紫荆关、张家坟、戴营、下会和邱庄水库流域的洪水率定参数。小洪水产汇流情势复杂,洪峰模拟效果不好,因此只统计径流深合格率。表5-8为紫荆关及邱庄水库流域模拟结果。

表5-8 紫荆关及邱庄水库流域新安江模型各时期模拟结果

流域	洪水量级	年份	S_m(mm)	C_s	径流深合格率(%)	洪峰合格率(%)
紫荆关	大水	20世纪80年代前	30	0.02	100	75
		20世纪80年代后	30	0.28	100	100
	中水	20世纪80年代前	36	0.30	71.4	71.4
		20世纪80年代后	28	0.01	100	50
	小水	20世纪80年代前	30	0.14	73.3	—
		20世纪80年代后	35	0.16	85	
邱庄水库	大水	20世纪80年代前	58	0.04	67	67
		20世纪80年代后	70	0.04	100	100
	中水	20世纪80年代前	48	0.26	71	71
		20世纪80年代后	55	0.26	86	86
	小水	20世纪80年代前	70	0.15	100	
		20世纪80年代后	70	0.15	75	

张家坟、戴营和下会流域隶属于密云水库流域,面积大,雨量站较少,情况复杂,因此只模拟径流深,不模拟洪峰,模拟结果如表5-9所示。

表5-9 密云水库流域新安江模型各时期模拟结果

流域	年份	S_m(mm)	C_s	径流深合格率(%)
戴营	20世纪80年代前	57	0.09	76.2
	20世纪80年代后	68	0.10	78.6
下会	20世纪90年代前	35	0.09	90.9
	20世纪90年代后	52	0.13	86.7
张家坟	1964—1970年	24	0.01	70.0
	1971—1982年	35	0.03	73.3
	1983—2007年	38	0.04	78.9

由此可以看出,新安江模型在这些流域基本可以达到或超过乙级精度,但是参数取

值不合理，S_m 值偏大。也就是说，新安江模型并不能完全反映海河流域下垫面特征。因此，有必要修订新安江模型，使参数更加合理，结构更加完善。

5.5 新安江-海河模型模拟结果分析

由新安江模型模拟结果可以看出，阜平、邱庄水库、戴营等流域 S_m 取值明显偏大，紫荆关、下会、张家坟等流域 S_m 取值正常或稍有偏大。以阜平、邱庄水库和戴营流域为典型流域，应用新安江-海河模型分年代、分量级重新模拟，结果如表 5-10 所示。

表 5-10 阜平、邱庄水库及戴营流域新安江-海河模型各时期模拟结果

流域	洪水量级	年份	S_m(mm)	C_s	F_v/F_t	F_0	径流深合格率(%)	洪峰合格率(%)
阜平	大水	20 世纪 80 年代前	30	0.15	0	0	100	100
		20 世纪 80 年代后	30	0.15	0	0	100	100
	中水	1958 年、1966 年、1967 年	15	0.05	0	0	100	100
		1973 年、1975 年、1976 年、1977 年	25	0.29	0	0	100	75
		1978 年、1979 年、1982 年、1995 年、2000 年	35	0.36	0.10	0.17	80	80
	小水	20 世纪 80 年代前	40	0.29	0	0	73	—
		20 世纪 80 年代后	40	0.15	0.10	0.21	92	—
邱庄水库	大水	20 世纪 80 年代前	38	0.04	0	0.19	67	83
		20 世纪 80 年代后	45	0.04	0.05	0.19	100	100
	中水	20 世纪 80 年代前	30	0.25	0	0.265	79	71
		20 世纪 80 年代后	36	0.25	0.05	0.265	100	71
	小水	20 世纪 80 年代前	40	0.15	0	0.26	78	—
		20 世纪 80 年代后	40	0.15	0.05	0.26	100	—
戴营	大水	20 世纪 80 年代前	30	0.10	0	0.10	75	—
		20 世纪 80 年代后	40	0.10	0.20	0.30	75	—
	小水	20 世纪 80 年代前	38	0.10	0	0.10	85	—
		20 世纪 80 年代后	40	0.007	0.20	0.34	89	—

从 1980 年前到 1980 年后，新安江-海河模型 S_m 参数值有所增大。S_m 是划分水源的关键参数，描述流域表层土壤中自由水的蓄水能力。表层土壤蓄水能力主要与土壤类型及土地利用类型有关，土壤类型一般不发生变化，土地利用类型则容易受人类活动影响。由于植树造林及禁牧等措施的实施，海河流域自 1980 年以来植被量有所增加。植被有涵养水源的功能，增大了土壤孔隙度和土壤下渗能力，因而表层土壤蓄水能力增大，地表径流减少，壤中流及地下径流增加。反映在模型参数上，S_m 参数值会增大。

从 1980 年前到 1980 年后，新安江-海河模型 F_v/F_t 参数值有所增大。地表拦蓄量也可以理解为填洼量，当拦蓄量很小时，可直接纳入蓄水容量曲线考虑，如新安江模型就没

有考虑天然填洼量,植被截留及填洼等径流损失因素都包括在蓄水容量曲线里了。海河流域在20世纪80年代以后地表径流拦蓄量急剧增大,因此为了使蓄水容量曲线不变形,有必要将拦蓄量单独加以考虑。从表5-10中可以发现,大洪水基本没有或很少有拦蓄,中小洪水拦蓄比较多。因为大洪水一开始就将这些拦蓄量填满了,后续洪水不再受到拦蓄,因而小型水利工程及水土保持工程对大洪水的影响是很小的,对中小洪水的影响还是比较大的[18]。

从1980年前到1980年后,新安江-海河模型F_0参数值有所增大。一些流域在1980年之前F_0取值并不为0,反映了1980年之前地下水开采就已经开始影响流域产汇流过程。20世纪80年代以后F_0参数值增大,但并没有变得很大,说明地下水位下降对洪水过程的影响是有限度的。当地下水位开始下降,尤其是当地下水位深于河床,地表与地下水力联系中断的时候地下水开采,对洪水过程的影响是最大的,径流在坡面汇流及河道汇流过程中会不断渗漏。若地下水位继续下降,此时对地表径流的影响就有限了。

从1980年前到1980年后,新安江-海河模型C_s参数值有变化但没有显著规律。这是因为人类活动对河道会有不同甚至相反的影响,如河道整治加大河道下泄能力,而河道侵占、河道挖砂等活动容易阻滞水流,削弱了河道的下泄能力。如何描述河道人类活动对洪水过程的影响,当前除了水力学方法之外,尚缺乏有效的方法。而水力学方法需要详细的水力资料,在很多流域并不是一个实用的方法。

从洪水预报精度上来看,新安江-海河模型基本能维持或提高新安江模型的预报精度,参数取值更加合理,说明通过在新安江模型中增加地表及地下拦蓄水库的结构来反映海河流域下垫面特性更加客观与合理。

5.6 小结

本章节针对流域内中小水库与水土保持工程等人类活动引起的流域蒸散发、下渗与产汇流过程的时空局部变化,提出了"拦蓄水库"这一概念性元件来描述人类活动引发的流域水文响应。蓄水塘坝等工程对地表径流的直接拦蓄作用由地表"空间拦蓄水库"描述,地下水漏斗对径流的间接拦蓄效应用地下"时间拦蓄水库"描述,同时考虑植被变化对蒸散发的作用,揭示了复杂下垫面变化对产汇流过程的影响。

选择海河六个典型流域作为研究对象,分别用新安江模型与新安江-海河模型进行产汇流模拟计算,得到下述结论:

(1) 当人类活动影响显著时,模型必然从参数或结构上加以反映。从参数上反映会导致参数取值不合理,如新安江模型自由水蓄水容量过大,所以应该根据流域实际人类活动情况,灵活变更及改进模型结构,最终使模型参数及结构都合理。

(2) 模型参数合理的前提是参数具有一定物理意义,因此,应将人类活动归类分别刻画。本研究确定海河流域山丘区主要有4类人类活动:土地利用变化、地表水利工程建设、地下水开采及河道人类活动,其中地表水利工程建设及地下水开采需要通过改进模型结构加以刻画。模型要保持灵活性,当用于其他流域时,人类活动影响模块要做相应变动。

(3) 人类活动影响模块需有相应的参数先验估计方法,限制参数不确定性,否则模型的不确定性将大大增加。

参考文献

[1] BUYTAERT W, DE BIÈVRE B, WYSEURE G, et al. The use of the linear reservoir concept to quantify the impact of changes in land use on the hydrology of catchments in the Andes[J]. Hydrology and Earth System Sciences Discussions, 2004, 8(1):108-114.

[2] FENICIA F, KAVETSKI D, SAVENIJE H H G, et al. Catchment properties, function, and conceptual model representation: Is there a correspondence? [J]. Hydrological Processes, 2014, 28(4):2451-2467.

[3] 李致家,黄鹏年,张建中,等. 新安江-海河模型的构建与应用[J]. 河海大学学报(自然科学版),2013,41(3):189-195.

[4] HUANG P N, LI Z J, LI Q L, et al. Application and comparison of coaxial correlation diagram and hydrological model for reconstructing flood series under human disturbance[J]. Journal of Mountain Science, 2016, 13(7):1245-1264.

[5] 水利部海河水利委员会. 海河流域综合规划专题报告一:海河流域下垫面变化对洪水的影响[R]. 天津:水利部海河水利委员会,2009.

[6] 李致家,姚玉梅,戴健男,等. 利用水文模型研究下垫面变化对洪水的影响[J]. 水力发电学报,2012,31(3):5-10.

[7] O'CONNELL P E, EWEN J, O'DONNELL G, et al. Is there a link between agricultural land-use management and flooding? [J]. Hydrology and Earth System Sciences, 2007, 11(1):96-107.

[8] MCLNTYRE N, FRASER CE, LE VINE N, et al. The potential for reducing flood risk through changes to rural land management: outcomes from the Flood Risk Management Research Consortium[J]. Proceedings of British Hydrological Society's Eleventh National Symposium,2012:9-11.

[9] ANDERSON R M, KOREN V I, REED S M. Using SSURGO data to improve Sacramento Model a priori parameter estimates[J]. Journal of Hydrology, 2006, 320(1-2):103-116.

[10] 何虹,夏达忠,甘郝新. 基于MODIS的水文特征指标提取与应用研究[J]. 水利信息化,2011(4):4-8.

[11] 倪猛,陈波,岳建华,等. 洛河流域蒸散发遥感反演及其与各参数的相关性分析[J].

地理与地理信息科学，2007，23(6)：34-37+53.

[12] PETRONE K C, HUGHES J D, VAN NIEL T G, et al. Streamflow decline in southwestern Australia, 1950—2008[J]. Geophysical Research Letters, 2010, 37: L11401.

[13] 赵人俊，王佩兰，胡凤彬. 新安江模型的根据及模型参数与自然条件的关系[J]. 河海大学学报，1992(1)：52-59.

[14] 包为民. 水文预报[M]. 5版. 北京：中国水利水电出版社，2017：157.

[15] 何平，张广生，边荣英. 海河流域中部地区产流理论分析[J]. 河北水利科技，2001，22(1)：45-50.

[16] 韩瑞光，丁志宏，冯平. 人类活动对海河流域地表径流量影响的研究[J]. 水利水电技术，2009，40(3)：4-7.

[17] 陈民，谢悦波，冯宇鹏. 人类活动对海河流域径流系列一致性影响的分析[J]. 水文，2007，27(3)：57-59.

[18] HALL J, ARHEIMER B, BORGA M, et al. Understanding flood regime changes in Europe: A state of the art assessment[J]. Hydrology and Earth System Sciences, 2014, 18(7): 2735-2772.

第 6 章
半湿润半干旱地区洪水模拟与影响因子的响应评估

6.1 概述

中国北方半湿润半干旱地区的降水与下垫面条件具有明显的时空异质性[1],下垫面条件复杂,地表植被覆盖较差,降水对土层的入渗能力弱且作用层浅,表层土壤含水量变化剧烈[2]。此外,该类地区的降水历时短、强度大、汇流速度极快,极易产生陡涨陡落的洪水[3],从而造成严重的生命和财产损失[4]。水文预报模型作为最为重要和基础的非工程性防洪减灾措施之一[5,6],目前在半湿润半干旱地区的研制和应用主要存在以下两类问题:数据精度的满足性和模型结构的合理性[7]。

近些年来,随着半湿润半干旱地区洪水预报研究的不断深入,许多学者还发现了水文模型结构、参数优化率定、降水数据精度等因素之间还存在着互馈的关系。基于此,国内外学者对不同气候条件、不同时空尺度下的水文模型参数优选及径流模拟开展了大量的研究[8-10]。然而,这些研究多是时间、空间或时空组合对洪水响应的影响[11-13],尚未形成系统的理论体系和成熟的方法技术,这对产流机制的复杂性叠加降雨时空的差异性的半湿润半干旱地区洪水预报作业需求是远远不够的。

为此,本章选择典型的中国半湿润半干旱地区的实验场区为研究对象,基于流域的原始观测数据,采用降雨相似分形方法、抽站法和距离平方倒数法分别从时间和空间维度进行处理,得到不同时空尺度的降雨事件。将设定好具有变化规律性的降雨事件加载至三种不同产流机制的水文模型中进行洪水模拟,分析不同计算方案的结果,探究降雨时空差异及产流机制等因素对半湿润半干旱地区洪水模拟的影响,以期能够系统地揭示半湿润半干旱地区降雨径流模拟的困难,为该类地区水文模型的研制工作提供借鉴[14]。

6.2 研究流域和数据

6.2.1 研究区概况

本节选择了中国北方半湿润半干旱地区的实验流域:大理河绥德站和曹坪站以上流域作为研究区(以下简称"绥德流域"和"曹坪流域")。绥德流域位于陕西省榆林市,流域面积为 3 893 km²;曹坪流域位于绥德流域的下游,流域面积为 187 km²,是嵌套在绥德流域下游的小流域(图 6-1)。大理河流域属于典型大陆性季风气候区,流域多年平均气温为 7.8~9.6℃。降雨量年内分配不均,主要集中在 6—9 月,雨量可达全年的 60%~70%,大理河洪水主要由暴雨形成,洪水大小主要取决于暴雨面积和暴雨强度。暴雨发生时多数为局地暴雨,其范围小、历时短、强度大,易造成山洪暴发。流域内地貌主要为黄土丘陵沟谷,气候干旱,植被覆盖率较低,土壤侵蚀非常严重。

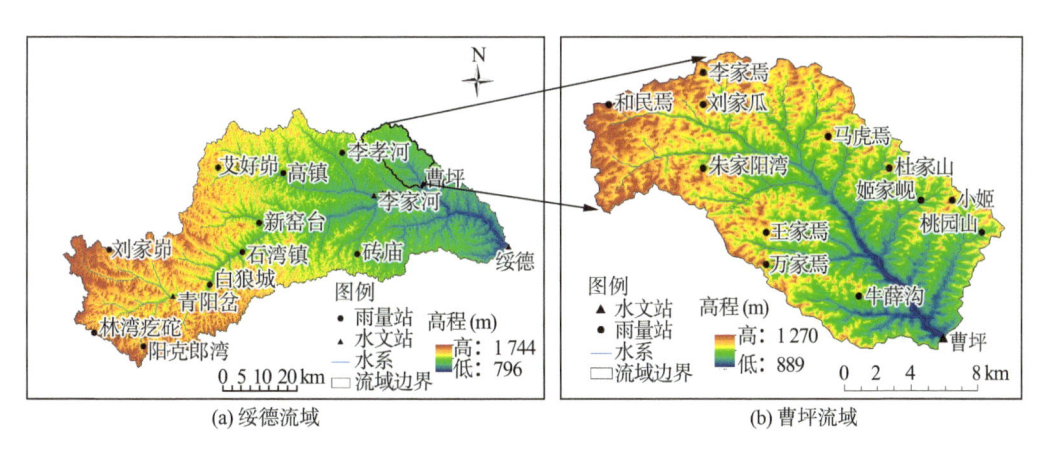

图 6-1 绥德流域和曹坪流域的位置、高程、水系及站点分布图

6.2.2 数据来源

绥德流域和曹坪流域所需的水文气象资料包括降水量、蒸发量和断面流量,分别由陕西省水文水资源勘测中心和黄委水文局提供。绥德流域有 14 个雨量观测站(包含 4 个水文站),站点密度约为 278 km²/站;曹坪流域有 13 个雨量观测站(包含 1 个水文站),站点密度较高,约为 14 km²/站。两个流域的蒸发量数据均来自绥德站同期观测的水面蒸发数据。在原始的降雨观测资料中,绥德流域雨量记录间隔为 1~2 h;曹坪流域的实测降雨资料时间分辨率为 5~20 min,实测径流资料的时间分辨率为 5~10 min。

选取绥德流域 2010—2018 年和曹坪流域 2000—2010 年的洪水事件进行模型模拟。两个实验流域所选取的洪水均包含低峰洪水、中峰洪水、高峰洪水,以使输入模型的资料能充分地对模型进行系统参数优化。

6.3 研究方法

6.3.1 基于时空尺度分析构建降雨事件

6.3.1.1 降雨事件的时间尺度处理

本研究采用分形理论的自相似性(即小时间尺度上降雨分布规律与大时间尺度上降雨分布规律相似)对降雨资料进行解集或聚集,将原始降雨资料处理成指定间隔的降雨资料,最终形成 M 个不同时间步长的数据集。具体计算方法通过此例来介绍:t 时段的原始降雨为 P_t^0,$t+1$ 时段的原始降雨为 P_{t+1}^0,根据当前时段与上时段降雨的关系,计算得到 $t+1$ 时段的新降雨量 P'_{t+1},原始的 $t+1$ 时段的降雨量 P_{t+1}^0 扣除新降雨量 P'_{t+1},剩余部分则为 $t+0.5$ 时段的降雨量 $P'_{t+0.5}$,数学计算表达式为:

$$P'_{t+1} = \frac{{P_{t+1}^0}^2}{P_t^0 + P_{t+1}^0} \tag{6-1}$$

$$P'_{t+0.5} = P_{t+1}^0 - P'_{t+1} \tag{6-2}$$

6.3.1.2 降雨事件的空间尺度处理

采用抽站法对雨量站进行两个策略的抽取:①从密集站点区域抽取;②上下游对称抽取,从流域的所有雨量站中均匀地抽取部分雨量站。再采用距离平方倒数法,对每种方案的雨量数据进行空间插值,得到 N 种不同密度的雨量站空间分布方案。第 i 个网格的降水量 P_i 的数学计算表达式为:

$$P_i = \sum_{j=1}^{k} w_{i,j} P_j \tag{6-3}$$

$$w_{i,j} = \frac{d_{i,j}^2}{\sum_{z=1}^{b} d_z^2} \tag{6-4}$$

式中:P_j 为第 j 个雨量站的降雨量;$w_{i,j}$ 为第 i 个网格相对于第 j 个雨量站的权重系数;$d_{i,j}$ 为第 i 个网格相对于第 j 个雨量站的距离;d_z 为雨量站点之间的距离;b 为每种方案中雨量站个数;k 为距第 i 个网格最近的 k 个雨量站。

通过以上方法,对原始的观测数据进行时间步长和空间雨量站密度的处理,最终得到 $M \times N$ 种不同时空分布的降雨事件。

6.3.2 不同产流机制的水文模型应用

在半湿润半干旱地区,由于下垫面和降水时空分布不均匀,超渗产流和蓄满产流随时空变化的现象尤为明显[15]。在本研究中,采用三种产流机制的水文模型,分别为:蓄满产流的新安江模型(XAJ)、超渗产流的 GA 模型和介于蓄超之间的增加超渗产流的新安江模型(XAJ-GA)。三个模型按照产流机制从蓄满逐渐过渡到超渗,分别为:XAJ 模型、XAJ-GA 模型、GA 模型。

6.3.3 模型参数率定

将不同时空分布的降雨事件加载至三种模型中进行模拟,并分别完成每种降雨事件的最优参数率定。为了减少率定过程中参数的不确定性,减轻计算工作量,本节仅对敏感参数使用 SCE-UA 算法自动优化,不敏感参数由人工试错法估计。为了方便分析,将参与率定和检验的所有场次洪水的模拟结果整合在一起统计综合模拟效果。

6.4 多层次评价分析

6.4.1 降雨事件异质性评价

采用两个降雨变化的特征参数分析降雨事件的差异:流域累计面平均雨量 $\overline{P}$ 和表示降雨空间离散程度的变差系数 C_v 值,其计算方程为:

$$\overline{P} = \sum_{i=1}^{m} \alpha_i P_i \tag{6-5}$$

$$C_v = \frac{\sqrt{\sum_{i=1}^{m} \alpha_i (P_i - \overline{P})^2}}{\overline{P}} \tag{6-6}$$

式中:α_i 为第 i 个网格的权重指数;P_i 为第 i 个网格的累计降雨量;m 为网格单元的个数。

6.4.2 模型结果评价

依据传统的水文模拟与预报精度评定准则,结合半湿润半干旱地区洪水特征,参考《水文情报预报规范》(GB/T 22482—2008)[16] 规定,选择 4 种评价指标:径流深合格率(QR_{rd}),该误差以实测值的 20% 作为许可误差,当该值大于 20 mm 时取 20 mm,当小于 3 mm 时取 3 mm;洪峰合格率(QR_{pf}),以实测洪峰流量的 20% 作为许可误差判定预报洪峰是否合格;峰现时间合格率(QR_{pt}),以峰现时间小于 3 h 为许可误差;确定性系数(NSE),评价洪水实测过程与预报过程之间的拟合程度。

上述 4 个统计指标的取值范围不一致,需要进行归一化处理。其中,采用最小-最大归一化方法,将 QR_{rd}、QR_{pf}、QR_{pt} 归一化到 (0,1), NSE 归一化到 (−1,1)。将归一化后的统计指标等权重累加求和,得到综合指标 CI。综合指标 CI 值越大,表明模拟精度越高。每个方案的综合指标 CI_j 计算如下:

$$CI_j = QR_{rd}'{}_j + QR_{pf}'{}_j + QR_{pt}'{}_j + NSE'_j \tag{6-7}$$

式中:$QR_{rd}'{}_j$、$QR_{pf}'{}_j$、$QR_{pt}'{}_j$、NSE'_j 分别为第 j 个方案归一化后的 QR_{rd}、QR_{pf}、QR_{pt}、NSE。

6.5 结果分析与讨论

6.5.1 降雨事件结果分析

半湿润半干旱地区的汛期降水具有短历时、强度大的特点,因此,研究流域的时间步长和雨量站数量的设置均需在满足代表性的基础上体现差异性。

在时间步长方面,综合考虑研究流域的洪水历时、洪水起涨历时以及汇流历时,设置4种时间步长的方案(绥德流域15、30、60、120 min;曹坪流域5、10、20、30 min)。在雨量站数量方面,考虑到降雨数据的代表性,设置最少雨量站数量为总雨量站的一半。采用抽站法均匀地从研究流域所有雨量站中抽取不同数量的雨量站,分别得到5种不同雨量站的空间分布(绥德流域14、12、10、8、6站;曹坪流域13、11、9、7、5站)。最终,通过组合不同的时间步长和雨量站数量,可以得到20种不同时空分布的降雨事件。

6.5.1.1 降雨事件时空分布结果

由于研究流域降雨事件的数量较多,降雨空间分布结果无法全部展示,因此,将流域面平均雨量进行排序,选取四分位场次洪水:25%、50%、75%以及降雨量最大的四个场次典型降雨进行展示。以绥德流域为例,描述流域降雨事件的空间变化特征,见图6-2。

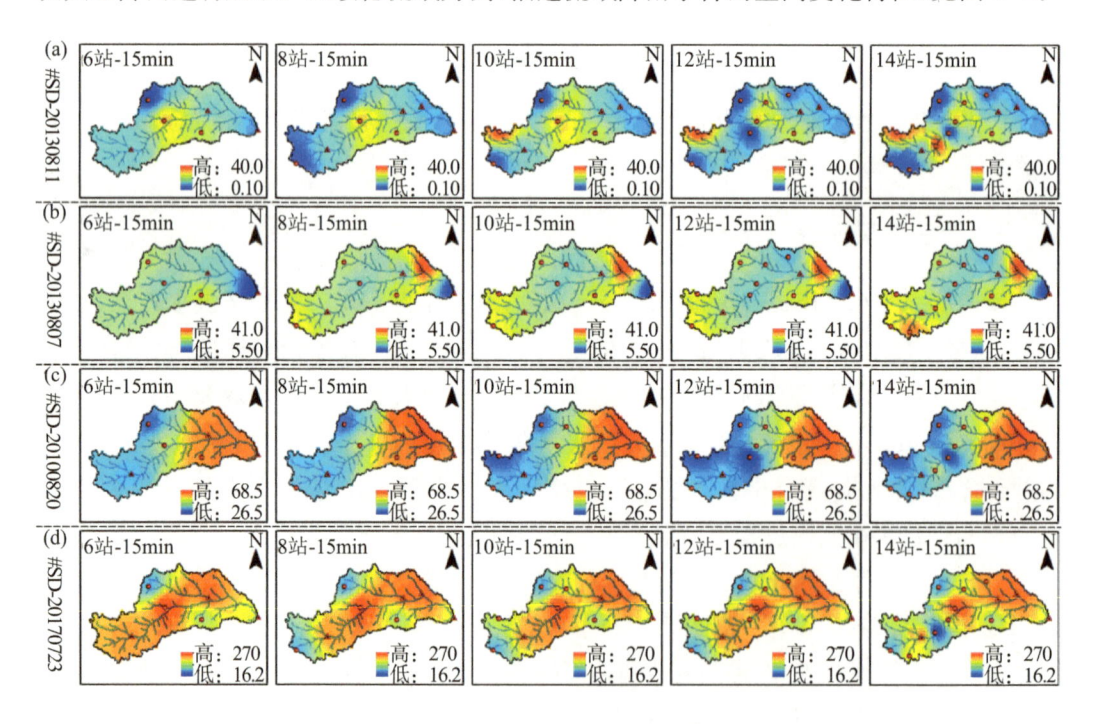

图6-2 绥德流域典型场次洪水降雨空间方案分布图(单位:mm)

随着雨量站数量的增加,暴雨中心的数量有不同程度的增加,降雨空间分布越来越不均匀。暴雨中心所在的站点被抽取后,该位置的降雨由周围站点插值计算,所以暴雨中心消失,降雨空间分布被严重地均化。而当暴雨中心所在的站点未被抽取时,降雨空间分布变化不是很大,比如♯SD-20100820。综上可知,雨量站数量越少,降雨分布越均匀;雨量站数量越多,暴雨中心越明显。

6.5.1.2 降雨事件的差异性评价

本节分析研究流域的不同时空降雨事件的差异性,图 6-3 为绥德流域和曹坪流域的 20 种时空方案的全部洪水事件的降雨量差异性结果。可以看出,在绥德流域,随着雨量站数量的增加,降雨总量呈现减少趋势[图 6-3(a),减少幅度约为 20 mm],洪水事件的面平均雨量的分布范围逐渐缩小[图 6-3(b)],降雨空间的变异性逐渐增大[图 6-3(c)]。当雨量站数量一致时,随着时间步长的增加,两个流域的降雨总量呈现增加趋势,而洪水事件面平均雨量的分布范围和降雨空间的变异性没有明显变化趋势。在曹坪流域,随着雨量站数量的增加,降雨总量呈现减少趋势[图 6-3(d),减少幅度约为 8 mm]。当雨量站数量一致时,随着时间步长的增加,降雨总量呈现陡减缓增的趋势,区间内变幅为 10 mm左右,而洪水事件面平均雨量的分布范围和降雨空间的变异性没有明显变化趋势[图6-3(d)、图 6-3(e)、图 6-3(f)]。

理论上,流域内的雨量站数量设置越多,对实测降雨的测量越精准。但是通过上述结果可知,对于流域内发生的大多数场次降雨来说,尽管雨量站数量对降雨的空间分布影响明显,但对降雨总量来说差别不大;另外,量级大的降雨事件的降雨总量变化稍微明显,但是这个微小变化基本是可以忽略的(占比较小)。

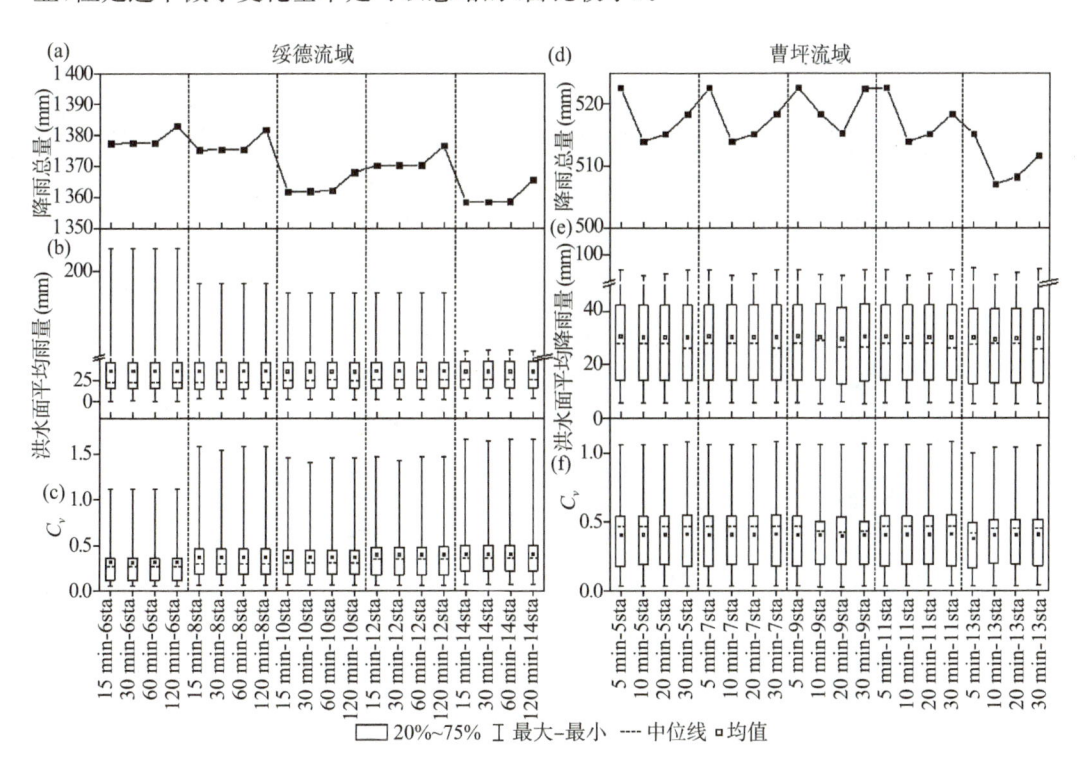

图 6-3 绥德流域(a—c)和曹坪流域(d—f)的 4 个典型洪水事件的不同时空方案的差异性

通过上述结果可以大概看出,如果只是单独看降雨的差异性,不同时间步长和雨量站数量组合的降雨事件存在的差异性并不显著。但是在半湿润半干旱地区,降雨强度对产流计算起到十分关键的作用。因此,下面重点从模型模拟方面探讨不同时空组合的降雨事件对模型模拟结果的影响程度。

6.5.2 模型模拟结果分析

6.5.2.1 单因素评价指标结果

将20种时空分布的降雨结果加载至三种水文模型中进行优化率定,得到60个洪水模拟方案的最优模拟结果。图6-4为4个评价指标在两个研究流域的结果分布图,分别按照时间步长、空间雨量站数量及模型种类三因素绘制流域模拟结果的四种评价指标的棋盘图。棋盘图中,蓝色代表径流深合格率(QR_{rd}),绿色为洪峰合格率(QR_{pf}),棕色为峰现时间合格率(QR_{pt}),红色为确定性系数(NSE)。颜色越深,取值越大,代表模拟精度越高;反之,代表模拟精度低。

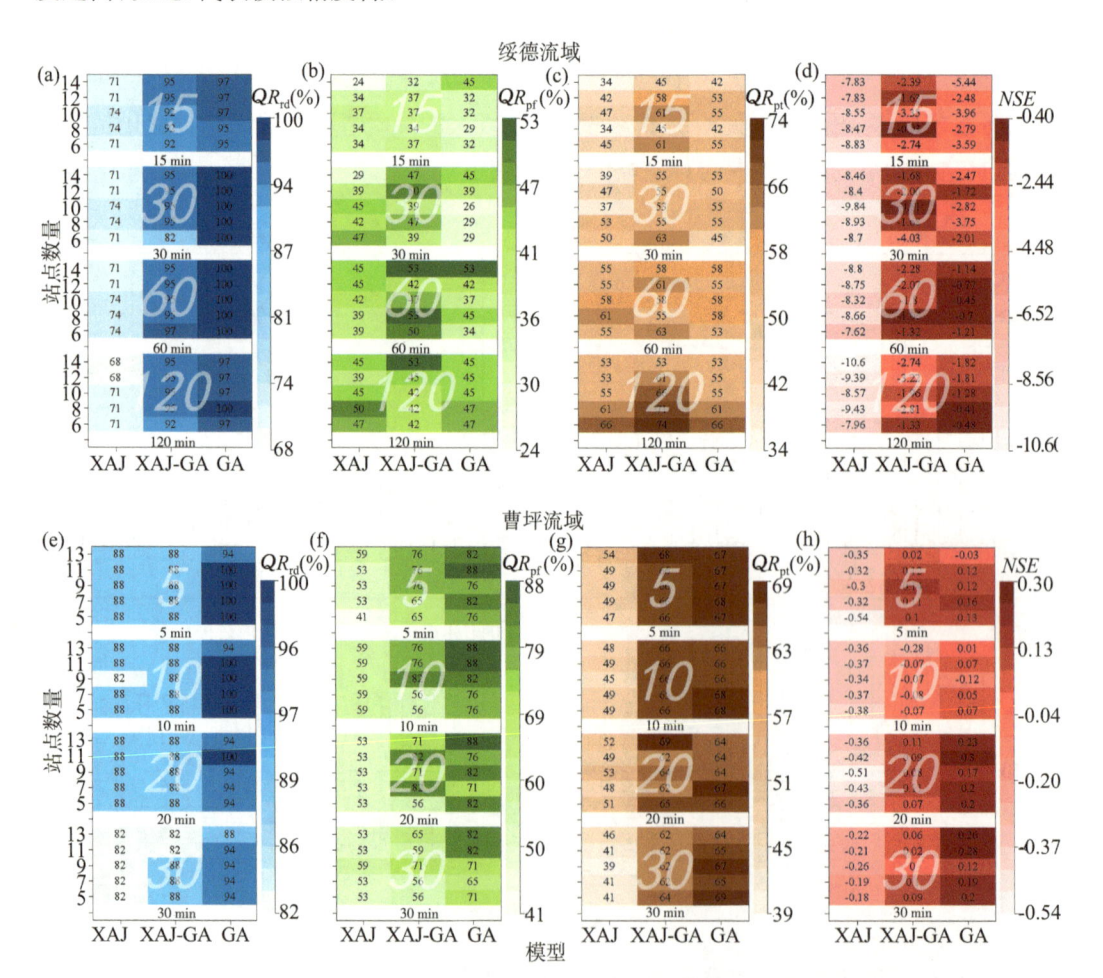

图6-4 绥德流域(a—d)和曹坪流域(e—f)洪水模拟的单指标评价结果

(1) 按照时间差异性分组评价

绥德流域和曹坪流域产流受降雨强度影响大。从理论上讲,时间步长越小,降雨事件精度越高,模型对于洪水过程刻画得越精细,模拟的效果越接近真实值。但是从上述结果发现,模拟结果并不都是在最小时间步长时最好,尤其是绥德流域,4 个评价指标里有 3 个是在 60 min 最好,1 个在 120 min 最好。

(2) 按照空间差异性分组评价

研究区模拟结果并没有出现"雨量站数量越多,评价指标的值越高"的趋势性结果。不论雨量站密度如何,都可以实现"较好的"模拟效果。研究发现,对于小范围误差的降雨,使用 SCE-UA 算法优化参数进行率定,总是可以通过对敏感参数的微小调整"抵消"误差,进而找到相似的洪水模拟结果。然而,通过模型参数抵消输入数据的误差是水文模拟领域在构建模型和评价模型性能时应极力避免的错误之一。

(3) 按照模型差异性分组评价

两个研究流域的实测洪水形态尖瘦,过程陡涨陡落。在模型参数进行率定时发现,XAJ 模型对于这类洪水的模拟存在缺陷,径流深与洪峰二者的合格率不能同时保证。而 GA 模型认为超渗发生在地表,不考虑地下径流,模拟洪水过程线呈现尖瘦的特征,从而模拟的径流深更容易合格。XAJ-GA 模型集合了超渗产流和蓄满产流两种机制,具有两个模型共同的优点,中和了单一产流模型在模拟时的倾向性。

6.5.2.2 综合评价结果分析

采用公式(6-7)分别计算绥德流域和曹坪流域的 60 个模拟方案的综合指标,图 6-5、图 6-6 为两个研究流域的模拟方案的综合指标结果次序分布。绥德流域 60 个方案的综合指标最大值(2.747)与最小值(0.799)的差值为 1.948。曹坪流域 60 个方案的综合指标最大值(3.665)与最小值(0.199)的差值为 3.466。根据综合指标的升序分布,两个流域的综合指标都很明显地分成了几个部分。

整体来看,在绥德流域,模型和时间步长是对洪水模拟的综合效果影响较大的两个因子。当模型类别是蓄满产流的 XAJ 模型时,不论时间步长和站点数量如何变化,虽然综合模拟效果在快速提升,但是整体并没有得到阶段性的跨越,依旧是综合模拟效果较差的部分。当模型由超渗产流的 GA 模型主导,模拟综合结果发生跨越性提升;而后由 XAJ-GA 模型主导,模拟综合结果继续平稳增长。这是由于绥德流域面积较大,下垫面空间异质性明显,极易出现多种产流模式混合的情况,此时 XAJ-GA 模型灵活的产流结构可以较好地适应该类地区复杂的产流机制。同时,时间步长的选取对模型模拟效果的影响不能忽略,如绥德流域的观测降雨时间分辨率较低,通过非线性的插值方法,并不能有效改善时间精度,使用较大时间步长反而可以保证模型模拟的综合效果。

在曹坪流域,模型是洪水模拟的综合效果影响的主导因子,无论时间步长、雨量站数量怎么组合,GA 模型的模拟效果总是趋于较好的结果。这是因为 GA 模型是点尺度下渗模型,适用于资料丰富的小流域或者实验流域。对于流域面积很小的曹坪流域,其降雨观测数据的时空分辨率较高,十分符合 GA 模型运行的理想状态,因而模拟精度最高。

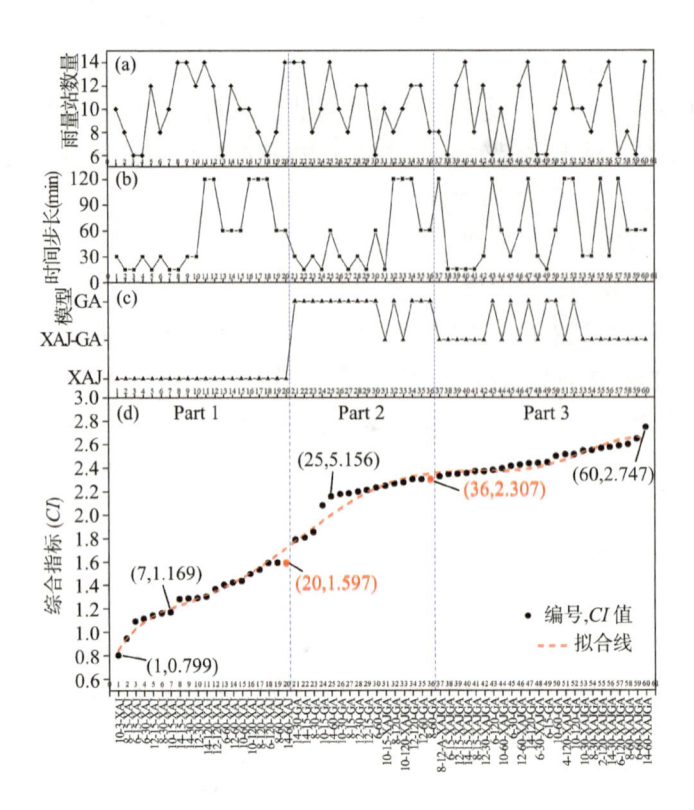

图 6-5 绥德流域洪水模拟方案结果的综合指标分布情况

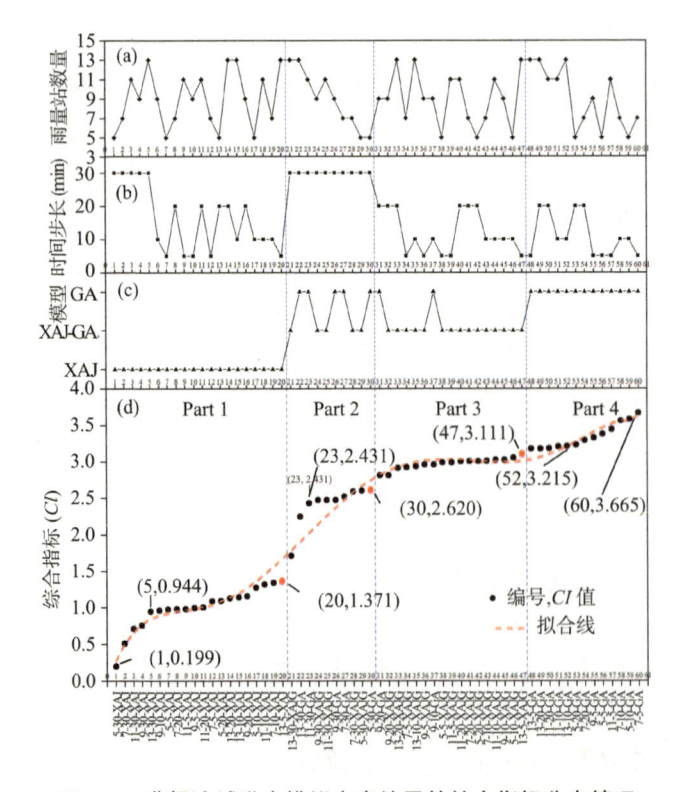

图 6-6 曹坪流域洪水模拟方案结果的综合指标分布情况

因此，对于半湿润半干旱地区的小流域，如果研究区整体数据的时空分辨率较高，可以直接考虑采用 GA 模型，会得到较理想的模拟结果。然而目前，我国北方中小流域降雨的观测方式主要是自记雨量计与人工记录相结合，存在数据观测记录分辨率不一致和观测设备的稳定性问题，这在一定程度上降低了数据分辨率，进而影响了模型模拟的结果。因此，当水文观测不同步且分辨率受限时，步长的设置应以数据观测记录为参照，不宜过分追求较小的时间步长，减少迭代插值的次数。

6.6　小结

基于将水文实验和水文模拟技术有机结合的思想，选择典型的中国半湿润半干旱地区的一组典型嵌套实验流域的观测数据，采用降雨相似分形方法、抽站法和距离平方倒数法，分别从时间和空间维度进行处理，设计出不同时空尺度的降雨事件，并加载至三种不同产流机制的水文模型中进行洪水模拟，探究降雨时空差异和产流机制等因素对半湿润半干旱地区洪水模拟的影响。得到了以下主要结论：

（1）半湿润半干旱地区中小流域的产流受降雨强度影响大，时间步长越小，降雨事件的精度越高，模型对洪水过程刻画得越精细，模拟的效果越接近真实值。但需要考虑原始资料的观测步长，否则可能出现时间步长越小模拟效果越差的现象。相比之下，如果流域雨量站的数量能够满足代表性，流域雨量站数量的增减，对于降雨事件的影响主要是暴雨中心的缺失以及面平均雨量的微小差别，对洪水模拟效果的影响程度较小。

（2）水文模型能否准确描述主导水文过程是半湿润半干旱地区洪水模拟效果优良的关键。对于中小流域，由于下垫面空间异质性明显，在洪水形成过程中较易出现多种产流模式混合的情况，随着降雨精度的提高，蓄超模型的模拟效果要优于超渗模型。因此，针对半湿润半干旱地区洪水模拟效果较差的问题，应结合流域尺度和区域下垫面条件，优先考虑从模型的结构上来调整和发展水文模型。

本章重点分析了降雨时空差异和产流机制等因素对半湿润半干旱地区洪水模拟的影响，未来将考虑在不同分辨率的观测数据与具体时间步长定量的匹配关系和模型参数与尺度之间的关系，进一步发展和完善半湿润半干旱地区洪水模拟的研究。

参考文献

[1] HUANG P N, LI Z J, YAO C, et al. Spatial combination modeling framework of saturation-excess and infiltration-excess runoff for semihumid watersheds[J]. Advances in Meteorology, 2016(1):1-15.

[2] 李彬权,牛小茹,梁忠民,等. 黄河中游干旱半干旱区水文模型研究进展[J]. 人民黄河, 2017,39(3):1-4+9.

[3] HUANG P N, LI Z J, CHEN J, et al. Event-based hydrological modeling for de-

tecting dominant hydrological process and suitable model strategy for semi-arid catchments[J]. Journal of Hydrology, 2016, 542:292-303.

[4] WMO. Manual on flood forecasting and warning[M]. Geneva: Artemis Publisher, 2011.

[5] 芮孝芳. 论流域水文模型[J]. 水利水电科技进展, 2017, 37(4):1-7+58.

[6] GUO L, HE B S, MA M H, et al. A comprehensive flash flood defense system in China: Overview, achievements, and outlook[J]. Natural Hazards, 2018, 92(2): 727-740.

[7] 张志华. 黄河中游典型流域水文模型构建及应用[D]. 郑州:郑州大学, 2018.

[8] EMMANUEL I, ANDRIEU H, LEBLOIS E, et al. Influence of rainfall spatial variability on rainfall-runoff modelling: Benefit of a simulation approach? [J]. Journal of Hydrology, 2015, 531:337-348.

[9] DOUINOT A, ROUX H, GARAMBOIS P A, et al. Accounting for rainfall systematic spatial variability in flash flood forecasting[J]. Journal of Hydrology, 2016, 541:359-370.

[10] 揭梦璇. 不同目标函数和时间尺度下水文模拟比较研究[D]. 武汉:武汉大学, 2017.

[11] 王盛萍, 张志强, 孙阁, 等. 基于物理过程分布式流域水文模型尺度依赖性[J]. 水文, 2008, 28(6):1-7.

[12] 夏军, 叶爱中, 乔云峰, 等. 黄河无定河流域分布式时变增益水文模型的应用研究[J]. 应用基础与工程科学学报, 2007, 15(4):457-465.

[13] KRAJEWSKI W F, LAKSHMI V, GEORGAKAKOS K P, et al. A Monte Carlo study of rainfall sampling effect on a distributed catchment model[J]. Water Resources Research, 1991, 27(1):119-128.

[14] 刘玉环. 半湿润半干旱地区洪水预报方法研究[D]. 南京:河海大学, 2022.

[15] HASSAN S M T, LUBCZYNSKI M W, NISWONGER R G, et al. Surface-groundwater interactions in hard rocks in Sardon Catchment of western Spain: An integrated modeling approach[J]. Journal of Hydrology, 2014, 517:390-410.

[16] 中华人民共和国水利部水文局. 水文情报预报规范:GB/T 22482—2008[S]. 北京:中国标准出版社, 2008.

第7章
TOKASIDE 模型及参数敏感性研究

7.1 TOKASIDE 模型

TOKASIDE 模型是在 Todini 等人非线性水库方法模拟水文过程理论[1]的基础上，进一步考虑了地下水以及超渗产流模式的基于物理基础的分布式水文模型[2]。TOKASIDE 模型在空间上采用非线性运动波方程法，将每一个计算单元中的水文过程概化为三个"结构上相似"的非线性水库方程[1]，分别代表土壤中的排水、饱和土壤及不透水层表面的地表径流和河道径流。在计算时采用有限差分方法，因此每个网格的计算均考虑了周围八个网格的关联。同原本理论中设定的以蓄满产流为流域上全局主导的产流机制相比，TOKASIDE 模型考虑了不同土质及不同土湿下土壤垂直下渗能力随土壤含水量变化的特性，以及由此引发的降雨强度大于土壤下渗能力时产生的超渗产流。在整个降雨过程中随着土壤含水量与降雨强度的变化，超渗与蓄满机制可能在每一个计算单元网格内交替发生[3]。针对原模型 TOPKAPI 中存在的模拟洪水过程陡涨陡落的现象，刘志雨[4]提出了地下径流模块，用以模拟土壤水在深层土壤中的运动，并当地下深层土壤饱和时补给上层土壤水。此外，同 TOPKAPI 模型使用的四向汇流模式相比，TOKASIDE 模型采用八向汇流模式，在汇流路径的描述上贴近真实情况。

目前常用的新安江模型虽能考虑到不同子流域间的参数空间分布差异，但由于子流域尺度相对较大，在每个计算单元内的概括性依旧较高。相较之下，TOKASIDE 模型对研究流域进行较为细致的网格划分，因此可以充分考虑到物理参数在空间分布上的差异性，并且能够给出流域上每一个计算单元点的土壤饱和度、产汇流水深等具体结果，对于实时洪水预报、土地利用和环境影响评估、无资料地区水文过程模拟等作业具有较好的参考意义。

TOKASIDE 模型用以刻画下垫面条件的土壤厚度、土壤横纵向饱和水力传导度、非线性水库方程系数、地表曼宁糙率系数及植被蒸发系数等参数均可通过土壤类型分类图和植被利用图获取,并且可通过 DEM 反映流域的高程与坡度分布变化,参数获取较为简单。TOKASIDE 模型主要结构见图 7-1。

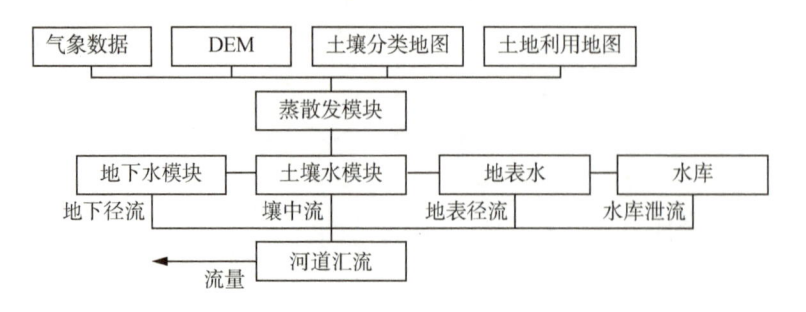

```
气象数据   DEM   土壤分类地图   土地利用地图
              ↓
           蒸散发模块
              ↓
地下水模块 — 土壤水模块 — 地表水 — 水库
 地下径流    壤中流    地表径流   水库泄流
              ↓
           河道汇流
              ↓
            流量
```

图 7-1　TOKASIDE 模型主要结构图

在具体机理方面,同新安江模型的三层蒸发模式相比,TOKASIDE 模型采用 Thornthwaite 蒸发公式计算不同植被覆盖在不同生长期的潜在蒸发,并根据上层土壤的实际湿润情况计算实际蒸散发。两个模型均采用的是蓄满产流模式,其中新安江模型首先计算总径流量,并通过水源划分将总径流划分为地表径流、壤中流与地下径流等部分,而 TOKASIDE 模型则按照土壤含水量在上层非饱和区的变化,首先计算壤中流和地表径流再汇总至总径流。在汇流计算方面,TOKASIDE 模型采用非线型水库方程将地表径流和地下径流合并进行汇流计算,而新安江模型则采用线型水库模拟,按照三种水源各自的退水物理规律进行模拟计算。

从模型建立所需的资料参数来看,概念性水文模型在建立过程中需要以前期的历史水文资料为依据。以新安江模型为例,模型建立需要通过历史洪水对模型内的流域蓄水容量、蒸散发系数、出流系数与消退系数等参数进行率定。从某种意义上说,新安江模型就是建立在以这些参数对流域的整体特征进行高度概化的基础之上对水文过程进行模拟。其优势是相对灵活的可调整参数可以充分对预报结果进行调整优化并且回避了水文过程中一些相对复杂的机理部分,相关研究也已证明了新安江模型在湿润半湿润地区取得了良好的效果;而其不足之处在于对历史洪水资料的依赖,这一点在部分无资料地区尤为明显。在无资料流域建立新安江模型,由于缺少历史降雨与径流的资料无法有针对性地对参数进行率定,目前可行的方法是寻找地质水文条件类似的有资料流域进行参数移植,这其中会不可避免地遇到模型系统误差问题。而相比之下,基于物理基础的水文模型所需的用于刻画流域水文条件及下垫面条件的数据大多可通过实际测量获得,例如流域 DEM、土壤分类及土壤厚度、水力传导度以及土地分类蒸发系数等具体参数。目前这些参数在网络上均可以相对容易地获取,例如,国际农业研究磋商组织(CGIAR)进行了全球的航天飞机雷达地形测绘使命(Shuttle Radar Topography Mission,SRTM),目前从其官方网站上可以免费获得全球的 90 m 分辨率 DEM;美国马里兰大学(UMD)网站可免费提供全球 1 km 分辨率的土地利用分布资料;等等。基于这一点,基于物理基础的水文模型在无资料地区建立模型时相较于传统的概念性水文模型具有明显优势。

本章就 TOKASIDE 模型进行参数敏感性研究分析,部分内容来自参考文献[5]。

7.2 TOKASIDE 模型参数对洪水过程的影响

影响下垫面条件的主要参数包括计算单元土壤类型对应的土壤厚度 L、土壤横向饱和水力传导度 K_{sl}、纵向饱和水力传导度 K_{sv}、土地利用类型对应的地表曼宁糙率系数 n_s、河道分级对应的河道曼宁糙率系数 n_c 等。这些也是流域在建立 TOKASIDE 模型过程中所需要确定的主要参数。针对这些参数在洪水模拟过程中起到的作用和对洪水过程的影响程度,以淮河干流上游息县站以上区域为研究流域,通过分别检验模拟洪水过程的模拟径流量 Q_m、流域平均土壤含水体积 V_{soil}、土壤含水量 θ、流域平均壤中流 Q_{soil}、流域平均地表径流量 Q_{surf}、流域平均下渗水量 Q_{perco}、峰现时间 t_p、洪峰流量 Q_{peak} 等指标来进行分析,并且为了体现洪水过程线整体的坦化程度,计算洪水过程在出口断面的标准差,记为 Q_{std}。洪峰大且涨水退水过程快的洪水相较于洪峰小且涨退水较缓的洪水,其标准差会偏大。Q_{std} 的计算公式如下:

$$Q_{std} = \sqrt{\frac{1}{N} \sum_{i=1}^{N} (q_i - \overline{q})^2} \tag{7-1}$$

7.2.1 土壤厚度分析

息县流域土壤分布主要包括五类,其所占比例见表 7-1。

表 7-1 息县流域土壤分类占比

土壤分类代码	流域面积占比(%)
3085	18.63
3963	12.84
4319	3.10
4326	61.08
4339	4.33

土壤是影响下垫面条件中的最主要组成部分,流域的整体蓄水能力、地表径流的形成以及调蓄等均会受到影响,其中土壤厚度是主要属性之一。TOKASIDE 模型中采用如下公式计算单元网格最大蓄水容量:

$$V_{sat} = L \cdot X^2 (\theta_S - \theta_r) \tag{7-2}$$

式中:V_{sat} 为计算单元网格内饱和蓄水量;L 为计算单元对应土壤类型的厚度(m);X 为计算单元边长(m);θ_S 和 θ_r 分别为计算单元对应土壤类型的饱和含水量和残余含水量,分别代表土壤在自然条件下的最大和最小含水量,其差值即为土壤的蓄水区间。

在公式(7-2)中,$\theta_S - \theta_r$ 被称为有效孔隙度,有效孔隙度同土壤厚度 L 的乘积在 TO-

KASIDE 模型中总是一同参与计算的，共同表示土壤最大含水量，因此为了简化参数计算，仅选取其中的土壤厚度作为调整参数，选取的土壤厚度参数区间为 0.5～2 m，对模拟结果进行统计。

分析息县流域 20080829 号洪水，结果如图 7-2 所示。占比分别为 3.1% 和 4.33% 的土壤 3 和土壤 5 对模拟结果的影响都很小；相反，占比最大（61.08%）的土壤 4 对模拟结果的影响十分显著。随着土壤厚度 L 的增加，流域整体蓄水能力提升，更多的降水下渗进入土壤，因此可以看到模拟径流量 Q_m 和洪峰流量 Q_{peak} 随着土壤厚度 L 的增加而减少，且影响程度随单独土壤类型占比的增加而更加显著。在这一点上，地表径流量 Q_{surf} 的表现同模拟径流量 Q_m 相同。在土壤厚度 L 增加的同时，更多的水量通过下渗进入土壤，土壤水水位抬升增加了壤中径流的势能差，从而增加了壤中径流量。随着土壤厚度 L 的增加，土壤下渗的补充水量并未达到增加出来的土壤孔隙体积，因此土壤平均含水量 θ 整体呈下降趋势。

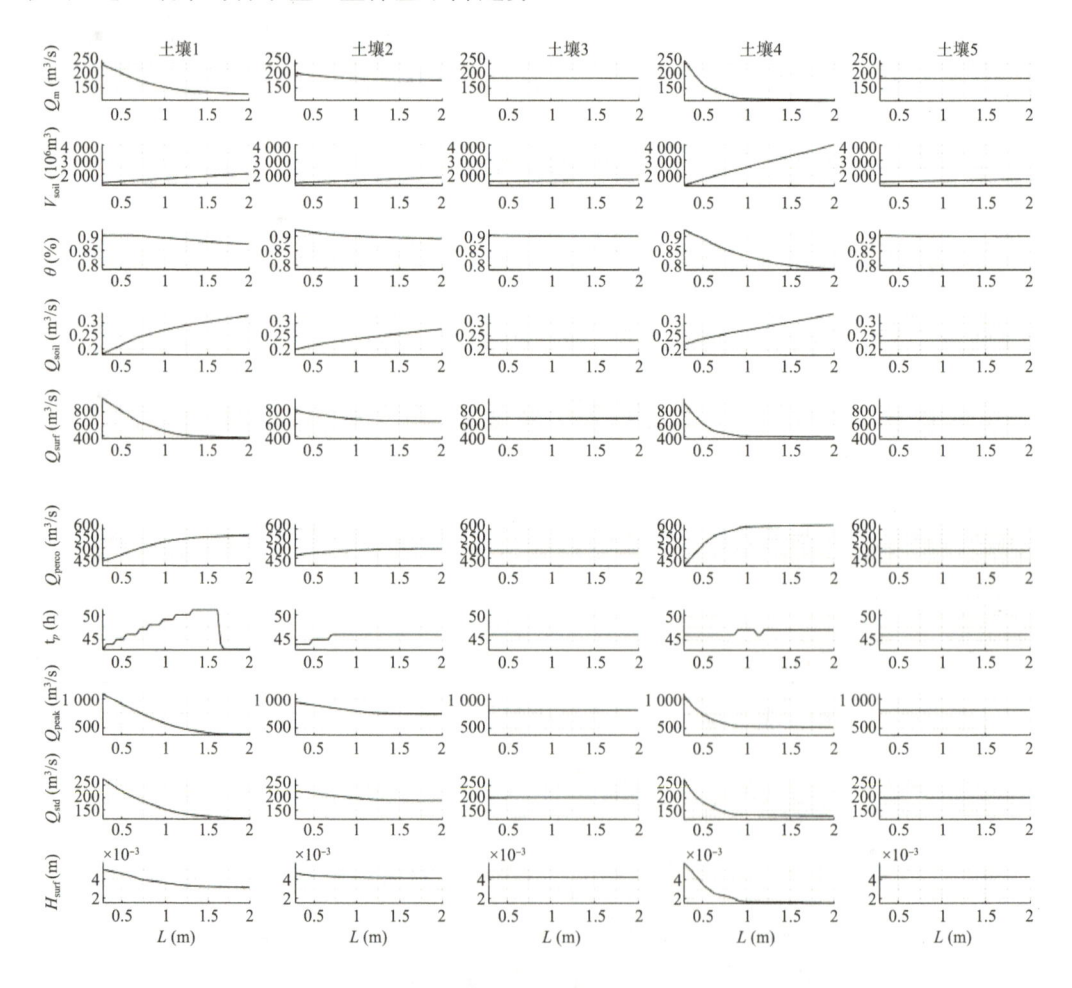

图 7-2　土壤厚度对洪水过程影响统计

随着土壤厚度 L 的增加,反映洪水坦化程度的 Q_{std} 在下降。由图 7-3 可见,土壤厚度的增加引起地表水量的减少,导致地表水深减小,从而减少自地表汇入河道的流量,洪水整体呈坦化趋势,其具体表现就是 Q_{peak} 与 Q_m 整体减小而洪水波形并未有大的变化。峰现时间略有提前,不过并不能系统说明土壤厚度与峰现时间的关系,这有待进一步考察。

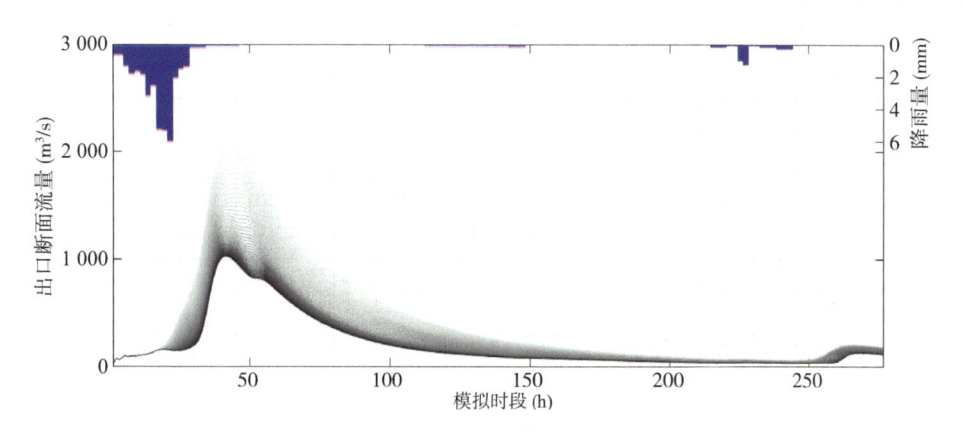

图 7-3 不同土壤厚度下的流量过程线变化过程

7.2.2 土壤横向饱和水力传导度分析

横向饱和水力传导度是主要参与壤中流计算的土壤指标。在 TOKASIDE 模型中对土壤中的饱和水力传导度做了如下假设:表层土壤中饱和水力传导度不随土壤深度变化[1],且实际横向饱和水力传导度与土壤含水量百分比成线性关系。在土壤水计算中引入局部传导系数 C_s,其表达式为:

$$C_s = \frac{L \cdot K_{sh} \tan \beta}{(\theta_S - \theta_r)^\alpha L^\alpha} \tag{7-3}$$

式中:θ_S 为饱和土壤含水量;θ_r 为残余土壤含水量;L 为土壤厚度(m);K_{sh} 为土壤横向饱和水力传导度;β 为地形坡度;α 为取值 2.5 的常量。

息县流域五种土壤类型对应的横向饱和水力传导度分别在其取值范围上($1 \times 10^{-9} \sim 1 \times 10^{-5}$ m/s)变动,计算每个取值所对应的 8 个洪水模拟过程指标。图 7-4 为横向饱和水力传导度 K_{sh} 对洪水模拟中各个成分的影响。同土壤厚度 L 相比,K_{sh} 对于各指标存在较为微弱的影响。K_{sh} 的增加会略微减小出口断面流量约 0.012%,除对壤中流流量存在 28.57% 的增量外,对地表径流和洪峰的影响均在 0.01% 以下。同地表径流量相比,壤中流流量值非常小,这一点可以从地表径流与地下径流计算公式中采用的动量方程对比直观得出。

$$\begin{cases} q_{soil} = \tan \beta K_{sh} L \theta^\alpha \\ q_{surf} = \frac{1}{n_0} (\tan \beta)^{\frac{1}{2}} h_0^{\frac{5}{3}} \end{cases} \tag{7-4}$$

式中：q_{soil} 和 q_{surf} 分别为计算单元网格间壤中流和地表径流，其中壤中流公式近似由 Darcy 定律推导，地表径流动量方程采用近似的曼宁公式估计。在假定地下土壤坡度同地表坡度相同的前提下[1]，地表径流的曼宁公式系数 $\frac{1}{n_0}$ 同壤中流水力传导度相比约小 10^7 倍，也就使得土壤水计算中的主要参数横向饱和水力传导度对模拟结果的影响微弱，因此在 TOKASIDE 模型中土壤水的量级较地表径流小得多。根据联合国粮食及农业组织（FAO）公布的 2013 土壤质地参数表[2]，4 930 个土壤种类中横向饱和水力传导度数值在 1.3×10^{-9} 到 1.38×10^{-5} 之间，而这个范围也是本次研究中参数的取值范围。在该数值范围内，整体土壤水流量同地表水流量的差异使得地表水流量成为影响出口断面河道流量的主要因素。且根据 TOKASIDE 模型的超渗原理，只有部分上游地表来水和降雨通过下渗进入土壤，这一部分水量经垂向下渗后的总量与地表水相比同样少得多，造成土壤水总量仅占总水量平衡中的 0.03% 左右。

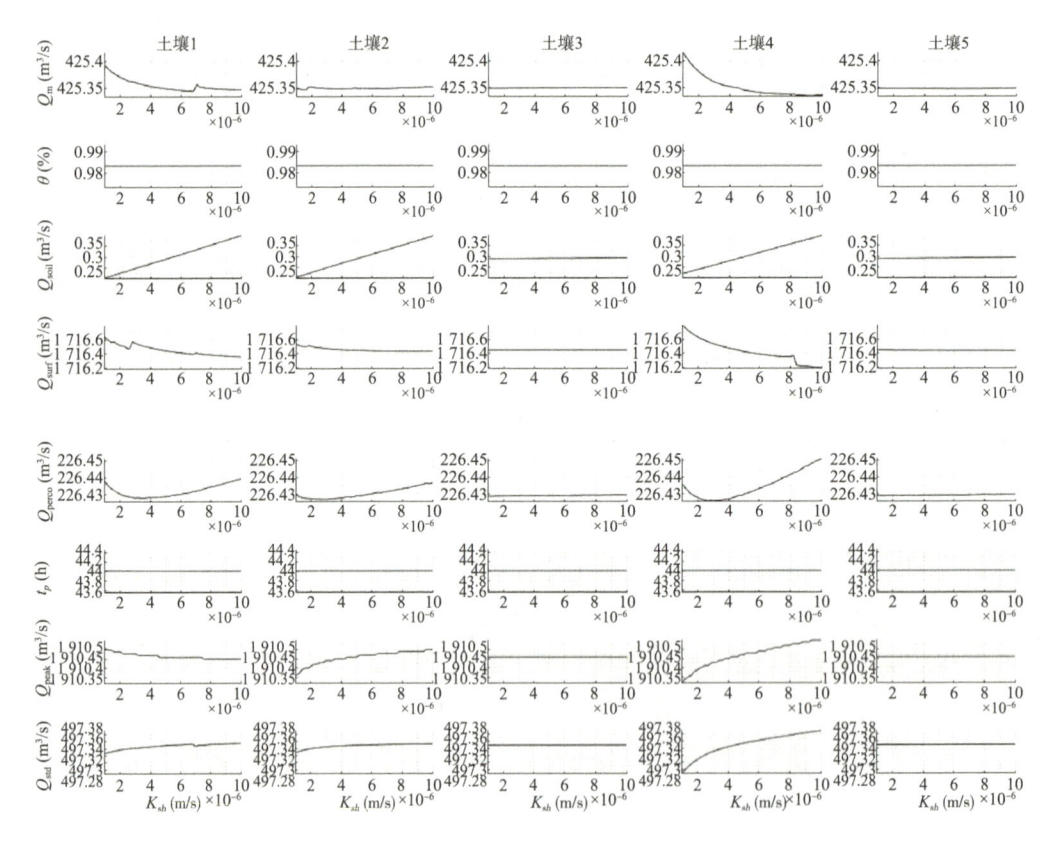

图 7-4　土壤横向饱和水力传导度对洪水过程影响统计

7.2.3　地表曼宁糙率系数分析

如上文分析，地表流量是影响出口断面流量过程的主要因素。在一定下垫面条件下，土壤蓄满产生的地表水和超渗作用产生的超渗水量在重力影响下沿着汇流路径朝下方单元格汇聚,地表曼宁糙率系数是其中产生影响的主要参数。根据中国土地利用/土地覆盖遥感监测数据库 2015 版加工提取息县流域地表土地利用类型,其具体类型与占比如表 7-2 所示。其中占比最大的是编号为 3 的旱田,占到整个流域的 67% 以上。TOKASIDE 模型在考虑地表土地利用对应的曼宁糙率系数同时,考虑到不同季节中植被的不同状态引起的糙率和蒸发变化,不同季节采用不同的曼宁糙率系数和植被蒸散发系数。

表 7-2 息县流域土地利用占比统计

土地利用编号	土地利用类型	土地利用占比(%)
1	灌木林	3.64
2	有林地	7.17
3	旱田	67.08
4	其他林地	1.84
5	高覆盖度草地	1.82
6	河渠	1.01
7	农村居民点	7.78
8	中覆盖度草地	4.89
9	水库坑塘	1.63
10	城镇用地	2.37
11	其他建设用地	0.77

根据欧洲环境署公布的 CORINE 2013 土地利用调查项目给出的地表土地利用曼宁糙率系数,曼宁糙率系数的数值范围在 0.03~0.28。这里取 0.01~1 作为模拟的曼宁糙率系数取值范围,探究不同 n_s 对洪水过程模拟的影响。

由图 7-5 中不同土地利用类型的曼宁糙率系数显示,息县流域的 11 种土地利用类型中对模拟结果影响较大的为 4 种占比较大的类型,分别为有林地、旱田、农村居民点和中覆盖度草地,其中占比最大的旱田对模拟指标的影响最为显著。四种主要土地利用类型曼宁糙率系数的增大会引起 Q_{surf} 的减小,这一点同计算公式(7-4)中显示的相符。Q_{surf} 的减小使得同一时间内计算单元通过地表流出的水量减小,降水在单元内累计的地表水深增加,由于目前 TOKASIDE 模型采用的下渗模块中忽略了地表水深,土壤水的下渗量并未受影响。并且较缓慢的计算单元水量交换使得更多单元网格土壤保持饱和状态,增加了 V_{soil} 水量。Q_{surf} 的减小使得出口断面模拟洪水流量过程一并减小,整体的水量交换减缓使得汇流至出口断面的水量减少且同一时间至出口断面的积聚水量减小,Q_{peak} 减小且滞后,峰现时间 t_p 增大,洪水过程线坦化。

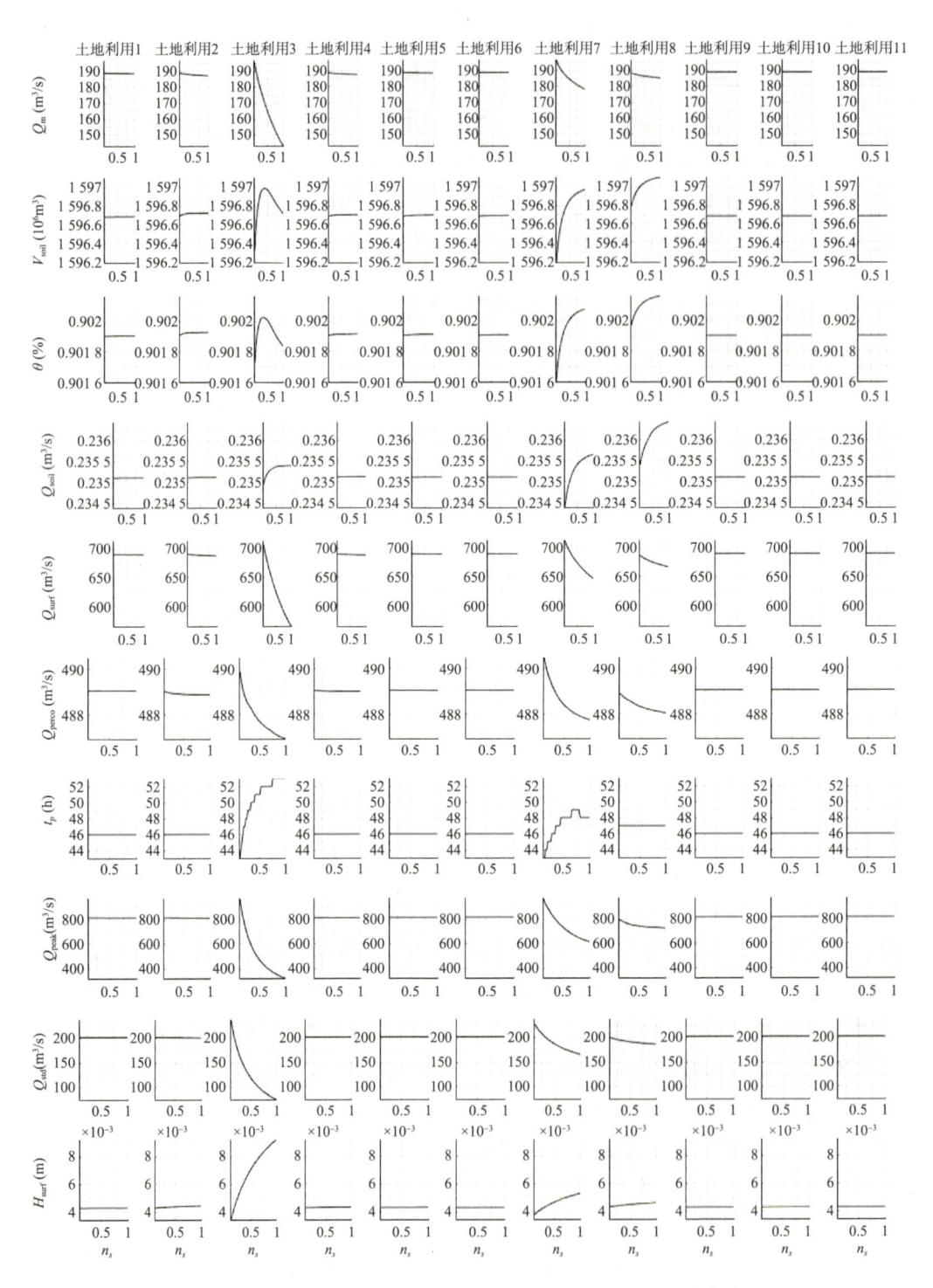

图 7-5　息县流域土地利用曼宁糙率系数对洪水过程影响统计

如图 7-6 所示，地表曼宁糙率系数的增大显著减小了洪水过程的洪峰流量，洪水的起涨过程更加缓慢，落水过程也更加平缓。洪峰流量减小，但洪峰的起伏度随着地表曼宁糙率系数的增加有着明显的坦化,峰现时间逐渐靠后,整体洪水过程形状变化较大,与土壤厚度对洪水过程形状的影响相比,地表曼宁糙率系数引发的洪水波形状变化更大,如果说土壤厚度增加引起的波形变化为整体缩放的话,则地表曼宁糙率系数引发的坦化就是垂直压缩。另外与土壤厚度引发形变不同之处在于,随着曼宁糙率系数的增大,洪水退水过后的流量也在增大。

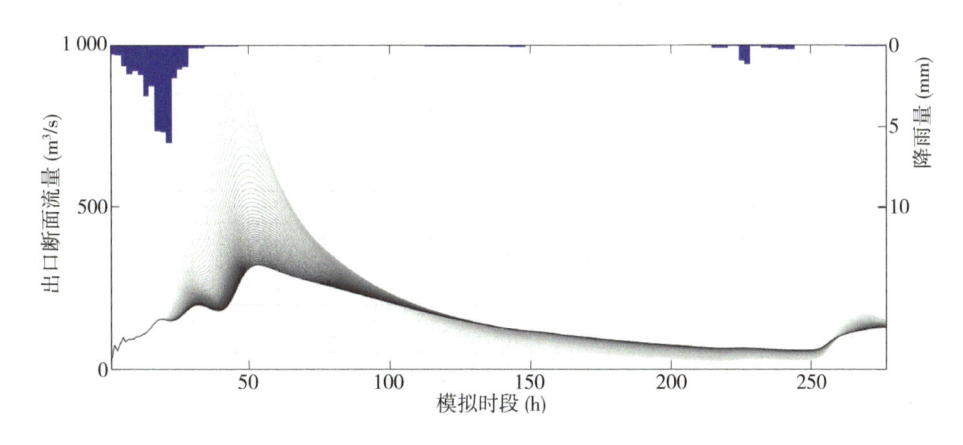

图 7-6　不同地表曼宁糙率系数下的流量过程线变化过程

同样是对洪水的整体波形造成影响,土壤厚度的增加是整体提高了前期土壤的缺水量,通过减少整体净雨量引起出口断面洪水过程的减少;而地表曼宁糙率系数的改变则是通过减缓洪水在地表的传播速率,来引起更多水量在地表的积聚,增加地表水深,减少计算网格之间的流量,实现水量的一个重分配。由图 7-5 可以看到,随着地表曼宁糙率系数的变化,流域平均地表水深逐渐加深,更多的水量停留在流域地表。

7.2.4　河道曼宁糙率系数分析

TOKASIDE 模型中采用类似的非线性水库描述河道中的水流运动。通过联立质量连续性方程和动量方程(即曼宁公式),并将动量方程改写成以河道水深为变量的形式,建立以水深为变量的非线性水库方程。具体公式如下:

$$
\begin{cases}
\dfrac{\partial V_c}{\partial t} = (r_c + Q_c^u) - q_c \\
q_c = \dfrac{\sqrt{s_0}}{2^{\frac{2}{3}} n_c} \dfrac{(\sin \gamma)^{\frac{2}{3}}}{(\tan \gamma)^{\frac{5}{3}}} y_c^{\frac{8}{3}}
\end{cases}
\tag{7-5}
$$

由上式可以看出,在河道流量计算中最主要的影响因素为根据 DEM 提取的河道单元河底比降 s_0、河道的边坡坡度 γ 和河道曼宁糙率系数 n_c。TOKASIDE 模型中对于河道的概化采用经验公式,河道宽度与每一点河道的汇流面积占全流域的百分比成线性比例关系,且河道边坡系数简化概括为定值。在河道三角形断面概化前提下根据河道内每个计算单元的流量和流速推求出河道水深,并将水深代入以上联立式(7-5)。由此可以看出,河道曼宁糙率系数成为河道水流计算中的决定性参数。

与土地利用和土壤类型等分类可根据实测数据推求的参数不同,n_c 的确定较为复杂,且很难制定统一的标准确定数值,因此该数值更多依靠经验率定。n_c 的分辨率体现在对河道的分级上,目前使用的 TOKASIDE 模型依据 Strahler 分级法对河道进行分级(图 7-7、表 7-3),并且假定同一级别的河道具有相同的 n_c。河道参数通过河道的分级传递至每一个河道计算单元上,对流域下垫面的刻画有着显著的影响。

众多的实验与研究已表明[3-6],TOKASIDE 模型中所采用的 n_c 在 0.01 至 0.2 区间,且其数值与计算单元空间分辨率相关。考虑到在不同环境下可能的使用情况,此次研究选取 0.01~1.0 作为 n_c 的取值范围,对 n_c 对洪水模拟过程的影响进行测试。

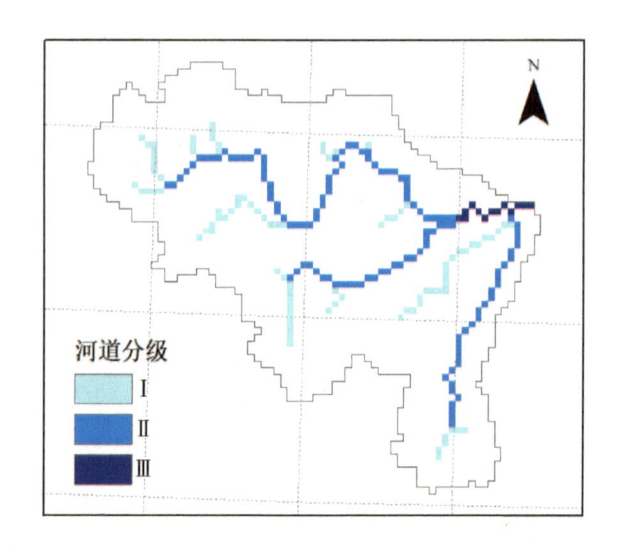

图 7-7　息县流域河道分级示意图

表 7-3　息县流域河道分级表

河道分级	河宽范围(m)	总河段长(km)	河段长占比(%)
Ⅰ	3.80~6.19	218.65	40.64
Ⅱ	7.72~33.01	287.56	53.45
Ⅲ	44.41~62.45	31.79	5.91

由图 7-8 可见,n_c 为 0.01~0.2 时,n_c 的变化对流域洪水模拟过程存在影响。虽然Ⅰ级河道占总河长超过 40%,但在汇流过程中 n_c 主要影响作用的河道分级为Ⅱ级和Ⅲ级。同地表径流计算中 n_c 造成的影响类似,n_c 的增加减小了非线性水库的出口流量,使得更多水量在河道内积聚,增加了水深,减小了同等时段内到达出口断面的流量,同时减小了模拟洪水过程峰值。缓慢的河道水量交换同时减缓了洪峰的到达时间,使得峰现时间推后。从整体的影响来看,Ⅱ级河道最为明显。

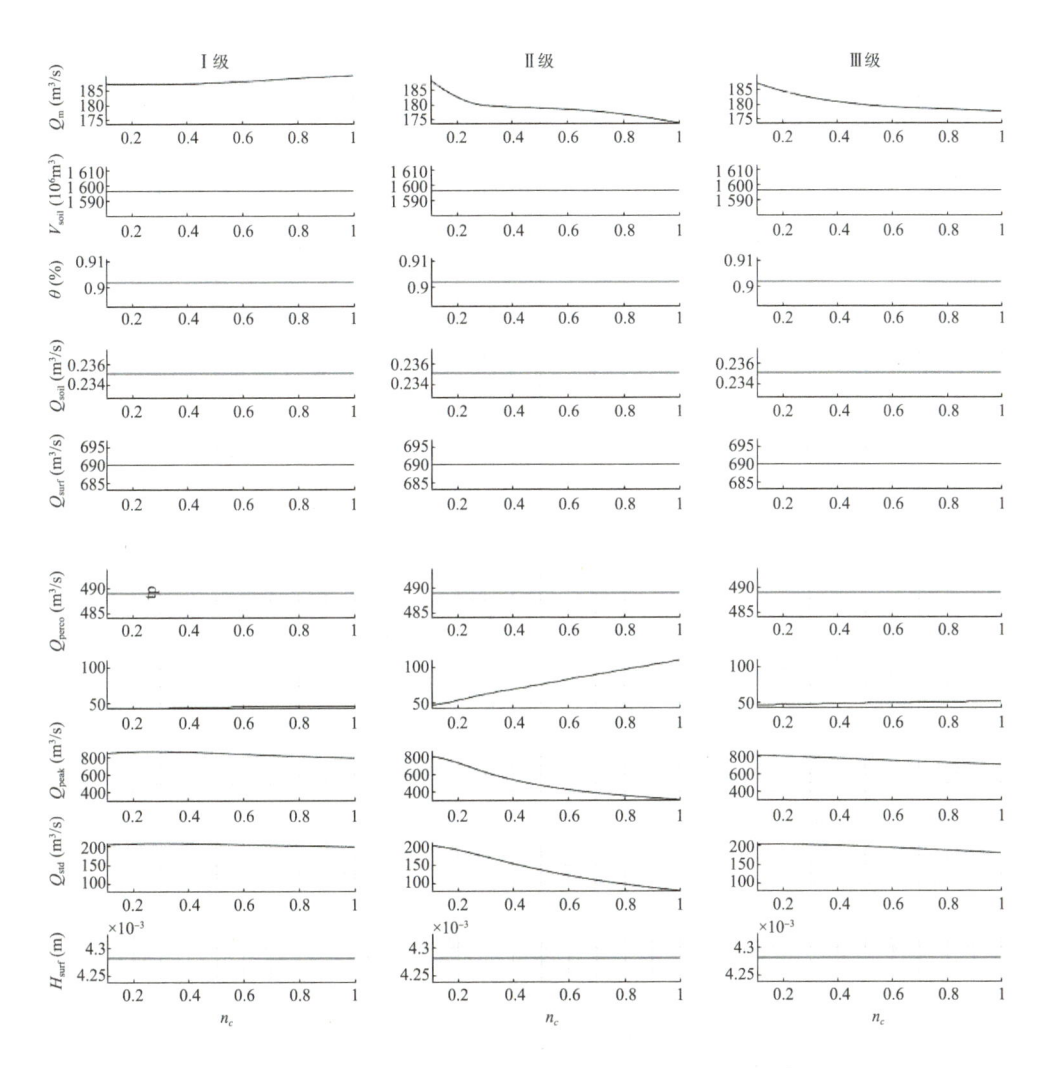

图 7-8　不同河道分级曼宁糙率系数对洪水过程影响统计

7.3　参数敏感性统计

　　模型参数的敏感性分析和模型的率定方法对于模型的改进开发和应用推广均是非常重要的部分。鉴于目前的水文模型结构特性,很多参数特性对模型模拟结果的影响无法仅通过计算原理和公式进行定量推求,因此,除了上述对模型参数进行定性的影响程度分析外,还需要进行模型参数敏感性的定量分析。而且随着分布式模型的发展,模型的结构愈发完善,参数数量不断增加,计算过程更加复杂,因此在模型建立时更需要考虑到参数的数量、模型的计算能力和参数敏感性分析与率定方法的选用,其中参数的定量敏感性分析便是进行模型参数率定的重要一环。根据不同参数对模拟过程的影响,定量地确定参数敏感性,进而选出在率定过程中需要重点优化的参数,由此减少在参数率定和调试过程中不必要的试验计算,提高应用效率。

水文模型参数的敏感性研究方法主要分为两类,即局部敏感性研究方法和全局敏感性研究方法[7]。其中局部敏感性研究方法主要着眼于某个影响因子对整个模拟过程的影响,而不考虑整体参数组的影响。该方法的优点在于较为简便,易于实施,便于操作,但在一些"异参同效"效应较为明显的水文模型中往往无法适用。全局敏感性研究法则是将参数组作为研究对象,通过整体参数组来影响模型总体输出,是局部敏感性研究方法的进一步升级,对于参数较多且"异参同效"较为明显的水文模型较为适用[8]。目前水文模型的参数全局敏感性研究已经逐渐成为研究热点,常见的敏感性分析方法包括Sobol法、RAS方法、GLUE(Generalized Likelihood Uncertainty Estimation)法、Morris法、Morris-OAT(Morris-One-at-a-time)法、LH-OAT(Latin-Hypercube One-at-a-time)法等。其中,LH-OAT法以其操作较为简便、分析效果较为全面而被广泛使用。

7.3.1　LH-OAT方法

LH-OAT法结合了Mckay等[9]提出的拉丁超立方(Latin Hypercube,LH)采样法和Morris[10]提出的随机OAT法,是一种能够有效评价模型参数敏感性的方法。LH采样方法的主要思路是将参数空间范围进行均匀分层,其层数记为 m,并在每一个分层中进行随机采样以确保共 P 个参数的选取范围能够均匀覆盖整个取值范围。在每个参数均采样一次的前提下抽取 m 次,则采样结果会形成 m 个参数组,这 m 个参数组包含了 P 个参数的参数集合。这样便可以以较少频次的抽样来保证敏感性分析的结果准确性。同时在OAT法中逐个对每个参数进行微小的扰动,通过控制变量法来逐个分析单个参数的扰动会对模型整体的输出结果造成怎样的影响,则在模型运行 $m(P+1)$ 次后计算出每个参数对模型结果影响的敏感性,且结果的变动幅度同参数的实际取值有关[10]。通过平均共计 m 组参数组分别得出的敏感性指标 S 可计算出整体的全局参数敏感性。对于TOKASIDE模型输出的不同内容,如洪水过程中洪量、洪峰、峰现时间等洪水指标,LH-OAT法均可以进行独立的检验,计算参数对不同指标的敏感性程度,便于更好地分析参数对洪水模拟过程的影响,便于参数敏感性在模拟方案建立和参数率定中的运用。

7.3.2　敏感性分析方法步骤

LH-OAT方法分析TOKASIDE模型的 P 个参数全局敏感性的方案步骤如下。

(1) 对于每一个参数的取值范围,均匀划分为 m 个区间,并通过LH方法随机抽样产生共计 P 个LH采样点。

(2) 使用OAT方法,对每一个参数点进行10%的参数扰动,加上原本的参数组,形成共计 $m(P+1)$ 个参数组。

(3) 将生成的 $m(P+1)$ 个参数组代入TOKASIDE模型中计算,记录下输出结果中的出口断面流量过程、土壤含水量、壤中流流量和坡面汇流流量等状态,并计算洪水的洪峰值与峰现时间。

（4）根据模型输出结果，计算每一个局部变量的相对敏感性，其计算公式如下：

$$S_{i,k} = \frac{M(e_{1,k},\cdots,e_{i,k}+\Delta e_{i,k},\cdots,e_{p,k}) - M(e_{1,k},\cdots,e_{i,k},\cdots,e_{p,k})}{[M(e_{1,k},\cdots,e_{i,k}+\Delta e_{i,k},\cdots,e_{p,k}) + M(e_{1,k},\cdots,e_{i,k},\cdots,e_{p,k})]/2} \times \frac{e_{i,k}}{\Delta e_{i,k}}$$

(7-6)

式中：M 为由敏感性分析中模型输出结果得到的目标函数；$e_{i,k}$ 为第 i 个参数在第 k 分层中抽样得到的抽样结果；$\Delta e_{i,k}$ 为抽样参数 $e_{i,k}$ 扰动所得的扰动结果，在本次研究中以 10% 为扰动幅度的定值；$S_{i,k}$ 为 $e_{i,k}$ 在第 k 分层中的相对敏感度。

在计算所得相对敏感度后，可用如下公式计算全局敏感度 GS_i：

$$GS_i = \frac{1}{m}\sum_{j=1}^{m} |S_{i,j}|$$

(7-7)

式中：GS_i 为参数全局敏感度；$S_{i,j}$ 为变量在一个分层内的敏感性。

7.3.3 敏感性分析结果

以息县流域作为研究流域，选取 20070620、20070713、20080720、20080812、20080829、20090816、20100701 和 20120820 共计 8 场洪水，采用 LH-OAT 法对 TOKASIDE 模型中的 31 个参数进行定量敏感性分析，并将这 8 场洪水计算得到的敏感性数值取平均作为某个参数的整体敏感性数值。

（1）流域出口断面流量

在流域整体降水量一定且河道及地表存留水量不大的前提下，影响洪量的最主要因素为进入土壤的水量，而影响土壤最大蓄水能力的参数为土壤厚度 L 同有效孔隙度的乘积。在简化参数结构的前提下，仅选取土壤厚度 L 作为调整参数，可以由表 7-4 和图 7-9 看到，土壤厚度 L 为对整体洪水模拟过程中出口断面流量最为敏感的参数，其中以面积占比最大的 4 号土壤类型影响最为明显，敏感性数值达到了 0.883，为所有变量中最为显著的，这一点也和上述分析结果相符。

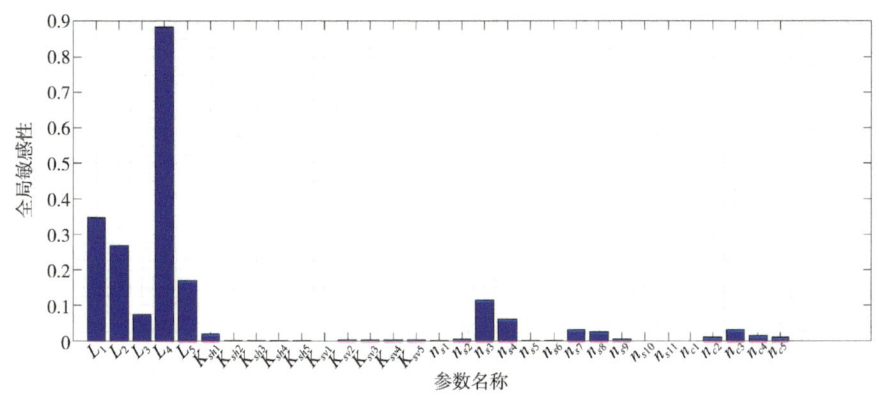

图 7-9 流域出口断面流量参数敏感性统计图

表 7-4　流域出口断面流量参数敏感性统计表

参数	敏感性	参数	敏感性	参数	敏感性
L_1	0.347	K_{sv2}	0.002	n_{s7}	0.030
L_2	0.268	K_{sv3}	0.002	n_{s8}	0.026
L_3	0.073	K_{sv4}	0.003	n_{s9}	0.005
L_4	0.883	K_{sv5}	0.003	n_{s10}	0.000
L_5	0.169	n_{s1}	0.000	n_{s11}	0.000
K_{sh1}	0.019	n_{s2}	0.005	n_{c1}	0.000
K_{sh2}	0.000	n_{s3}	0.116	n_{c2}	0.011
K_{sh3}	0.000	n_{s4}	0.060	n_{c3}	0.031
K_{sh4}	0.000	n_{s5}	0.001	n_{c4}	0.014
K_{sh5}	0.000	n_{s6}	0.001	n_{c5}	0.010
K_{sv1}	0.000				

除了反映流域土壤蓄水能力的土壤厚度之外，n_s 和 n_c 对于汇流过程水量重新分配的效果同样影响出口断面洪量，不过这两部分的汇流参数在峰现时间和洪水波形方面的影响更为显著。因此在模型建立和率定参数的过程中，仍应当以土壤厚度 L 作为主要洪量调整参数进行确定。

(2) 流域出口断面洪峰

由前面的实验可以看出，对洪峰造成影响的分别为影响洪水总量的土壤厚度 L、反映地表糙率的地表曼宁糙率系数 n_s 以及河道曼宁糙率系数 n_c。图 7-10 和表 7-5 可以验证这三类参数对洪水模拟洪峰的大小均具有显著的敏感性。最为敏感的 L_4 对洪峰的敏感度达到 1.258，其次 L_1、L_2 及 n_{s3}、n_{s4} 有着 0.37～0.45 的敏感性，对洪峰数值均存在一定的影响。除此之外，n_{c3} 也有着 0.232 的敏感性，可通过调整河道汇流速率影响洪峰大小。对于土壤类型、地表土地利用类型来说，均为面积占比大的部分的敏感性高，对洪水要素的影响大；对于河道而言，二级河道（对应表 7-5 和图 7-10 中的 n_{c3}）产生的影响为河道中最大，这一点也与之前的影响分析一致。

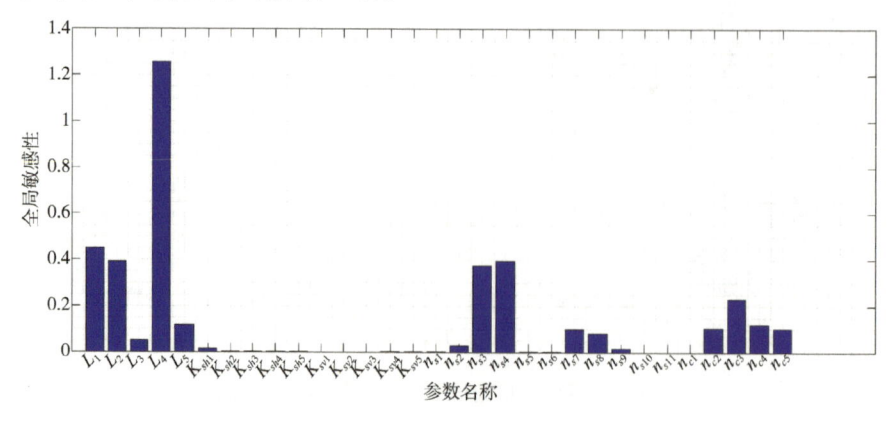

图 7-10　流域出口断面洪峰参数敏感性统计图

表 7-5 流域出口断面洪峰参数敏感性统计表

参数	敏感性	参数	敏感性	参数	敏感性
L_1	0.449	K_{sv2}	0.000	n_{s7}	0.100
L_2	0.392	K_{sv3}	0.000	n_{s8}	0.084
L_3	0.052	K_{sv4}	0.001	n_{s9}	0.017
L_4	1.258	K_{sv5}	0.001	n_{s10}	0.000
L_5	0.118	n_{s1}	0.000	n_{s11}	0.000
K_{sh1}	0.012	n_{s2}	0.027	n_{c1}	0.000
K_{sh2}	0.000	n_{s3}	0.374	n_{c2}	0.106
K_{sh3}	0.000	n_{s4}	0.395	n_{c3}	0.232
K_{sh4}	0.000	n_{s5}	0.002	n_{c4}	0.122
K_{sh5}	0.000	n_{s6}	0.001	n_{c5}	0.103
K_{sv1}	0.000				

(3) 峰现时间

峰现时间是流域汇流中的一个重要指标,它反映了洪水汇流过程中最大洪峰的出现时间,进而反映了流域整体的坡面及河道汇流速度。由原理分析可知,在 TOKASIDE 模型中汇流关键参数在于 n_s 和 n_c。如图 7-11 和表 7-6 所示,n_s 和 n_c 均表现出较大的敏感度,两种主要地表土地利用类型对应的 n_s 的敏感性均达到了 0.097;同时河道的敏感性也明显较高,其中 3 级和 4 级河道对应的 n_c 的敏感性均达到 0.08 左右。3 级与 4 级河道对洪水传播的影响要大于 1 级河道,这一结论同上述参数影响分析一致。土壤厚度的影响程度同样较高,4 号土壤类型的土壤厚度敏感性大致与河道曼宁糙率系数的敏感性相当。土壤厚度作为决定洪量的一个重要参数,它影响了整体参与地表和河道汇流的水量,进而影响到了洪水在出口断面的过程,同汇流参数曼宁糙率系数直接影响水流运动速度不同,土壤厚度通过增减地表水量来影响网格间水量的交换速率,进而影响到汇流过程和洪峰时间。

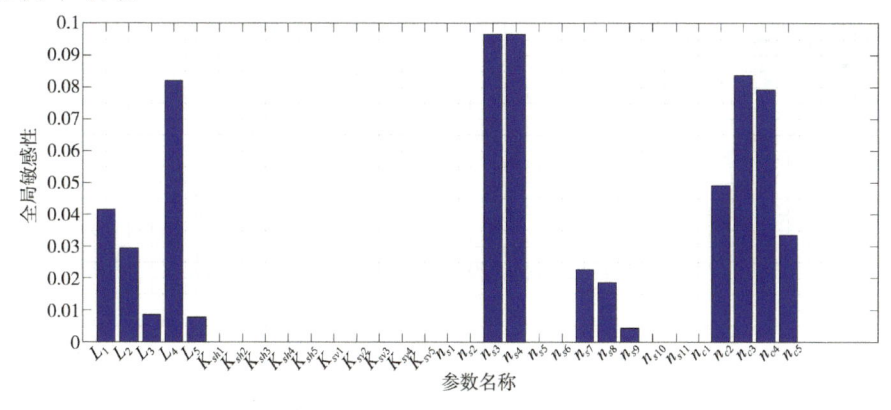

图 7-11 峰现时间参数敏感性统计图

表 7-6　峰现时间参数敏感性统计表

参数	敏感性	参数	敏感性	参数	敏感性
L_1	0.042	K_{sv2}	0.000	n_{s7}	0.023
L_2	0.029	K_{sv3}	0.000	n_{s8}	0.019
L_3	0.009	K_{sv4}	0.000	n_{s9}	0.004
L_4	0.082	K_{sv5}	0.000	n_{s10}	0.000
L_5	0.008	n_{s1}	0.000	n_{s11}	0.000
K_{sh1}	0.000	n_{s2}	0.000	n_{c1}	0.000
K_{sh2}	0.000	n_{s3}	0.097	n_{c2}	0.049
K_{sh3}	0.000	n_{s4}	0.097	n_{c3}	0.084
K_{sh4}	0.000	n_{s5}	0.000	n_{c4}	0.079
K_{sh5}	0.000	n_{s6}	0.000	n_{c5}	0.034
K_{sv1}	0.000				

（4）地表径流

地表径流量来源于网格之间地表水的水量交换，而地表水为扣除下渗量后的蓄满或超渗的水量，因此地表径流同样受土壤厚度影响明显。由图 7-12 和表 7-7 可以看到，对地表径流量敏感性最高的依然为土壤厚度，且以其中占比最大的 4 号土壤类型的敏感性最高。在总洪量一定、土壤厚度一定的前提下，地表曼宁糙率系数 n_s 对地表径流的时程分配起到了一定作用。n_{s3} 和 n_{s4} 在地表径流的计算中具有一定的敏感性，分别为 0.057、0.058。

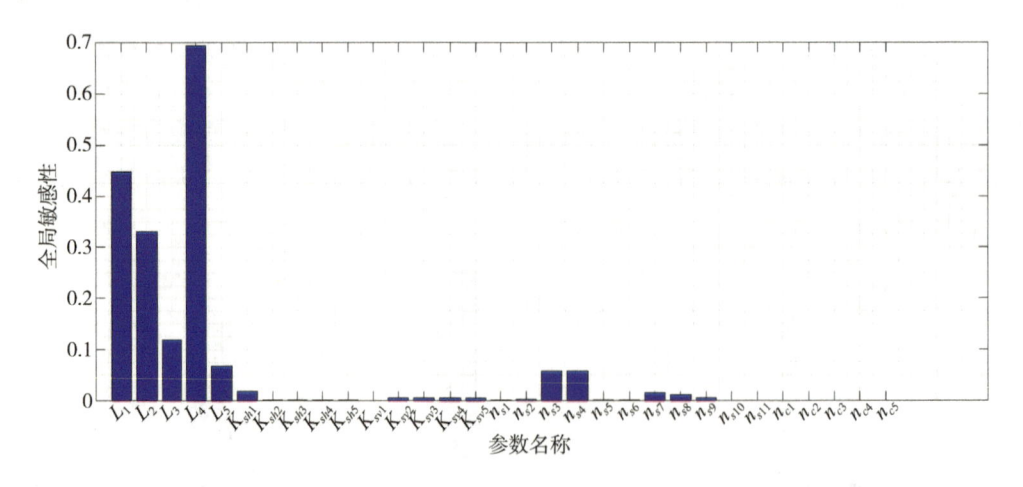

图 7-12　地表径流参数敏感性统计图

表 7-7 地表径流参数敏感性统计表

参数	敏感性	参数	敏感性	参数	敏感性
L_1	0.447	K_{sv2}	0.005	n_{s7}	0.015
L_2	0.331	K_{sv3}	0.005	n_{s8}	0.011
L_3	0.119	K_{sv4}	0.005	n_{s9}	0.004
L_4	0.695	K_{sv5}	0.005	n_{s10}	0.000
L_5	0.068	n_{s1}	0.000	n_{s11}	0.000
K_{sh1}	0.018	n_{s2}	0.002	n_{c1}	0.000
K_{sh2}	0.000	n_{s3}	0.057	n_{c2}	0.000
K_{sh3}	0.000	n_{s4}	0.058	n_{c3}	0.000
K_{sh4}	0.000	n_{s5}	0.001	n_{c4}	0.000
K_{sh5}	0.000	n_{s6}	0.000	n_{c5}	0.000
K_{sv1}	0.000				

（5）壤中流

壤中流计算的主要敏感参数为土壤横向饱和水力传导度 K_{sh}。面积占比较大的三种土壤类型，其横向饱和水力传导度敏感性也相对较高，其中 K_{sh1}，K_{sh2} 和 K_{sh4} 的敏感性为 0.346～0.407，为壤中流率定中最主要的参数。详见图 7-13、表 7-8。

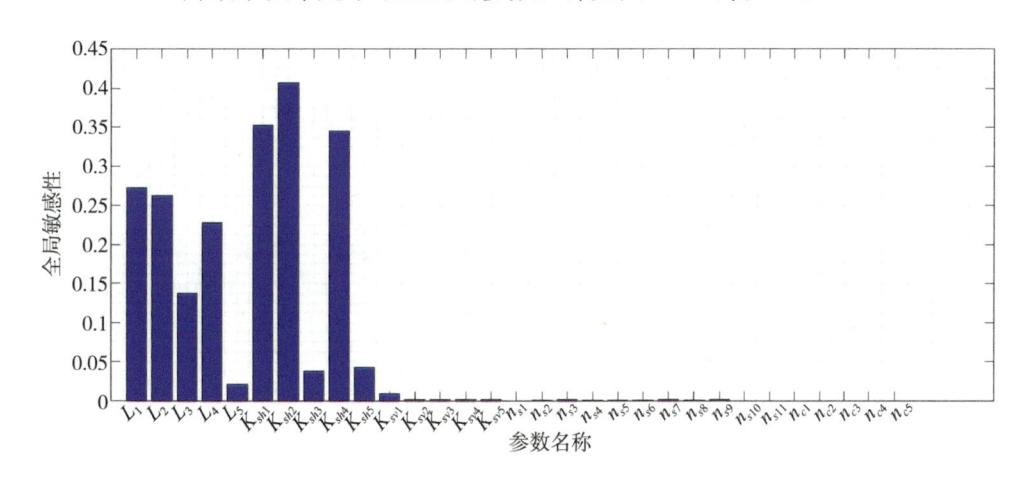

图 7-13 壤中流参数敏感性统计图

表 7-8 壤中流参数敏感性统计表

参数	敏感性	参数	敏感性	参数	敏感性
L_1	0.273	L_4	0.227	K_{sh2}	0.407
L_2	0.262	L_5	0.021	K_{sh3}	0.038
L_3	0.137	K_{sh1}	0.353	K_{sh4}	0.346

(续表)

参数	敏感性	参数	敏感性	参数	敏感性
K_{sh5}	0.043	n_{s3}	0.001	n_{s10}	0.000
K_{sv1}	0.009	n_{s4}	0.001	n_{s11}	0.000
K_{sv2}	0.001	n_{s5}	0.000	n_{c1}	0.000
K_{sv3}	0.001	n_{s6}	0.000	n_{c2}	0.000
K_{sv4}	0.002	n_{s7}	0.002	n_{c3}	0.000
K_{sv5}	0.002	n_{s8}	0.000	n_{c4}	0.000
n_{s1}	0.000	n_{s9}	0.001	n_{c5}	0.000
n_{s2}	0.000				

7.4 小结

本章通过扰动 TOKASIDE 模型中逐个参数计算流域洪水过程中各个径流组成成分，分析了每个参数对洪水模拟过程的具体影响。在洪水过程中影响整体洪量大小的主要因素为土壤蓄水能力，土壤蓄水能力受各种土壤类型的土壤厚度、土壤饱和含水量和土壤凋萎含水量等参数影响，在简化计算时认为土壤含水量与土壤厚度主要相关；土壤横向饱和水力传导度对壤中流影响较大，但由于壤中流在洪水过程中占整个洪水过程的量很小，因此土壤横向水力传导度对整体洪水模拟的影响并不大；n_s 对洪水总量、洪水峰形和峰现时间均有较大的影响，这一点与 n_c 的影响十分相似；根据河道拓扑关系采用 Strahler 分级法将河道分为 3 级，其中Ⅰ级和Ⅱ级河道长度占比较大，但Ⅲ级河道的 n_c 对河道汇流的影响最为明显。

采用 LH-OAT 法对参数进行了定量的敏感性分析，得出洪水洪量、洪峰流量、峰现时间、地表径流量和壤中流流量的定量影响参数。敏感性对于分布式模型的参数优化确定等均有着重要作用，是模型研究的基础部分。

参考文献

[1] TODINI E, CIARAPICA L. The TOPKAPI model [A]// SINGH V P, FREVERT D K, MEYER S P. Mathematical models of large watershed hydrology [M]. Littleton, Colorado: Water Resources Publications, 2002:471-550.

[2] 刘志雨,孔祥意,李致家. TOKASIDE 模型及其在洪水预报中的应用[J]. 水文, 2021,41(3):49-56+24.

[3] 李致家,王秀庆,吕雁翔,等. TOPKAPI 模型的应用及与新安江模型的比较研究[J]. 水力发电, 2013, 39(11):6-10.

［4］ 刘志雨,谢正辉. TOPKAPI 模型的改进及其在淮河流域洪水模拟中的应用研究［J］. 水文,2003(6):1-7.

［5］ 孔祥意. 基于物理基础的分布式水文模型 TOKASIDE 研究［D］. 南京:河海大学,2020.

［6］ 徐杰,李致家,马亚楠,等. 基于 TOPKAPI 模型的湿润流域洪水模拟［J］. 南水北调与水利科技,2020,18(1):18-25.

［7］ SALTELLI A, CHAN K, SCOTT E M. Sensitivity analysis［M］. New York: John Wiley and Sons, 2000.

［8］ BEVEN K. Prophecy, reality and uncertainty in distributed hydrological modeling［J］. Adcances in Water Resources, 1993, 16(1):41-51.

［9］ MCKAY M D, BECKMAN R J, CONOVER W J. A comparison of three methods for selecting values of input variables in the analysis of output from a computer code［J］. Technometrics, 2000, 42(1):55-61.

［10］ MORRIS M D. Factorial sampling plans for preliminary computational experiments［J］. Technometrics, 1991, 33(2):161-174.

第 8 章
TOKASIDE 模型计算单元分辨率影响及矫正研究

TOKASIDE 模型作为基于物理基础的分布式水文模型,其划分计算单元网格的结构能够更好地考虑到不同计算单元网格所代表的下垫面因子以及气象因素的空间差异。在地理信息系统(GIS)发展迅猛的今天[1,2],通过 GIS 提取流域下垫面信息已成为分布式水文模型建立的常用操作。为了更好建立 TOKASIDE 模型,有必要通过 DEM 等地理数据来对流域内部的每个计算单元网格水流流向、汇流累积量、河网信息等特征进行提取以及数字化[3]。一般认为在每一个计算单元网格尺度内所有的下垫面特性均是不变的,那么也就引入了计算单元网格分辨率大小的问题:更小的计算单元网格意味着对流域地貌特征的概化度更小,更多地形信息得以保留,对于真实流域状况的反映能力也更好,但在一定流域面积限定的前提下,更细致的网格划分也会使得计算单元网格数量急剧增加,与之而来的就是更加繁重的计算负担——采用洪水波模拟法的 TOKASIDE 模型在计算时间上的问题尤为凸显,这严重制约了模型在实际使用中参数率定和计算的时效性,进而会制约分布式水文模型的实际推广应用。因此,关于如何能在更好的分辨率精度下保持较好的计算效率(也就是最适宜的计算网格分辨率)的研究问题成为一个难点[4-5]。基于 DEM 栅格的分布式流域水文模型,随着分辨率的提高,其计算量呈几何级数增加。因此,对于大流域,在满足模拟或计算精度的情况下,尽可能选择较低分辨率的 DEM 构建模型,以提高计算效率。但 DEM 分辨率对模型模拟结果的影响以及如何消除,是必须面临的问题。因此,自从基于物理基础的分布式流域水文模型研制以来,DEM 分辨率对模型模拟结果的影响问题,就成为流域水文模拟的研究热点之一。

另一方面,由于基于物理基础的分布式水文模型所采用的下垫面资料如土壤厚度、地表曼宁糙率系数与蒸散发折算系数等均是根据遥感或地理调查得出的下垫面分布地图获取并在此基础上进行参数微调的,这也就引发出不同流域之间参数是否互相通用的问题。正如上文所提到的,在不同流域中建立模型时需要考虑到计算能力限制下的计算单元网格数量问题,不同流域间的面积区分也就会使得计算网格的大小产生区分,那么参数随着计算单元尺寸变化所产生的相应变化也成为推广分布式水文模型过程中所需要考虑的一点。大量文献研究结果表明,采用不同分辨率的 DEM,经过参数率定后,均可以得到较理想的径流模拟结果,但率定后的参数差别明显;当采用相同参数时,不同分辨率的 DEM 所模拟的结果差别明显[5-10]。当由高分辨率 DEM 转为低分辨率 DEM 时,会造成地面空间信息的改变和丢失,影响提取的流域地形地貌特征的正确性,进而影响基于 DEM 栅格的分布式水文模型对水文过程的模拟结果[6,11]。

由不同分辨率 DEM 提取的流域特征间的显著差别主要表现在流域地形坡度上[6,12-14],因此,DEM 分辨率大小对分布式流域水文模型模拟结果的影响,主要归因于对地表特征——地形坡度的表征精度。对于绝大多数流域水文模型,地形坡度主要影响汇流过程。在模型中与汇流计算最直接相关的为水流速度,因此,对于基于不同 DEM 分辨率的水文模型,要想得到相同的模拟结果,要么用网格尺度直接矫正流速(或水流传播时间)[4],要么矫正糙率系数或地形坡度[12]。王晓燕等通过建立流域平均坡度与 DEM 分辨率间的相关关系[15],得到线性回归方程,用以矫正地形坡度。

本章首先对模型计算单元的空间分辨率进行了讨论和实验,对多种空间分辨率下的模型进行了建立和测试,以淮河上游息县流域作为实验流域,采用不同的空间分辨率计算单元网格建立 TOKASIDE 模型并分析其模拟结果差异。由第 7 章的参数敏感性及对模拟过程中不同径流成分的影响分析作为基础,对由低分辨率下率定得到的模型参数进行修正使之适用于高分辨率模型,从而缩短高分辨率分布式水文模型的参数率定时间,方便高分辨率分布式水文模型的建立以及在无资料流域预报模型的建立与推广使用[16]。

8.1 空间分辨率对水文模拟结果的影响

在息县流域采用 300 m、500 m、800 m、1 000 m、1 500 m 和 2 000 m 六种空间分辨率的计算单元尺寸,分别对流域下垫面特征进行提取。考虑到高空间分辨率下计算负担的提升,也为了方便考虑模型空间尺度的单向变化,以 2 000 m 作为分辨率建立模型进行参数的调整率定。其中,采用 CGIAR 全球 SRTM 网站获得的全球 90 m 分辨率 DEM,在 GIS 中进行地理空间数据的重采样处理以适配不同分辨率的计算单元网格;土壤分类与地表土地利用地图用以显示土壤及地表在平面空间上的分布,可通过中国科学院地理科学与资源研究所资源环境科学与数据中心网站的资源环境数据云平台获取,其空间分辨率均为 1 000 m,更高的精度只会在原本分辨率网格下进行均匀细分,因此在本次实验研究中高于 1 000 m 分辨率的计算单元划分不能提供更高精度的地表和土壤下垫面刻画。土壤质地参数包括默认分类下不同土壤种类的土壤厚度、饱和水力传导度等,可由 FAO 发布的全球土壤剖面数据库(Global Soil Profile Database)获取。

由表 8-1 可以看出,随着计算单元的空间分辨率的改变,流域提取结果也存在一定差异。如图 8-1 所示,不同分辨率下流域的每个 DEM 网格的平均高度会存在差异,而这种差异会引起汇流关系的改变,从而影响在出口断面整体流域范围的提取,这一点在息县流域东北部较为平坦的部分造成的影响较小,而对西南地区山地部分的影响尤为严重。在不进行人工手动修改 DEM 的前提下,采用 1 500 m 分辨率 DEM 提取的流域面积相较于采用 300 m 分辨率的 DEM 提取的流域面积存在约 4.55% 的面积差。由于 TOKASIDE 模型降雨计算是根据雨量站点数据采用泰森多边形法、克里金法或反距离平均法进行空间插值的,整体流域的雨量由每一个计算单元的雨量累加所得,因此流域面积的差异影响到了流域的整体降雨量。

表 8-1 息县流域不同计算单元分辨率统计表

计算单元边长(m)	计算单元数量(个)	单个计算单元面积占比(‰)	提取流域面积(km²)	总河道长度(km)
300	113 740	0.088	8 236.60	602.79
500	41 110	0.243	8 277.50	598.45
800	15 778	0.634	8 097.92	572.32
1 000	10 206	0.980	8 206.00	572.51
1 500	4 383	2.282	7 861.75	566.27
2 000	2 351	4.254	7 404.00	538.01

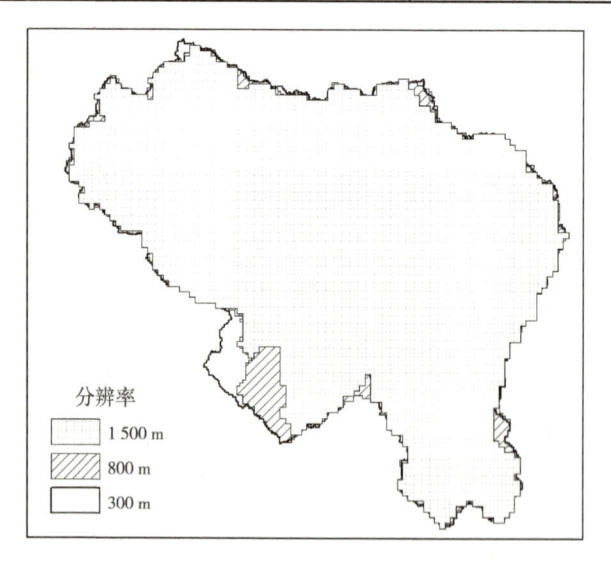

图 8-1 息县流域不同空间分辨率流域提取边界图

以息县流域 20080829 和 20160715 号洪水为例,由图 8-2、图 8-3 可以看出,在相同模型参数下不同计算单元空间分辨率对洪水模拟结果所带来的影响十分明显。随着计算单元网格尺寸由 300 m 变化为 2 000 m,洪水过程的洪峰流量逐渐减小,且峰现时间存在一定程度的滞后。从高分辨率模型的模拟方案中可以看到,洪水陡升陡降十分明显,洪水过程短暂,洪峰高且尖,且各计算单元到达流域出口断面的时间相较于低分辨率模型的模拟方案更加短暂。

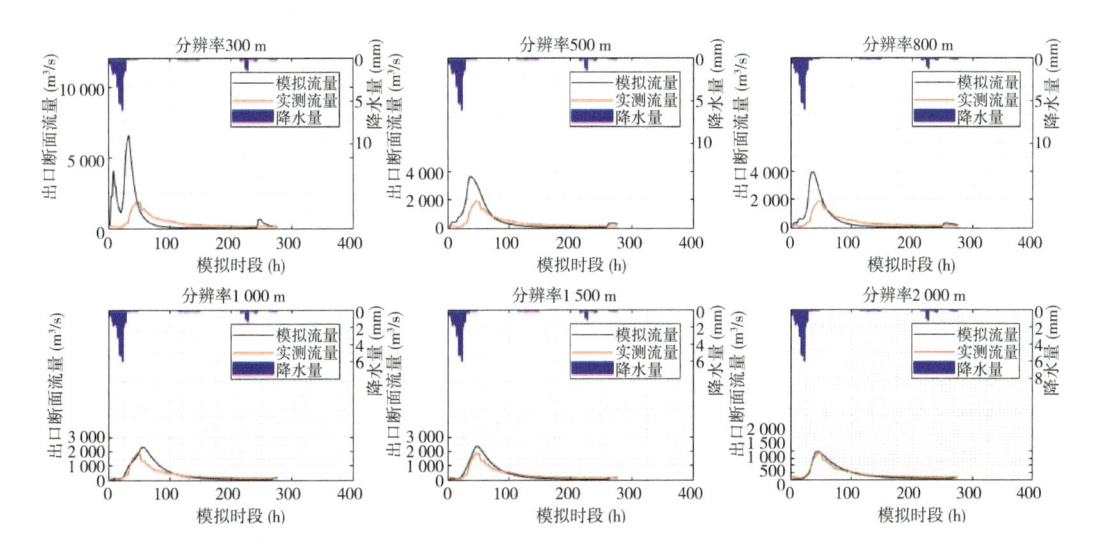

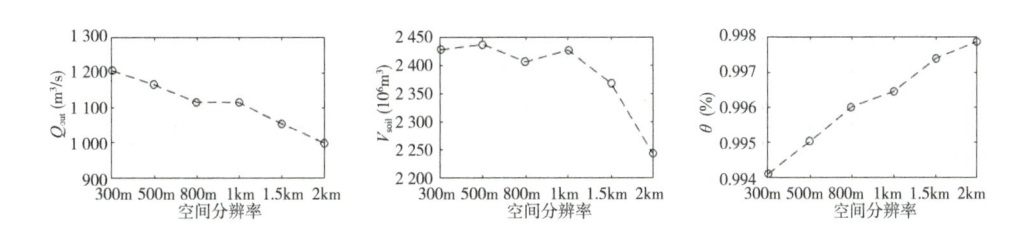

图 8-2　相同参数下不同分辨率息县流域 20080829 号洪水过程线

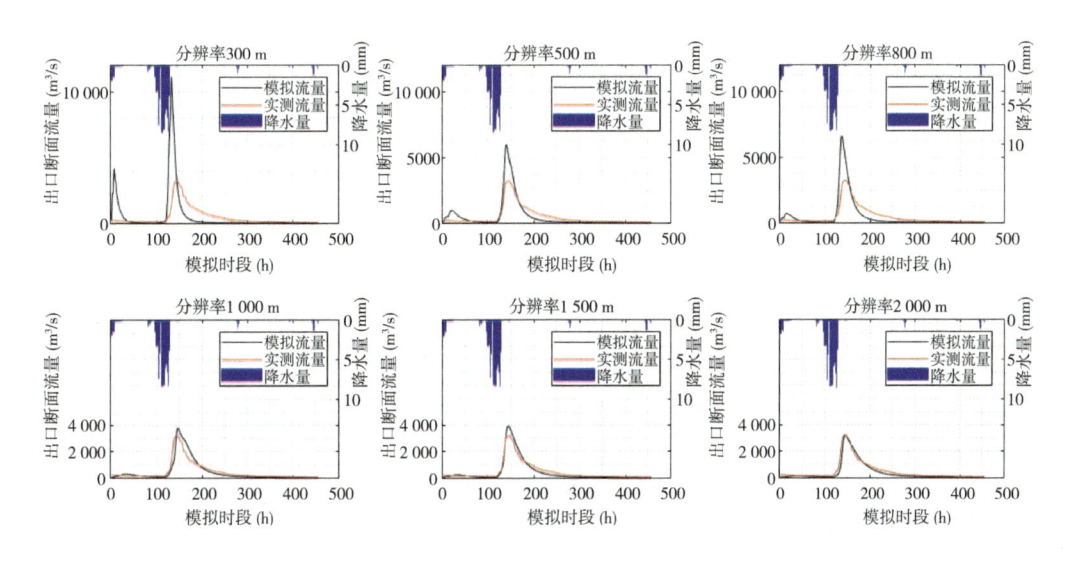

图 8-3　相同参数下不同分辨率息县流域 20160715 号洪水过程线

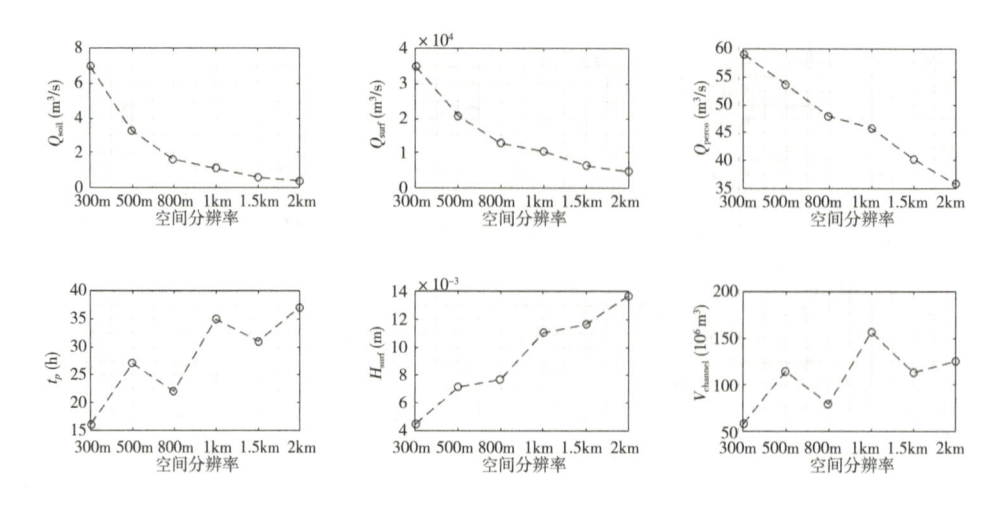

图 8-4　相同参数下不同分辨率息县流域 20070713 号洪水指标统计

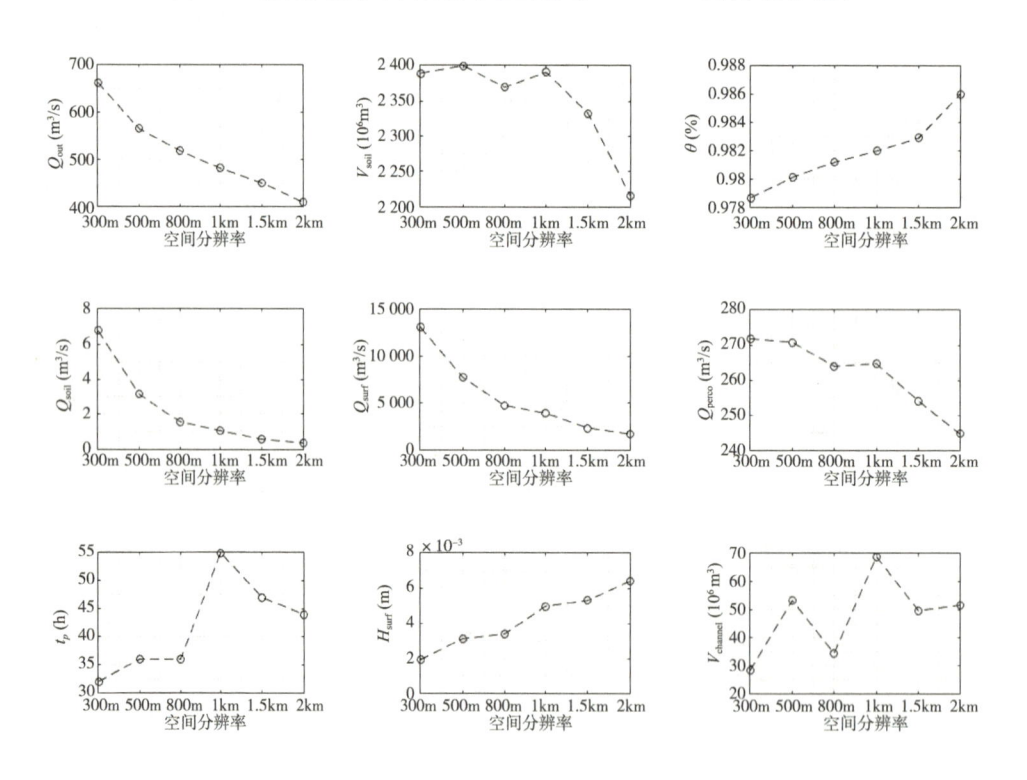

图 8-5　相同参数下不同分辨率息县流域 20080829 号洪水指标统计

具体的计算单元空间分辨率对洪水过程模拟结果的影响可以通过图 8-4、图 8-5 看出。在使用相同模型参数的前提下，土壤含水量略微上升但幅度有限，相邻分辨率方案的平均上升幅度仅为 0.21% 左右。此外，平均壤中流和地表径流下降幅度明显。由上述分析可以看到，①在参数完全相同的情况下，随着网格尺度的增大，模型模拟的峰值减小，峰现时间推迟；②当网格尺度增大到一定值后，相同参数下模拟结果的差异不明显，而网格尺度小于该值时,相同参数下模拟结果的差异显著。

依据流域水量平衡方程进行流域内径流成分分析[17],

$$P + R_{gI} = E + R_{sO} + R_{gO} + q + \Delta W \qquad (8-1)$$

式中:P 为时段内流域降水量,是流域水量的主要来源;R_{gI} 为时段内由地下进入流域的水量,在目前的研究中认定流域为闭合流域,地表分水线和地下分水线重合,因此这部分水量认为是零;E 为时段内整体流域的蒸散发量,包括水面蒸散发、土壤蒸散发和植被直接蒸散发等;R_{sO} 和 R_{gO} 分别为时段内通过地表河道和地下流出流域的水量总量,由于出口断面计算单元的土壤水和地下水流量相较于地表河道径流量所占比例极小,因此这里采用出口断面河道流量作为流域的出流;q 代表时段内的用水量,在模拟自然流域内的洪水过程时认为没有人为的干预与用水;ΔW 为时段内流域蓄水量的变化,包括流域内整体土壤含水量的变化总量、流域地表需水量的变化以及河道中水量的变化。在此次研究中,土壤初始含水量由提前 30 d 的预热模拟得到,并且认为初始状态下流域地表没有积水,地表水深为零,同时设定初始流域内全河道中存在 15 m³/s 的基流而非空河道。

通过统计不同地表糙率系数的模型模拟洪水过程径流组成成分,可以得出其受计算单元分辨率的影响程度,进而找出受计算单元分辨率影响较大的模型参数,从而对参数进行调整,使得模拟过程更加贴近实测结果。

图 8-6 和表 8-2 统计了在不同计算单元边长下流域径流成分的变化。其中,流域降水量代表整个降雨过程中通过泰森多边形空间插值法计算出的全流域降雨量总量体积;

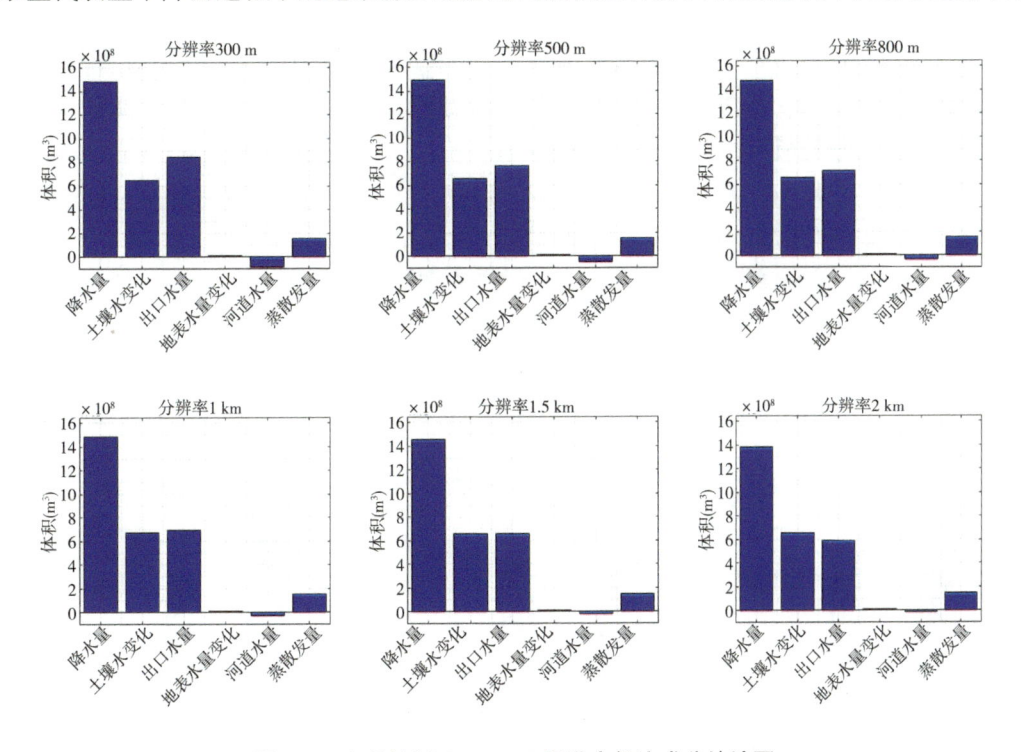

图 8-6 息县流域 20160715 号洪水径流成分统计图

土壤水变化为整个洪水过程中补充进入土壤中的总水量体积;出口水量为洪水过程中通过流域出口断面的出流量;河道水量为整个洪水过程中河道内水量的变化,由于在模拟初期设定了 15 m³/s 的全流域河道基流,表 8-2 中的负值代表洪水模拟结束后河道内总水量变少;蒸散发量代表整个流域内的蒸散发水量总量。

表 8-2　息县流域 20160715 号洪水径流成分统计表

计算单元边长(m)	流域面积(km^2)	流域降水量($10^6 m^3$)	土壤水变化($10^6 m^3$)	出口水量($10^6 m^3$)	地表水量变化($10^6 m^3$)	河道水量变化($10^6 m^3$)	蒸散发量($10^6 m^3$)
300	8 236.60	1 485.02	646.42	844.26	6.35	−87.15	155.12
500	8 277.50	1 493.27	658.43	766.02	7.61	−51.50	156.38
800	8 097.92	1 477.66	656.39	713.08	7.67	−31.07	154.15
1 000	8 206.00	1 487.29	668.50	693.53	9.19	−23.55	156.17
1 500	7 861.75	1 454.51	659.48	660.40	9.27	−17.02	151.37
2 000	7 404.00	1 384.75	654.59	592.10	10.34	−12.27	144.90

由图 8-6 可以看出,以息县流域 20160715 号洪水为例,如之前所提到的低分辨率下提取的流域面积减小,总降水量有着一定的下降。

表 8-2 则可以明确看到,不同计算单元边长下流域面积减少了约 10.11%,引起总降水量减少了 6.75%。土壤水并没有明显的变化,可以认为土壤水并未受到明显的影响。流域整体出流量随着计算单元边长的增加而减少,同时减少的还包括河道中的水量变化,可以理解为河道中水量的运动速度减缓,计算单元之间的河道水量交换减缓,更多的水保留在河道之中,从而使得出口断面汇流过程减缓。由图 8-3 可以发现,高分辨率模型的洪水过程洪峰高而尖,300 m 分辨率的洪峰相比 2 000 m 分辨率的高出 244.95%,而出口断面总出流量差距只有 29.87%,由此可以初步表明不同分辨率之间出口断面流量过程的区别在于汇流的时间分配。同时地表水量变化也表明,在土壤水下渗量、土壤含水量等均没有明显差异的情况下,流域地表水体积增加反映了地表水的计算单元间水量交换同样减小。

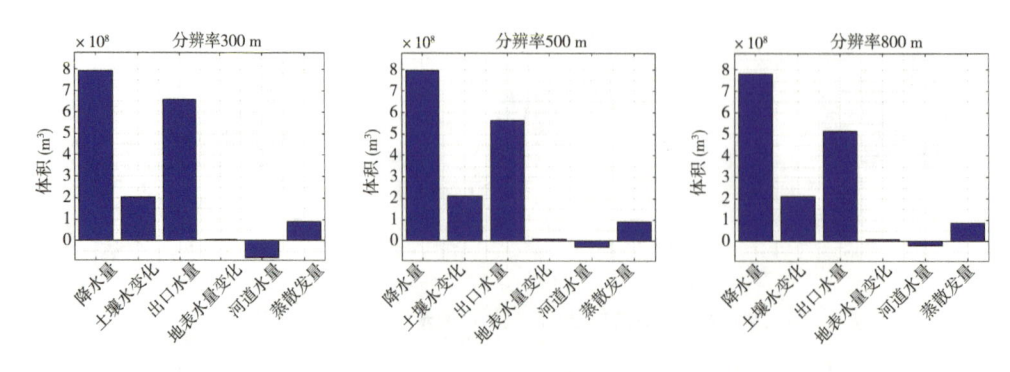

由图 8-7 及表 8-3 可以看出,对于息县流域 20080829 号洪水可以得出类似结论,相较于 300 m 分辨率的网格方案,2 000 m 分辨率的网格方案的降水量随流域面积减小也

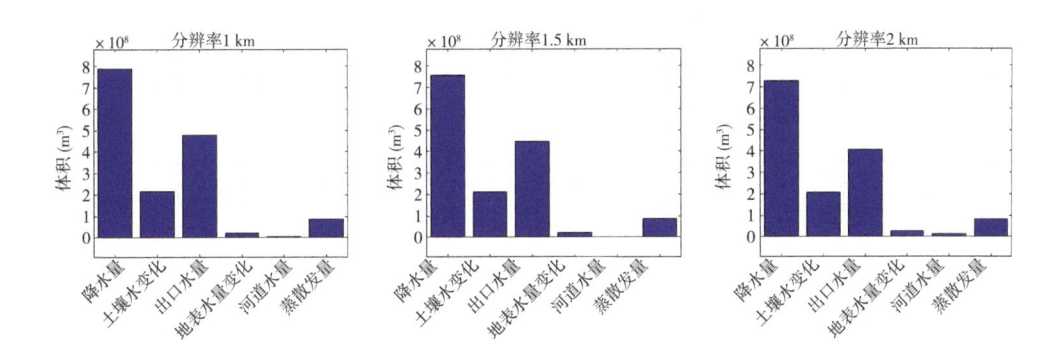

图 8-7　息县流域 20080829 号洪水径流成分统计图

表 8-3　息县流域 20080829 号洪水径流成分统计表

计算单元边长(m)	流域面积(km²)	流域降水量(10⁶m³)	土壤水变化(10⁶m³)	出口水量(10⁶m³)	地表水量变化(10⁶m³)	河道水量变化(10⁶m³)	蒸散发量(10⁶m³)
300	8 236.60	793.41	205.16	661.35	4.09	−81.05	88.64
500	8 277.50	796.49	210.20	564.16	9.97	−28.31	89.02
800	8 097.92	780.65	210.37	516.11	11.81	−17.87	87.49
1 000	8 206.00	789.41	214.72	479.55	21.23	6.41	88.43
1 500	7 861.75	756.83	211.65	447.78	21.20	3.51	85.47
2 000	7 404.00	728.78	208.26	407.46	25.86	12.71	81.54

有着相应的略微减小。由于不同场次洪水的初始土壤含水量不同,因此直到饱和之前土壤水的变化也不同,但相同的是,同一场次洪水内不同计算单元分辨率的土壤水变化量均十分相似,出口断面的总流量减小了 38.39%,这一点同 20160715 号洪水的洪量定量减小值十分接近;地表水量有略微增加。

8.2　空间分辨率影响机理研究

8.2.1　流域概况

为了能够得到 DEM 分辨率对提取流域特征影响的普遍性规律,本次选用了四个研究流域,分别为淮河流域(息县水文站以上部分,由 30 m×30 m 分辨率 DEM 提取的集水面积为 10 050.3 km²)、伊河流域(东湾水文站以上部分,由 30 m×30 m 分辨率 DEM 提取的集水面积为 2 916.2 km²)、丹江口水库入库河流——灌河流域(西峡断面以上区域,由 30 m×30 m 分辨率 DEM 提取的集水面积为 3 445 km²)以及丹江流域(荆紫关水文站以上部分,由 30 m×30 m 分辨率 DEM 提取的集水面积为 6 902 km²)。各流域的地形如图 8-8 所示。为了研究不同大小流域受 DEM 分辨率的影响,对每一个流域进行了子流域划分,各流域子流域划分及编码如图 8-9 所示,划分后的子流域面积(基于 30 m×30 m

分辨率 DEM 计算出的结果)如表 8-4 所示。各流域内的子流域所用 DEM 栅格长度分别为 30 m,100 m,200 m,300 m,400 m,500 m,600 m,700 m,800 m,900 m 和 1 000 m,分析全流域时,增加 1 500 m 和 2 000 m 两个栅格长度。30 m×30 m 分辨率 DEM 为原始数据,其他分辨率 DEM 均由重采样处理而成。本研究除分析由栅格尺度变化引起的子流域及全流域地形坡度变化以外,还分析了 DEM 分辨率对河段以及流域最长汇流路径长度的影响。

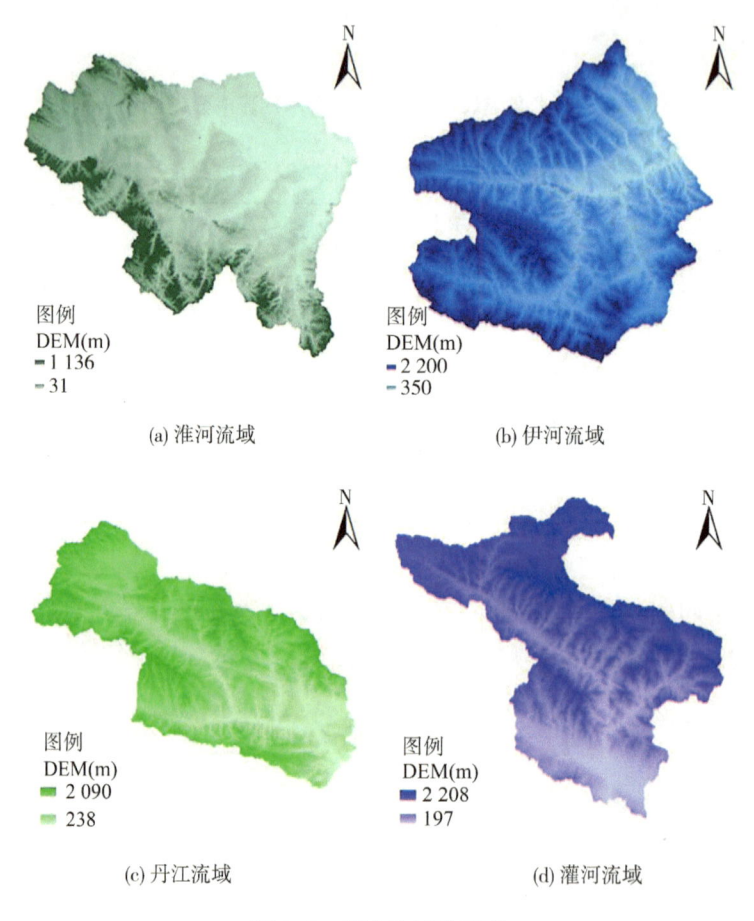

(a) 淮河流域 (b) 伊河流域

(c) 丹江流域 (d) 灌河流域

图 8-8 研究流域地形图

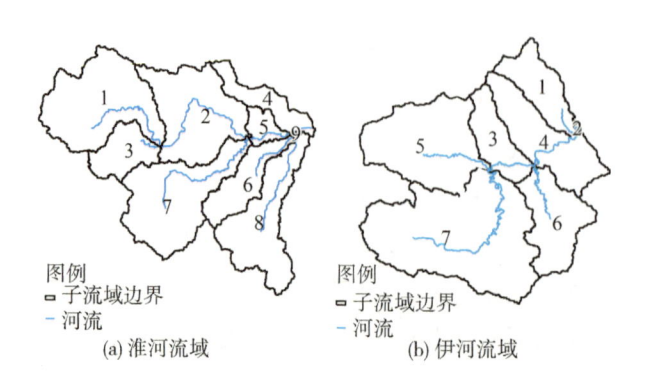

(a) 淮河流域 (b) 伊河流域

(c) 丹江流域　　　　　　　(d) 灌河流域

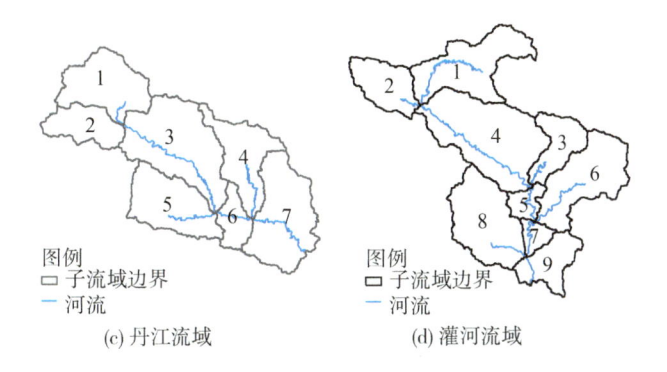

图 8-9　研究流域子流域划分图

表 8-4　研究流域子流域面积划分表　　　　　　　　　　　　　单位：km²

流域名称	1#	2#	3#	4#	5#	6#	7#	8#	9#	全流域
伊河	240	4.2	216	409	605	352	1 090			2 916.2
丹江	1 014	581	1 665	895	1 037	356	1 354			6 902
淮河	2 166	1 934	694	604	268	791	2 012	1 579	2.3	10 050.3
灌河	544	287	252	835	101	538	84	557	247	3 445

8.2.2　流域坡度分析

淮河流域坡度提取结果如图 8-10、表 8-5 和图 8-11 所示。由此可以看出：①对于山区性子流域，随着网格尺度的增大，其平均坡度明显减小，坡度减小的梯度逐渐减小；②处于平原地区内的子流域（如 4# 和 5#），DEM 栅格大小对坡度提取结果影响很小。

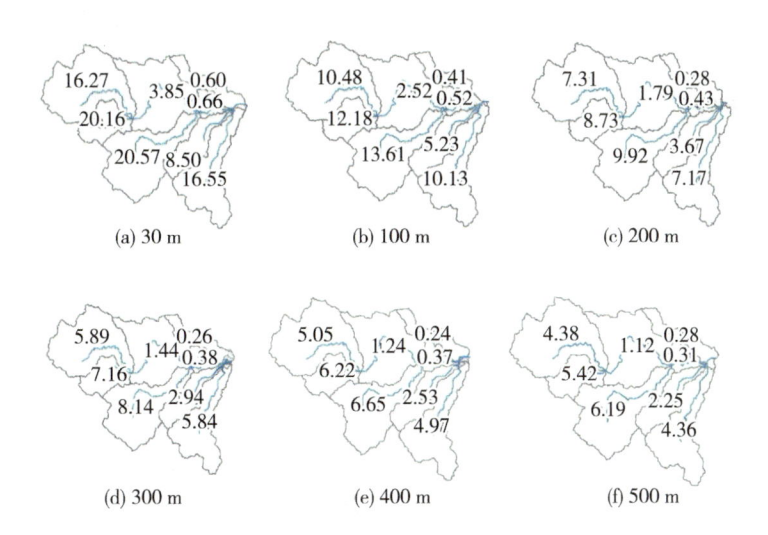

(a) 30 m　　(b) 100 m　　(c) 200 m

(d) 300 m　　(e) 400 m　　(f) 500 m

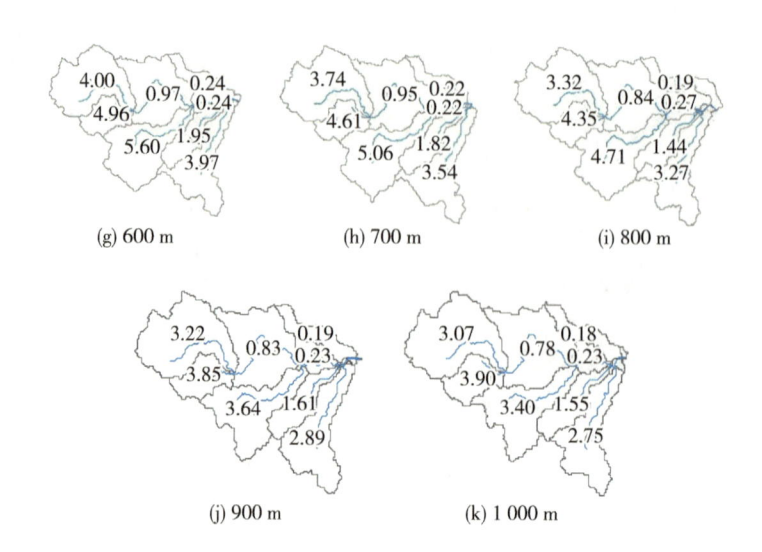

(g) 600 m (h) 700 m (i) 800 m

(j) 900 m (k) 1 000 m

图 8-10　淮河流域坡度提取结果(单位:%)

表 8-5　淮河流域坡度提取结果表　　　　　　　　　　　单位:%

DEM 栅格尺度(m)	1#	2#	3#	4#	5#	6#	7#	8#	全流域
30	16.27	3.85	20.16	0.60	0.66	8.50	20.57	16.55	13.08
100	10.48	2.52	12.18	0.41	0.52	5.23	13.61	10.13	8.43
200	7.31	1.79	8.73	0.28	0.43	3.67	9.92	7.17	6.00
300	5.89	1.44	7.16	0.26	0.38	2.94	8.14	5.84	4.74
400	5.05	1.24	6.22	0.24	0.37	2.53	6.65	4.97	3.94
500	4.38	1.12	5.42	0.28	0.31	2.25	6.19	4.36	3.65
600	4.00	0.97	4.96	0.24	0.24	1.95	5.60	3.97	3.31
700	3.74	0.95	4.61	0.22	0.22	1.82	5.06	3.54	3.05
800	3.32	0.84	4.35	0.19	0.27	1.44	4.71	3.27	2.71
900	3.22	0.83	3.85	0.19	0.23	1.61	3.64	2.89	2.39
1 000	3.07	0.78	3.90	0.18	0.23	1.55	3.40	2.75	2.24
1 500	—	—	—	—	—	—	—	—	1.81
2 000	—	—	—	—	—	—	—	—	1.47

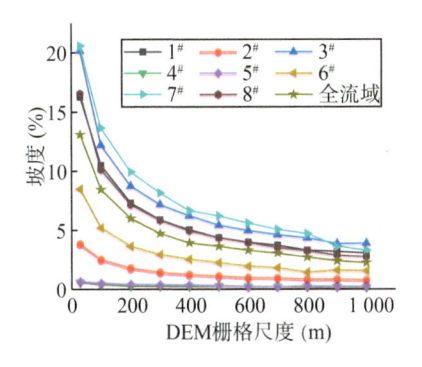

图 8-11　淮河流域坡度与 DEM 栅格尺度关系图

伊河流域坡度提取结果如图 8-12、表 8-6 和图 8-13 所示。

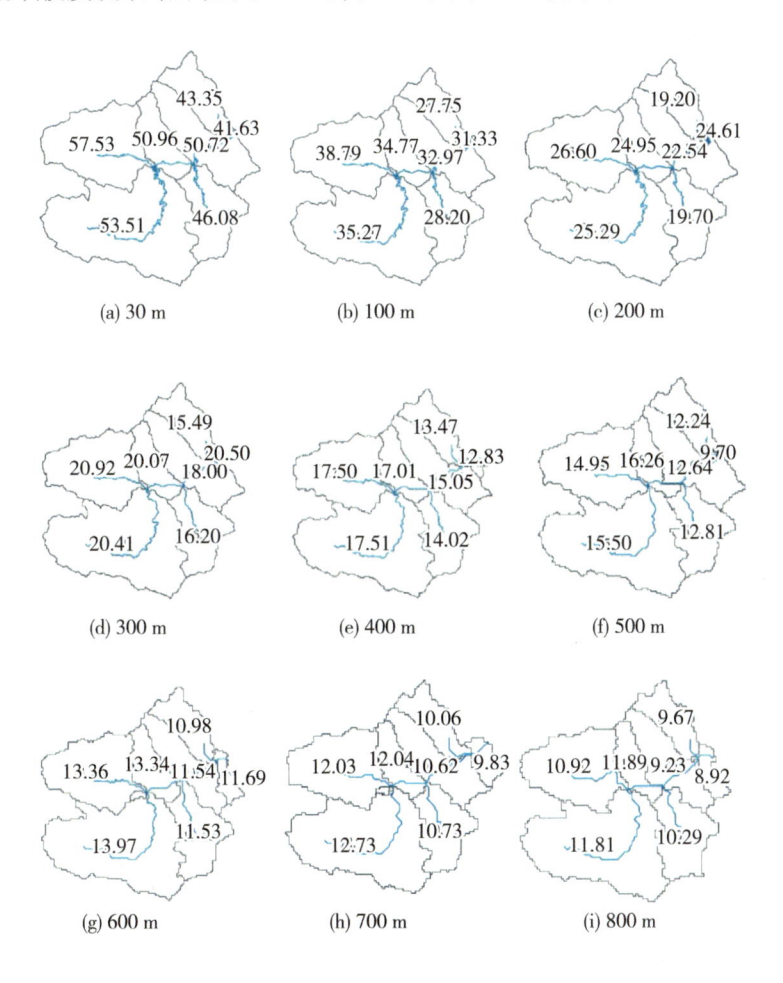

(a) 30 m　　　(b) 100 m　　　(c) 200 m

(d) 300 m　　　(e) 400 m　　　(f) 500 m

(g) 600 m　　　(h) 700 m　　　(i) 800 m

(j) 900 m　　　　(k) 1 000 m

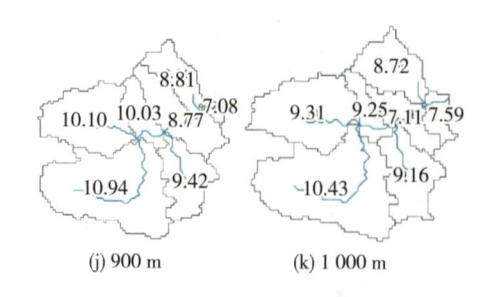

图 8-12　伊河流域坡度提取结果(单位:%)

表 8-6　伊河流域坡度提取结果表　　　　　　　　　　　　　　单位:%

DEM 栅格尺度(m)	1#	3#	4#	5#	6#	7#	全流域
30	43.35	50.96	50.72	57.53	46.08	53.51	52.01
100	27.75	34.77	32.97	38.79	28.20	35.27	34.16
200	19.20	24.95	22.54	26.60	19.70	25.29	23.97
300	15.49	20.07	18.00	20.92	16.20	20.41	19.23
400	13.47	17.01	15.05	17.50	14.02	17.51	16.33
500	12.24	16.26	12.64	14.95	12.81	15.50	14.38
600	10.98	13.34	11.54	13.36	11.53	13.97	12.91
700	10.06	12.04	10.62	12.03	10.73	12.73	11.67
800	9.67	11.89	9.23	10.92	10.29	11.81	10.81
900	8.81	10.03	8.77	10.10	9.42	10.94	10.04
1 000	8.72	9.25	7.11	9.31	9.16	10.43	9.29
1 500	—	—	—	—	—	—	7.22
2 000	—	—	—	—	—	—	6.15

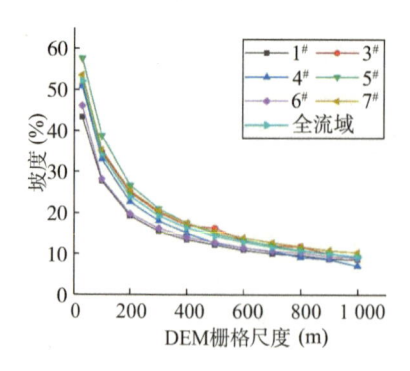

图 8-13　伊河流域坡度与 DEM 栅格尺度的关系图

灌河流域坡度提取结果如表 8-7、图 8-14 和图 8-15 所示。

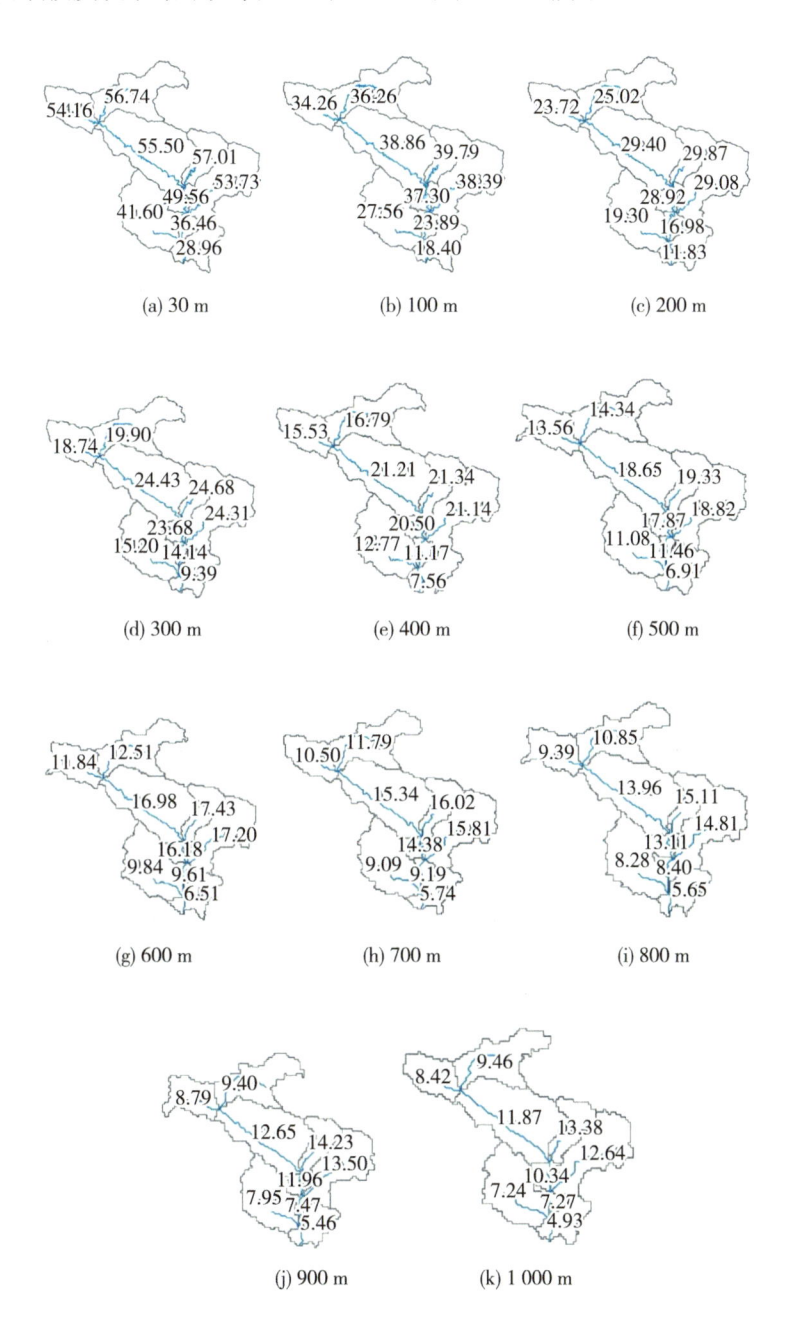

图 8-14 灌河流域坡度提取结果(单位:%)

表 8-7 灌河流域坡度提取结果表　　　　　　　　单位:%

DEM栅格尺度(m)	1#	2#	3#	4#	5#	6#	7#	8#	9#	全流域
30	56.74	54.16	57.01	55.50	49.56	53.73	36.46	41.60	28.96	50.63
100	36.26	34.26	39.79	38.86	37.30	38.39	23.89	27.56	18.40	34.36
200	25.02	23.72	29.87	29.40	28.92	29.08	16.98	19.30	11.83	25.04
300	19.90	18.74	24.68	24.43	23.68	24.31	14.14	15.20	9.39	20.40
400	16.79	15.53	21.34	21.21	20.50	21.14	11.17	12.77	7.56	17.42
500	14.34	13.56	19.33	18.65	17.87	18.82	11.46	11.08	6.91	15.35
600	12.51	11.84	17.43	16.98	16.18	17.20	9.61	9.84	6.51	13.79
700	11.79	10.50	16.02	15.34	14.38	15.81	9.19	9.09	5.74	12.61
800	10.85	9.39	15.11	13.96	13.11	14.81	8.40	8.28	5.65	11.59
900	9.40	8.79	14.23	12.65	11.96	13.50	7.47	7.95	5.46	10.66
1 000	9.46	8.42	13.38	11.87	10.34	12.64	7.27	7.24	4.93	10.01
1 500	—	—	—	—	—	—	—	—	—	7.69
2 000	—	—	—	—	—	—	—	—	—	6.33

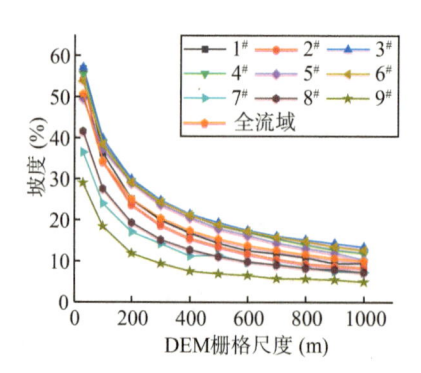

图 8-15 灌河流域坡度与 DEM 栅格尺度的关系

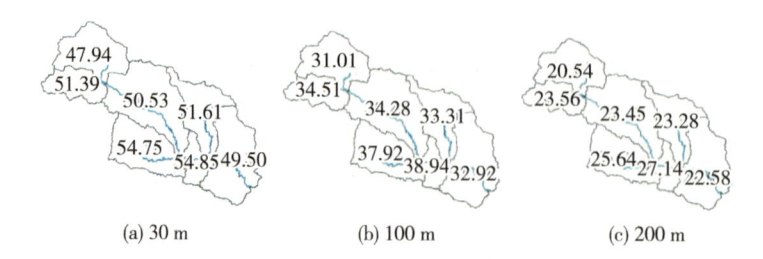

丹江流域坡度提取结果如图 8-16、表 8-8 和图 8-17 所示。

(a) 30 m　　　(b) 100 m　　　(c) 200 m

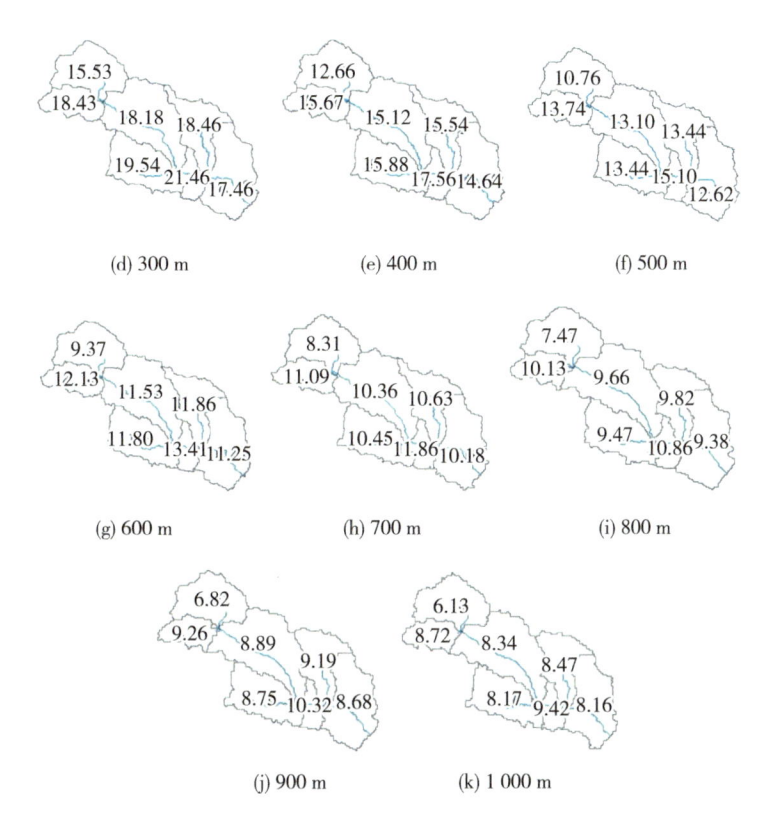

(d) 300 m　　　　　　(e) 400 m　　　　　　(f) 500 m

(g) 600 m　　　　　　(h) 700 m　　　　　　(i) 800 m

(j) 900 m　　　　　　(k) 1 000 m

图 8-16　丹江流域坡度提取结果(单位:%)

表 8-8　丹江流域坡度提取结果表　　　　　　　　　　　　　　　　单位:%

DEM 栅格尺度(m)	子流域 1#	2#	3#	4#	5#	6#	7#	全流域
30	47.94	51.39	50.53	51.61	54.75	54.85	49.50	51.02
100	31.01	34.51	34.28	33.31	37.92	38.94	32.92	34.42
200	20.54	23.56	23.45	23.28	25.64	27.14	22.58	23.35
300	15.53	18.43	18.18	18.46	19.54	21.46	17.46	18.07
400	12.66	15.67	15.12	15.54	15.88	17.56	14.64	14.99
500	10.76	13.74	13.10	13.44	13.44	15.10	12.62	12.90
600	9.37	12.13	11.53	11.86	11.80	13.41	11.25	11.37
700	8.31	11.09	10.36	10.63	10.45	11.86	10.18	10.2
800	7.47	10.13	9.66	9.82	9.47	10.86	9.38	9.35
900	6.82	9.26	8.89	9.19	8.75	10.32	8.68	8.64
1 000	6.13	8.72	8.34	8.47	8.17	9.42	8.16	8.05
1 500	—	—	—	—	—	—	—	6.08
2 000	—	—	—	—	—	—	—	5.07

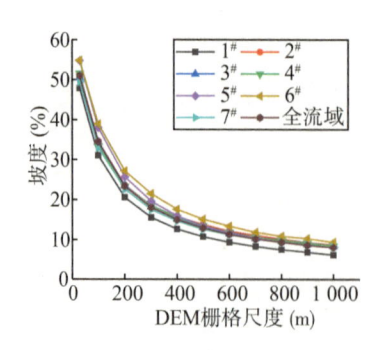

图 8-17 丹江流域坡度与 DEM 栅格尺度的关系

由此可以看出，由于伊河、灌河以及丹江三个流域，完全属于山区性流域，各子流域及全流域在高分辨率 DEM 时的平均坡度均较大，当 DEM 分辨率较高时，坡度递减明显，达到某一分辨率（如 500 m）后坡度减小平缓。

为了进一步研究流域坡度受 DEM 分辨率影响的变化规律，对表 8-5、表 8-6、表 8-7 和表 8-8 进行归一化处理，即以 30 m×30 m 分辨率 DEM 对应的坡度为基数，所有分辨率 DEM 对应的坡度均除以该基数，表示 DEM 分辨率降低后形成的流域坡度是 30 m×30 m 分辨率 DEM 对应坡度（认为是流域的真实坡度）的多少倍，即归一化处理后得到的结果为坡度变化与 DEM 栅格尺度之间的关系。归一化处理后的结果见表 8-9、表8-10、表 8-11 和表 8-12 以及图 8-18。

表 8-9 淮河流域坡度变化与 DEM 栅格尺度的关系

DEM 栅格尺度(m)	子流域编码						全流域
	1#	2#	3#	6#	7#	8#	
30	1	1	1	1	1	1	1
100	0.64	0.65	0.60	0.62	0.66	0.61	0.64
200	0.45	0.46	0.43	0.43	0.48	0.43	0.46
300	0.36	0.37	0.36	0.35	0.40	0.35	0.36
400	0.31	0.32	0.31	0.30	0.32	0.30	0.30
500	0.27	0.29	0.27	0.26	0.30	0.26	0.28
600	0.25	0.25	0.25	0.23	0.27	0.24	0.25
700	0.23	0.25	0.23	0.21	0.25	0.21	0.23
800	0.20	0.22	0.22	0.17	0.23	0.20	0.21
900	0.20	0.22	0.19	0.19	0.18	0.17	0.18
1 000	0.19	0.20	0.19	0.18	0.17	0.17	0.17
1 500	—	—	—	—	—	—	0.14
2 000	—	—	—	—	—	—	0.11

表 8-10 伊河流域坡度变化与 DEM 栅格尺度的关系

DEM 栅格尺度(m)	子流域编码						全流域
	1#	3#	4#	5#	6#	7#	
30	1	1	1	1	1	1	1
100	0.64	0.68	0.65	0.67	0.61	0.66	0.66
200	0.44	0.49	0.44	0.46	0.43	0.47	0.46
300	0.36	0.39	0.35	0.36	0.35	0.38	0.37
400	0.31	0.33	0.30	0.30	0.30	0.33	0.31
500	0.28	0.32	0.25	0.26	0.28	0.29	0.28
600	0.25	0.26	0.23	0.23	0.25	0.26	0.25
700	0.23	0.24	0.21	0.21	0.23	0.24	0.22
800	0.22	0.23	0.18	0.19	0.22	0.22	0.21
900	0.20	0.20	0.17	0.18	0.20	0.20	0.19
1 000	0.20	0.18	0.14	0.16	0.20	0.19	0.18
1 500	—	—	—	—	—	—	0.14
2 000	—	—	—	—	—	—	0.12

表 8-11 灌河流域坡度变化与 DEM 栅格尺度的关系

DEM 栅格尺度(m)	子流域编码									全流域
	1#	2#	3#	4#	5#	6#	7#	8#	9#	
30	1	1	1	1	1	1	1	1	1	1
100	0.64	0.63	0.70	0.70	0.75	0.71	0.66	0.66	0.64	0.68
200	0.44	0.44	0.52	0.53	0.58	0.54	0.47	0.46	0.41	0.49
300	0.35	0.35	0.43	0.44	0.48	0.45	0.39	0.37	0.32	0.40
400	0.30	0.29	0.37	0.38	0.41	0.39	0.31	0.31	0.26	0.34
500	0.25	0.25	0.34	0.34	0.36	0.35	0.31	0.27	0.24	0.30
600	0.22	0.22	0.31	0.31	0.33	0.32	0.26	0.24	0.22	0.27
700	0.21	0.19	0.28	0.28	0.29	0.29	0.25	0.22	0.20	0.25
800	0.19	0.17	0.27	0.25	0.26	0.28	0.23	0.20	0.20	0.23
900	0.17	0.16	0.25	0.23	0.24	0.25	0.20	0.19	0.19	0.21
1 000	0.17	0.16	0.23	0.21	0.21	0.24	0.20	0.17	0.17	0.20
1 500	—	—	—	—	—	—	—	—	—	0.15
2 000	—	—	—	—	—	—	—	—	—	0.13

表 8-12　丹江流域坡度变化与 DEM 栅格尺度的关系

DEM 栅格尺度(m)	子流域编码							全流域
	1#	2#	3#	4#	5#	6#	7#	
30	1	1	1	1	1	1	1	1
100	0.65	0.67	0.68	0.65	0.69	0.71	0.67	0.67
200	0.43	0.46	0.46	0.45	0.47	0.49	0.46	0.46
300	0.32	0.36	0.36	0.36	0.36	0.39	0.35	0.35
400	0.26	0.30	0.30	0.30	0.29	0.32	0.30	0.29
500	0.22	0.27	0.26	0.26	0.25	0.28	0.25	0.25
600	0.20	0.24	0.23	0.23	0.22	0.24	0.23	0.22
700	0.17	0.22	0.21	0.21	0.19	0.22	0.21	0.20
800	0.16	0.20	0.19	0.19	0.17	0.20	0.19	0.18
900	0.14	0.18	0.18	0.18	0.16	0.19	0.18	0.17
1 000	0.13	0.17	0.17	0.16	0.15	0.17	0.16	0.16
1 500	—	—	—	—	—	—	—	0.12
2 000	—	—	—	—	—	—	—	0.10

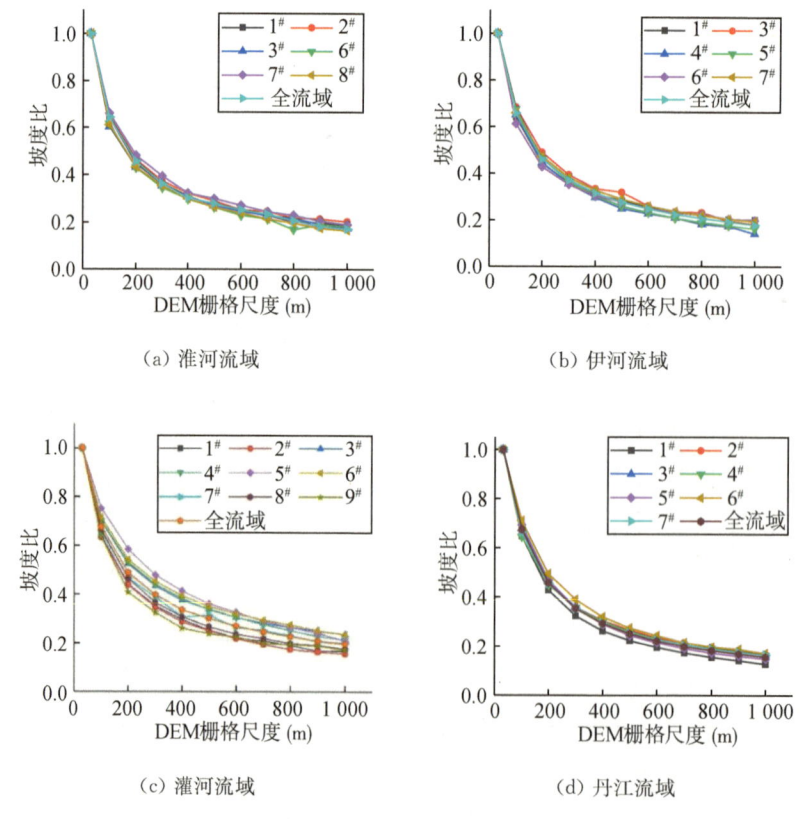

(a) 淮河流域

(b) 伊河流域

(c) 灌河流域

(d) 丹江流域

图 8-18　研究流域坡度变化与 DEM 栅格尺度关系图

根据图 8-18 可以看出，淮河、伊河和丹江三个流域内各子流域坡度变化与 DEM 栅格尺度的关系较一致，非常紧密地分布在全流域关系曲线的两侧；灌河流域内各子流域的关系曲线比较分散，说明在同一个大流域内，不同子流域间的流域坡度变化与 DEM 栅格尺度的关系可能特别一致，也可能相差很明显。

图 8-19 为淮河、伊河两个流域（全流域）的流域坡度变化与 DEM 栅格尺度的关系。可以惊奇地发现，两条关系线几乎重合，也就是说，尽管两个流域的真实坡度（由 30 m×30 m 分辨率 DEM 提取的淮河流域坡度为 13.08%，伊河流域的为 52.01%）相差很大，但在 DEM 分辨率变化影响下流域平均坡度的变化情况近乎相同，即只要 DEM 分辨率相同，两个流域对应的坡度比也就一样。

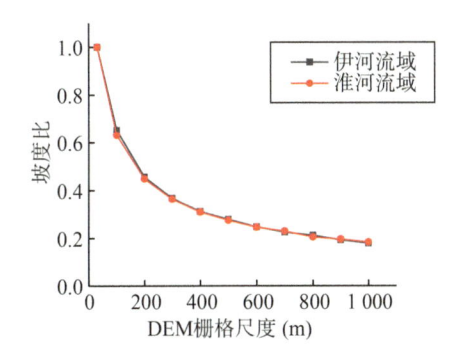

图 8-19　淮河、伊河流域坡度变化与 DEM 栅格尺度的关系对比图

图 8-20 为淮河、伊河、丹江以及灌河四个流域坡度变化与 DEM 栅格尺度的关系对比，可以看出，四个流域关系曲线差别不大。如果认为该规律具有普遍性，则可以对四个流域关系线取平均，得到一条综合曲线。该综合曲线的意义主要表现在：可以将由高分辨率 DEM 的流域分析得到的流域坡度变化与 DEM 栅格尺度间的关系线，移用到既无实测水文气象数据又无高分辨率 DEM 的流域中，构建流域水文模型，矫正因 DEM 分辨率降低而引起的水文模型模拟结果。

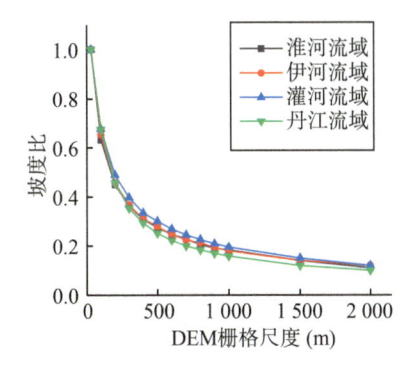

图 8-20　四个流域坡度变化与 DEM 栅格尺度的关系图

归一化处理后的流域坡度变化与 DEM 栅格尺度间的关系,能够很好地表示 DEM 分辨率对流域坡度的影响,直观地反映出流域平均坡度随 DEM 分辨率的变化规律:随着 DEM 栅格尺度的增大,流域坡度并非均匀减小,主要发生在 DEM 栅格尺度在 400 m(该分辨率 DEM 对应的流域坡度已经不到原坡度的 30%)以内的范围,减小梯度最大的在 DEM 栅格尺度在 200 m(该分辨率 DEM 对应的流域坡度已经不到原坡度的 50%)以内的范围。该规律说明,随着 DEM 分辨率的减小,提取的流域地形特征信息的丢失主要发生在 DEM 栅格尺度在 200 m 以内的范围。

8.2.3 河段特征分析

以淮河流域为例,分析 DEM 分辨率对提取的河段特征的影响,图 8-21 为由 30 m× 30 m 分辨率 DEM 提取的水系及河段编码(采用 500 km² 面积阈值),图 8-22 为 4#,5# 和 8# 三个子流域河段长度随 DEM 栅格尺度的变化情况。可以看到,河段长度整体呈现随 DEM 栅格尺度增大而减小的变化趋势,但也会呈现减幅巨变或递增现象。

分析认为,不同分辨率的 DEM 对不同类型河段(如内链和外链)的影响不同。对外链河段的影响主要表现在三个方面:第一为下游节点位置的变化;第二为由于分水线的变化,在同样集水面积阈值情况下,上游节点位置的变化(如 8# 子流域在 DEM 栅格尺度大于 800 m 以后);第三为 DEM 栅格尺度变化引起的河段弯曲程度的变化。对内链河段的影响主要表现在两个方面:上、下节点位置的变化;DEM 栅格尺度变化引起的河段弯曲程度的变化。

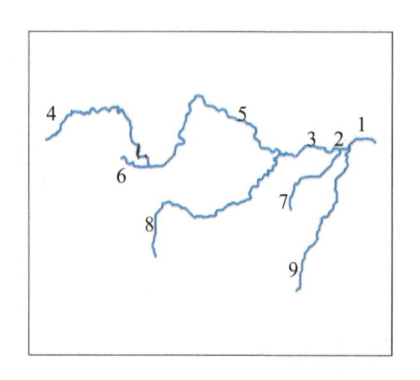

图 8-21 淮河流域水系及河段编码

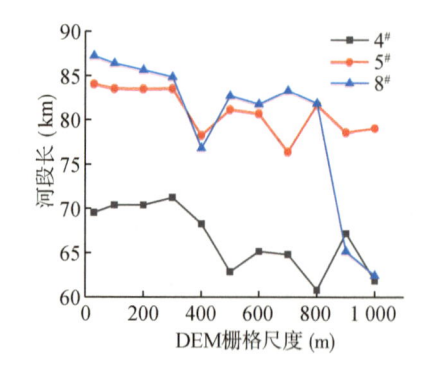

图 8-22 河段长度与 DEM 栅格尺度间的关系

8.2.4 流域最长汇流路径分析

以伊河流域为例,对整个流域的最长汇流路径与 DEM 栅格尺度的关系进行研究,提取结果如图 8-23 所示,最长汇流路径与 DEM 栅格尺度的关系如图 8-24 所示。分析认为,当 DEM 栅格尺度较小时,流域分水线变化不明显,即最长汇流路径的起点和终点位置无明显变化,最长汇流路径长度主要受由网格大小引起的汇流路径弯曲程度的影响,网格越大,弯曲程度越小,最长汇流路径长度越小;当 DEM 栅格尺度增大到一定程度后,流域分水线的改变导致起点、终点位置的改变,以及网格增大导致最长汇流路径走势的变化,也可导致最长汇流路径长度的减小。结果显示,提取的最长汇流路径的比降受DEM分辨率大小的影响不明显。

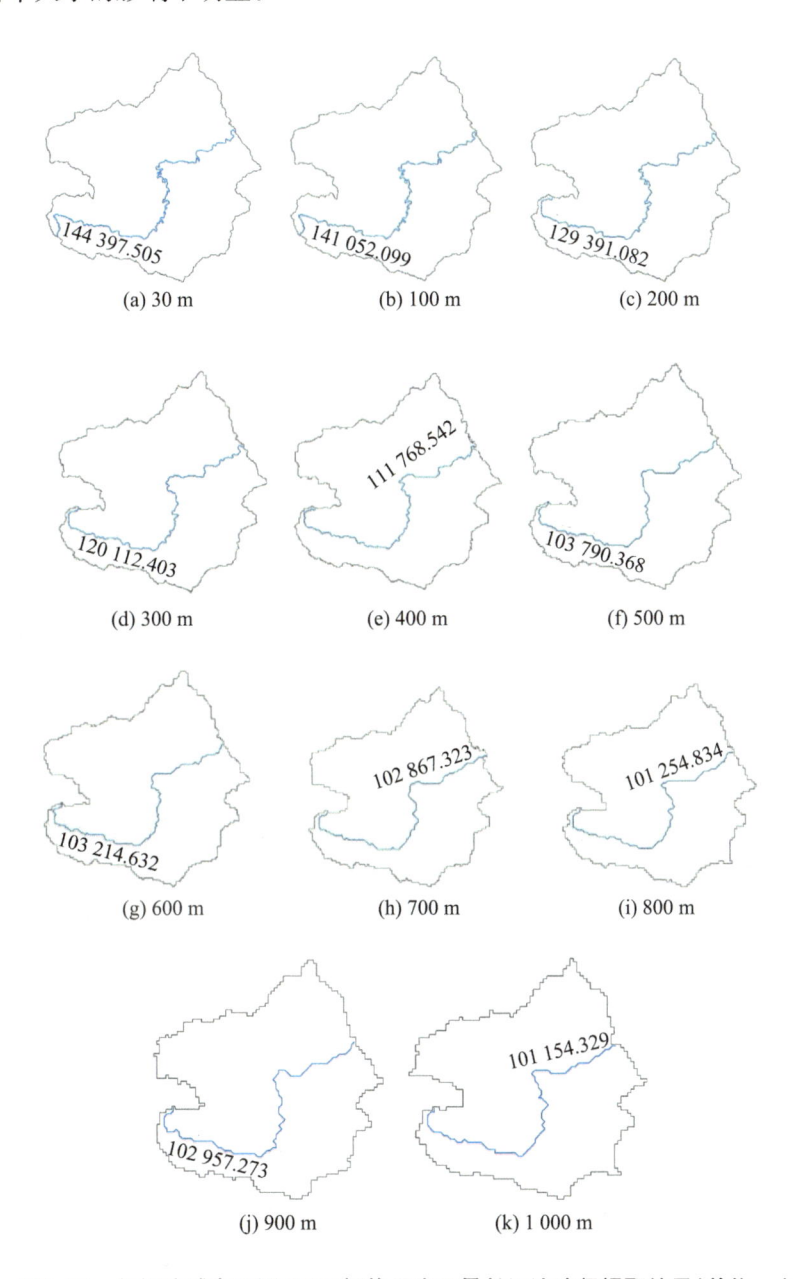

(a) 30 m　144 397.505
(b) 100 m　141 052.099
(c) 200 m　129 391.082
(d) 300 m　120 112.403
(e) 400 m　111 768.542
(f) 500 m　103 790.368
(g) 600 m　103 214.632
(h) 700 m　102 867.323
(i) 800 m　101 254.834
(j) 900 m　102 957.273
(k) 1 000 m　101 154.329

图 8-23　伊河流域在不同 DEM 栅格尺度下最长汇流路径提取结果(单位:m)

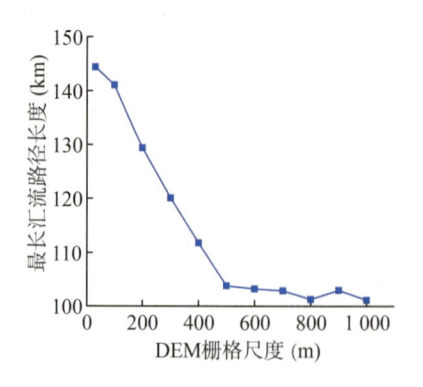

图 8-24　伊河流域最长汇流路径长度与 DEM 栅格尺度的关系图

根据对提取的流域特征结果受 DEM 分辨率影响的分析,可以看出 DEM 栅格尺度的增大对地面点的高程有均化作用,绝大部分网格的坡度减小,进而减小流域的平均坡度。对于大流域而言,尽管各流域坡度可能相差很大,但平均坡度随 DEM 栅格尺度变化的规律(相对变化)却非常一致。随着 DEM 栅格尺度的增大,流域坡度并非以均匀的梯度减小,最大减小梯度发生在 DEM 栅格尺度在 200 m 的范围内。

栅格尺度的增大,改变了栅格的高程,从而改变相邻网格间径流输入与输出关系,影响到每一个网格内径流向流域出口汇集的路径,最终影响整个流域的排水网络空间分布结构,直观表现为各河段的走势、长短的变化以及流域最长汇流路径长度的变化。DEM 栅格尺度增加对排水网络的影响,主要表现在减小河段及最长汇流路径的长度,而对比降影响不大。

在其他条件完全相同的情况下,河段及最长汇流路径长度的减小,将缩短流域内各点向流域出口汇流的时间,导致峰现时间提前、峰值增大。但 DEM 栅格尺度及流域平均坡度的减小,又会延长流域各点的汇流时间,导致峰现时间推迟、峰值减小。上述结果表明,流域平均坡度的变化对峰现时间起到了控制作用。

8.3　空间分辨率模拟矫正

由上文分析可知,在不同空间分辨率下,基于非线性系统理论的分布式水文模型(TOKASIDE 与 TOPKAPI)中产流部分并未有明显变动,可以认为在空间尺度变化下产流参数恒定,包括土壤厚度、饱和含水量与凋萎含水量、土壤稳定下渗率等,在相同流域的不同空间分辨率方案下可以采用相同参数,在不同流域间参数移植时也可根据地表相似程度进行移用。空间分辨率的主要影响部分为洪水汇流过程,以河道汇流为例,TOKASIDE 模型中河道汇流部分的非线性水库方程可写作如下形式:

$$\frac{\mathrm{d}V_c}{\mathrm{d}t} = a - bV_c^c \tag{8-2}$$

其中，
$$a = r_c + Q_c^u, \quad b = \frac{\sqrt{s_0}\,(\sin\gamma)^{\frac{2}{3}}}{2^{\frac{2}{3}} n_c (\tan\gamma)^{\frac{1}{3}} X^{\frac{4}{3}}}, \quad c = \frac{4}{3}$$

式中：V_c 为河道水的体积；r_c 为计算单元中旁侧进入河道的流量，包括直接进入河道的地表径流以及通过土壤进入的壤中流；Q_c^u 为上游计算单元进入河道的流量；n_c 为河底曼宁糙率系数，反映河底对水流阻碍作用的大小；s_0 为计算单元间的坡度，依据假定，认为河道坡度等同于计算单元之间的坡度 $\tan\beta$；γ 为河底边坡坡度。可以看出，河道汇流部分的主要影响参数为坡度和曼宁糙率系数，其中坡度的变化是引起不同空间分辨率方案下结果差异的主要原因。这里给出解决不同空间分辨率下模型预报方案移用的思路。

8.3.1 基于坡度修正的方法

由于流域的类型不同，例如伊河、灌河以及丹江三个流域，属于山区性流域，其整体流域坡度随分辨率变化较明显，而息县流域属于偏平原流域，其山地部分和平原部分的坡度随分辨率变化的程度均不同，因此在这种情况下对整体坡度进行统一的线性调整是十分不科学的。为修正每一个计算单元内的坡度来消除不同空间分辨率方案间的重大差异，考虑基于网格的分布式水文模型每一个网格中都包含有完整的下垫面信息，且不同网格间参数相互独立。如上分析可知，同一流域中不同分辨率下坡度变化的程度不同，上游山区部分，由于本身高程起伏较大，在 DEM 栅格尺度增大的同时均化效应严重，坡度削减程度大；在下游部分原本的坡度起伏就较小且较为平均，因此在大尺度低分辨率下均化程度较低，由此提出通过比较两种分辨率下坡度地图的逐网格坡度修正方法。如图 8-25 所示。

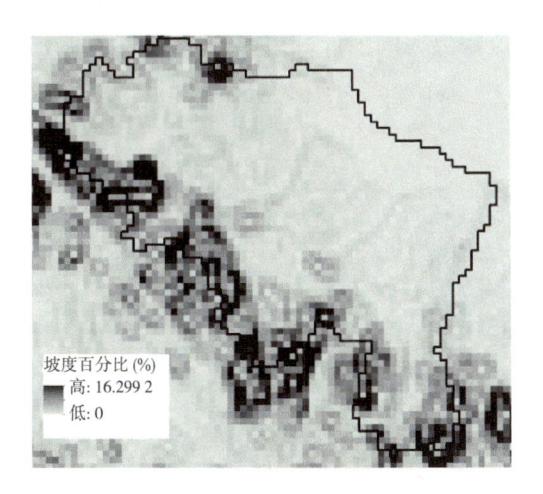

(a) 分辨率 2 000 m 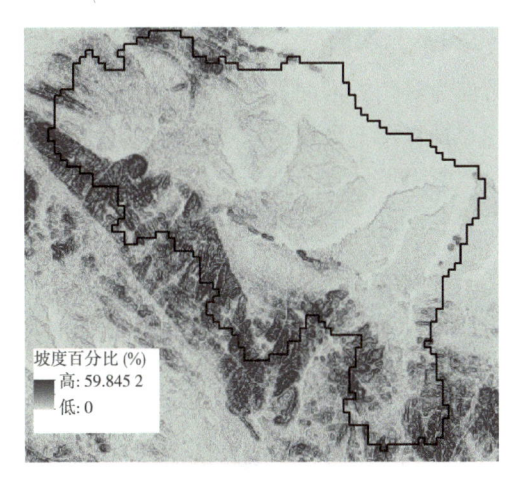   (b) 分辨率 300 m

图 8-25 息县流域不同分辨率下坡度分布图

图 8-26 显示的是两种分辨率下的坡度变化范围，可以看到在山区部分最高坡度减

小了53°,且在部分栅格中坡度均化引起了原本低洼栅格的坡度增加,最高增幅达到了11°。

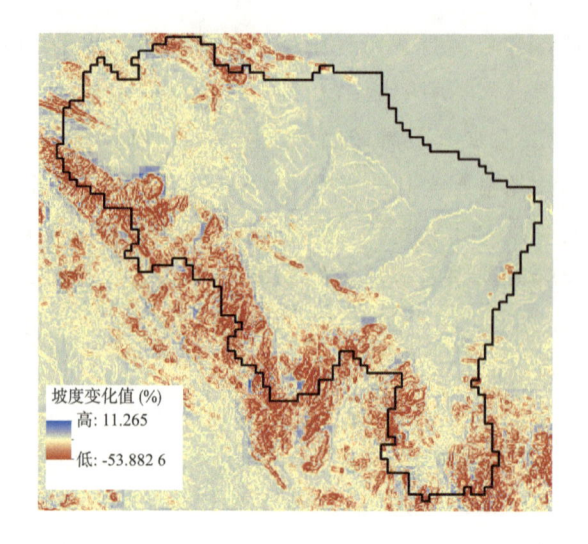

图 8-26　2 000 m 到 300 m 空间分辨率下网格坡度变化

在重采样过后的坡度地图中对栅格坡度进行逐个计算比较,将计算单元在汇流方向上网格的正切值表示该计算单元在前往下一个网格的汇流过程的坡度:

$$slp_i = \frac{\Delta H}{x_i^*} = \frac{H_i - H_{i+1}}{x_i^*} \tag{8-3}$$

式中:slp_i 为第 i 个计算单元的坡度值;H_i 和 H_{i+1} 分别为第 i 个和第 $i+1$ 个计算单元的高程值;x_i^* 为第 i 个计算单元前往下一个计算单元的汇流距离,由于 TOKASIDE 模型采用 D8 方向法,当汇流方向为正交方向时,汇流距离等同于计算单元边长尺寸,当汇流方向为对角方向时,汇流距离为边长尺寸的 $\sqrt{2}$ 倍。对比每一个计算单元坡度差异并进行逐个计算单元坡度的修正。如图 8-27 所示。

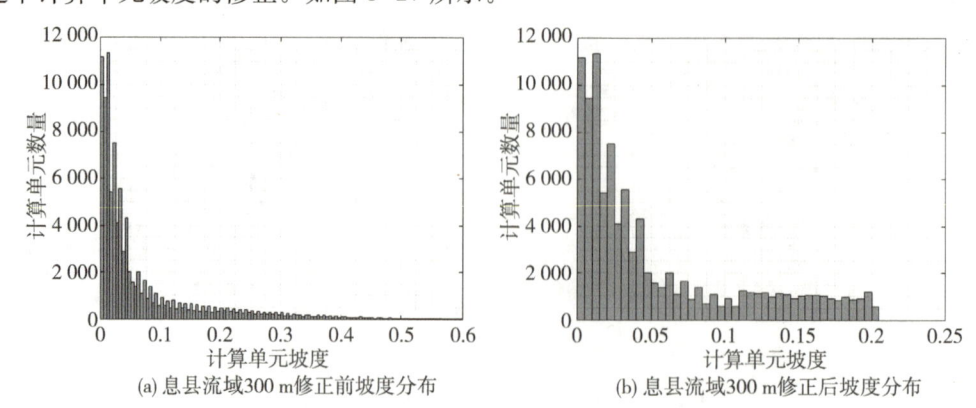

(a) 息县流域300 m修正前坡度分布

(b) 息县流域300 m修正后坡度分布

图 8-27　息县流域 300 m 分辨率下计算单元坡度修正统计

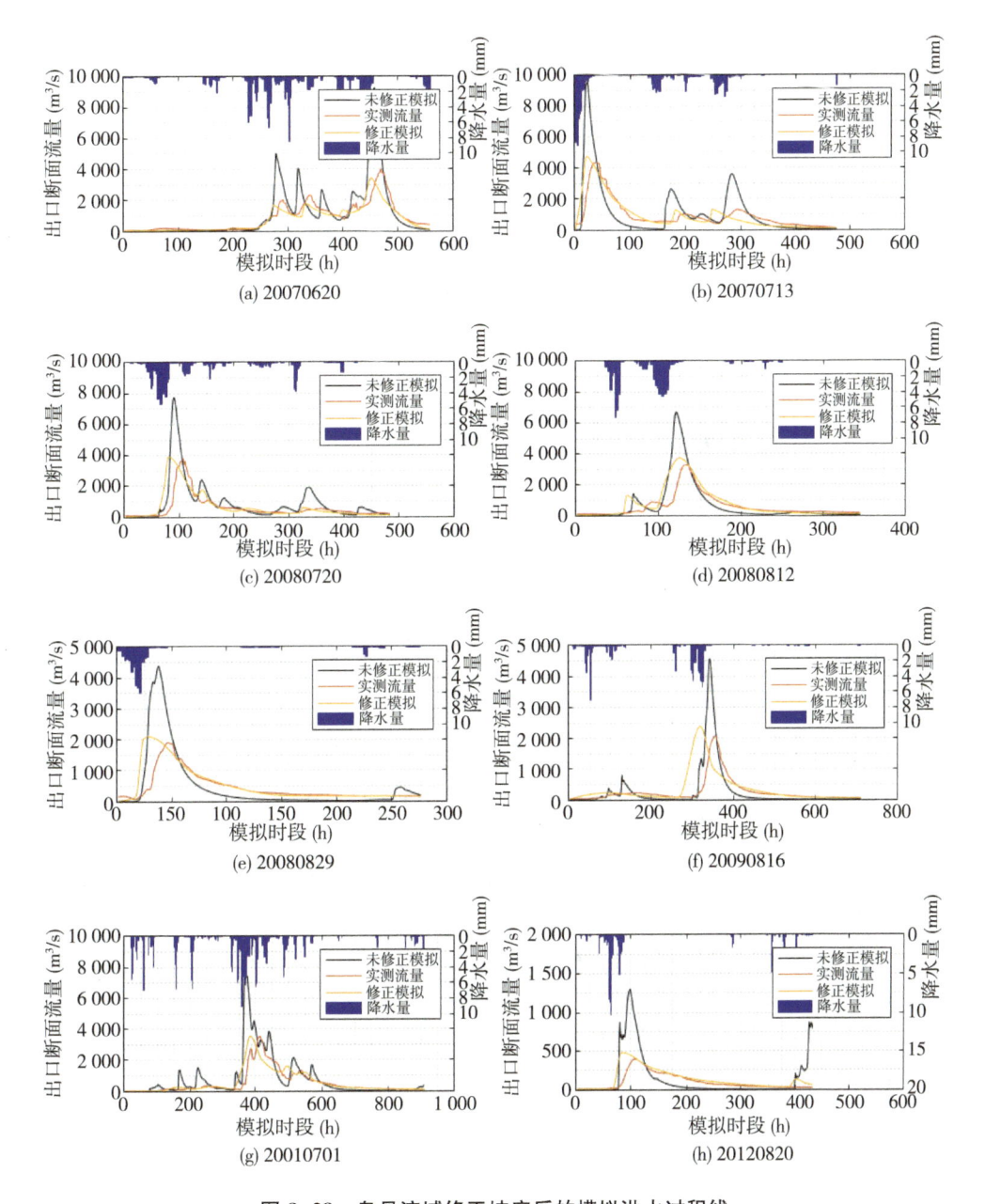

图 8-28　息县流域修正坡度后的模拟洪水过程线

图 8-28 绘制了修正流域坡度后，将 2 000 m 分辨率的方案率定所得参数运用于 300 m 空间分辨率的模拟计算结果。由此可以看到，修正坡度之前的流量过程同实测结果相比差距很大，洪峰同实测值相比平均高出数倍；而在修正坡度之后，洪峰流量减小了很多，达到了同实测流量相同的数量级，整体的洪水流量过程也基本和实测过程吻合。由于模型本身结构相对复杂，洪水模拟中影响因子较多，在不同空间分辨率下的模拟比较中，坡度起到的影响最大，但依然有其他影响因素同时会造成模拟结果的偏差，例如，不同空间分辨率下下垫面概化的程度差异引起的地表和河道曼宁糙率系数变化等。虽

然为取得更好的模拟结果,仍需对曼宁糙率系数进行调整,但坡度修正法使得流量过程的整体更加偏向率定参数组时得到的结果,并且在此基础上,曼宁糙率系数的调整程度不至于过大,仍可保持其在物理意义范围之内。

8.3.2 修正方案

1) 对于有实测水文气象资料和高分辨率 DEM 的流域

相关规范(指各类手册等公开出版物)中给出不同下垫面类型对应的坡面糙率,对应地面的真实地形(或对应的地面坡度是地形表面的真实坡度);通常情况下,即使基于高分辨率 DEM 构建水文模型,采用规范中提供的糙率值模拟出的结果也不是最理想的,因此需要对糙率值进行率定。但如果直接采用基于高分辨率 DEM 构建的模型实施率定工作,则计算量大,耗时长,影响工作效率。此时可以采取如下方法:

(1) 由高分辨率 DEM 重新采样生成低分辨率 DEM,提取流域坡度,得到其与原分辨率 DEM 对应的流域坡度的比值。

(2) 基于低分辨率 DEM 构建流域水文模型,利用实测水文气象资料,率定糙率值(对应低分辨率 DEM)。

(3) 根据(1)得到的坡度比值,对高分辨率 DEM 坡度进行修正;矫正后的计算单元坡度作为基于高分辨率 DEM 的水文模型的参数值进行预测预报,也可以作为参数的初始值,进一步率定。

2) 无实测水文气象资料但有高分辨率 DEM 的流域

对于无实测水文气象资料而有高分辨率 DEM 的流域来讲,可以采取如下两种方法:

(1) 采用规范中提供的各类下垫面条件的糙率值,直接基于高分辨率 DEM 建立流域水文模型。

(2) 为提高模型计算效率,将高分辨率 DEM 重新采样生成较低分辨率的 DEM;根据低分辨率 DEM 构建水文模型;由低分辨率 DEM 的流域坡度比值,进行坡度修正;利用基于低分辨率 DEM 的水文模型实施水文预测和预报(此时模型中所用糙率系数为规范中提供的值)。

3) 无实测水文气象资料且只有低分辨率 DEM 的流域

(1) 根据 DEM 构建带坡度修正的流域水文模型。

(2) 移用前面分析的流域坡度比值与 DEM 栅格尺度间的关系,得到与低分辨率 DEM 的流域坡度的比值。

(3) 根据流域坡度比值与矫正系数的关系得到矫正后的坡度。

(4) 利用流域水文模型和规范中提供的糙率值,实施水文预测和预报。

8.4 小结

在应用基于物理基础的分布式水文模型时,高分辨率 DEM 的计算单元划分能够使得下垫面刻画更加贴近真实状况,是模型建立的首选,对于面积较大流域而言,高分辨率意味着呈几何倍数增长的计算单元数量与计算任务,因此在保证满足模拟或计算精度的情况下,尽可能选择较低分辨率的 DEM 构建模型,以提高计算效率。但 DEM 分辨率对模型模拟结果的影响以及如何消除,是必须面对的问题。

本章首先研究了不同空间分辨率下采用相同参数的 TOKASIDE 模型洪水模拟过程,随着计算单元尺寸的减小、分辨率的提升,洪水过程出现了向洪峰集中且洪峰流量急剧增大的现象。通过对洪水模拟过程中各成分的定量统计发现,产流参数不受空间分辨率变化的影响,汇流过程受空间分辨率变化明显。其中最大的影响来自不同空间分辨率下 DEM 均化引起的坡度变化。通过对 4 个流域进行坡度随分辨率变化的统计,提出了坡度分辨率变化"均一化",即 DEM 分辨率变化影响下流域平均坡度的变化情况近乎完全相同,只要 DEM 分辨率相同,则两个流域对应的坡度比也就一样。

空间分辨率对模拟结果的影响同样体现在对河段的影响。DEM 栅格尺度的增大,改变了栅格的高程,从而改变相邻网格间径流输入与输出关系,影响到每一个网格内径流向流域出口汇集的路径,最终影响整个流域的排水网络空间分布结构,直观表现为各河段的走势、长短的变化以及流域最长汇流路径长度的变化。在其他条件完全相同的情况下,河段及最长汇流路径长度的减小,将缩短流域内各点向流域出口汇流的时间,导致峰现时间提前、峰值增大。但 DEM 栅格尺度及流域平均坡度的减小,又会延长流域各点的汇流时间,导致峰现时间推迟、峰值减小。模拟结果表明,流域平均坡度减小的影响起到了控制作用。

参考文献

[1] 芮孝芳,黄国如. 分布式水文模型的现状与未来[J]. 水利水电科技进展,2004(2):55-58.

[2] 熊立华,郭生练. 分布式流域水文模型[M]. 北京:中国水利水电出版社,2004.

[3] 芮孝芳,石朋. 数字水文学的萌芽及前景[J]. 水利水电科技进展,2004(6):55-58+73.

[4] 姚成,李致家,章玉霞. DEM 分辨率对分布式水文模拟的影响[J]. 水利水电科技进展,2013,33(5):11-14+88.

[5] MOLNÁR D K, JULIEN P Y. Grid-size effects on surface runoff modeling[J]. Journal of Hydrologic Engineering,2000,5(1):8-16.

[6] DUTTA D, NAKAYAMA K. Effects of spatial grid resolution on river flow and surface inundation simulation by physically based distributed modelling approach[J]. Hydrological Processes,2009,23(4):534-545.

[7] 叶许春,张奇. 网格大小选择对大尺度分布式水文模型水文过程模拟的影响[J]. 水土保持通报,2010,30(3):112-116+127.

［8］徐静，程媛华，任立良，等. DEM 空间分辨率对 TOPMODEL 径流模拟的影响研究［J］. 水文，2007（6）：28-32.

［9］林凯荣，郭生练，熊立华，等. DEM 栅格分辨率对 TOPMODEL 模拟不确定性的影响研究［J］. 自然资源学报，2010，25(6)：1022-1032.

［10］高玉芳，陈耀登，蒋义芳，等. DEM 数据源及分辨率对 HEC-HMS 水文模拟的影响［J］. 水科学进展，2015，26(5)：624-630.

［11］SCHOORL J M, SONNEVELD M P W, VELDKAMP A. Three-dimensional landscape process modelling: The effect of DEM resolution［J］. Earth Surface Processes and Landforms, 2000, 25(9):1025-1034.

［12］STENTA R H, RICCARDI G A, BASILE P A. Grid size effects analysis and hydrological similarity of surface runoff in flatland basins［J］. Hydrological Sciences Journal, 2017, 62(11):1736-1754.

［13］HESSEL R. Effects of grid cell size and time step length on simulation results of the Limburg soil erosion model (LISEM)［J］. Hydrological Processes, 2005, 19(15):3037-3049.

［14］汤国安，赵牡丹，李天文，等. DEM 提取黄土高原地面坡度的不确定性［J］. 地理学报，2003，58(6)：824-830.

［15］王晓燕，林青慧. DEM 分辨率及子流域划分对 AnnAGNPS 模型模拟的影响［J］. 中国环境科学，2011，31(S1)：46-52.

［16］芮孝芳. 水文学原理［M］. 北京：中国水利水电出版社，2004.

［17］孔祥意. 基于物理基础的分布式水文模型 TOKASIDE 研究［D］. 南京：河海大学，2020.

第9章
产流模式时空组合规律以及判别方法研究

9.1 概述

早期,学者们通过洪水形态或径流分割来区分流域是由蓄满产流还是由超渗产流主导,因为二者本质的区别是洪水中产生壤中流和地下径流的比例。洪水过程线分析方法直观有效,是洪水产流模式判断方法之一。另外,学者们还提出根据降雨和下垫面特征进行综合分析,比如,根据多年平均降雨量、径流系数、流量过程线不对称系数、表土疏密结构、地下径流比例等进行对比分析。然而,上述方法都只能定性地分析历史洪水的产流模式,而对于正在发生的洪水却无法实行,也不能反映洪水过程中产流模式的变化情况。

众所周知,流域的产流模式是由下垫面及水文气象因素综合确定的:气象因素与地形因素密切相关[1]。下垫面因素在一段时间内可以认为是静态、不变的,而降雨过程则是在动态变化,并在强度、历时以及空间分布上存在差异性。在动、静因素的影响下,不同降雨发生后,流域土湿必然存在空间差异,从而导致洪水产流模式呈现多样性。因此,需要根据流域的下垫面和降雨进行产流模式的时空动态识别。

本章基于两个基本产流模式(蓄满、超渗)以及半湿润半干旱地区水文和下垫面特点,提出适用于该地区产流模式时空判别的新思路。在此基础上,结合气候、地形土壤和下垫面等指标因子,分别从子流域和网格尺度开展产流模式判别研究,实现不同空间尺度蓄满或超渗产流模式的识别和判定。

9.2 流域产流模式及时空组合规律

流域的降雨落在地面,扣除损失后的净雨量向流域出口汇集,即为降雨径流过程。其中扣除损失的净雨过程称为流域产流,由于降雨和下垫面差异性大,为准确描述流域的产流模式,学者们对水文过程进行了大量的概化和实验,到目前为止,发展较为完善的主要有超渗产流和蓄满产流。

超渗产流常发生在干旱半干旱地区,其包气带土层较厚,通常缺水量较大,经过一场降雨,不易补充至田间持水量或全流域蓄满。产流量主要与降雨强度、地表下渗能力以及土壤含水量有关,主要形成超渗地表径流,基本没有地下径流。目前,比较著名的下渗公式有霍顿、菲利普、Green-Ampt 等,在干旱半干旱地区的洪水预报中被广泛应用[2]。

20 世纪 60 年代,我国赵人俊先生[3]提出了蓄满产流的概念,即任一点上,其土壤含水量达到蓄满前不产流,降雨全部被土壤吸收,补充包气带的缺水;而当土壤蓄满后,后续净雨(扣除蒸散发等损失)全部产流。蓄满产流比较接近或符合土壤缺水量不大的湿润地区,一场降雨极易使全流域达到蓄满或局部蓄满状态,降雨持续时间越长,地下径流越丰富[4]。

半湿润半干旱地区,顾名思义,是湿润地区与干旱地区的过渡地带。如图 9-1 所示,该地区既有类似湿润地区成片的森林分布,也有类似干旱地区植被贫瘠的裸地,草地或还有人类活动的耕地等。如此复杂的地形地貌条件,势必导致该地区产流模式多样性。

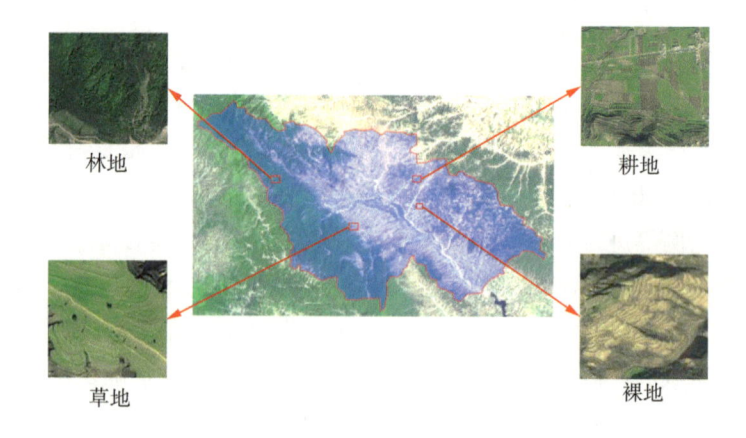

图 9-1　半湿润半干旱地区典型流域卫星图

综合前人的研究发现,当流域尺度减小到一定程度后,本质上其实是两种基本产流模式在时间和空间的组合与转换。所以,应该对产流模式进行空间和时间两个维度的准确识别,才能对水文过程进行更精准的模拟。

9.3　产流模式空间组合判别方法研究

流域蓄超状态的确定主要根据以下两个方面:①根据流域下垫面的地形、土壤、植被等分布对流域蓄满和超渗的初始空间分布进行确定;②根据流域前期土湿对初始的蓄超空间分布进行调整,调整原则为:将土壤含水量达到田间持水量的调整为蓄满状态,将小于毛管断裂含水量的调整为超渗状态,见图 9-2。

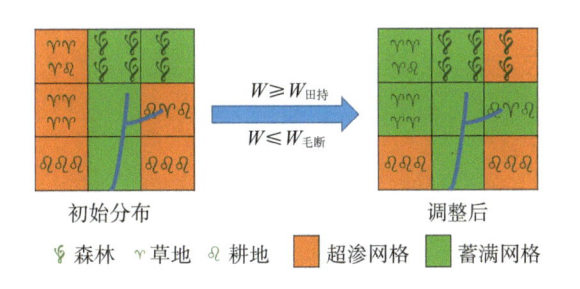

图 9-2 流域初始网格分布示意图

结合产流模式判别的理论，下面分别从子流域尺度和网格尺度，探究半湿润半干旱地区的蓄满区域和超渗区域识别方法以及分布特点。

9.3.1 蓄超主导子流域判别方法

Savenije[5]认为，地形因素是影响径流形成的最重要因素，包括坡度、坡向、平面曲率、剖面曲率、汇水面积等诸多地形因子。学者们在此方面做了大量研究，其中，比较有代表性的是地形指数和 CN，二者均为综合的地形指标。

地形指数由 Beven 和 Kirkby[6]于 1979 年在 TOPMODEL 模型中提出，用于反映流域上每点长期的土壤水分状况，可以描述蓄满产流发生的难易程度。CN 是 SCS-CN 模型中唯一的参数[7]，表示某种土壤水分条件下的曲线数，CN 值由土壤性质、地表覆盖、地形地貌及前期影响雨量等因素综合评定，可以描述超渗产流发生的难易程度。

本节通过流域 DEM、土壤和土地利用的前处理，获取子流域的地形指数、CN，将研究流域初步划分为蓄满或超渗主导子流域，完成静态分类；再结合子流域的前期土湿，以田间持水量为条件，动态调整不同洪水发生前流域蓄满或超渗主导子流域的分布状态，即动态 CN-地形指数法，如图 9-3 所示。

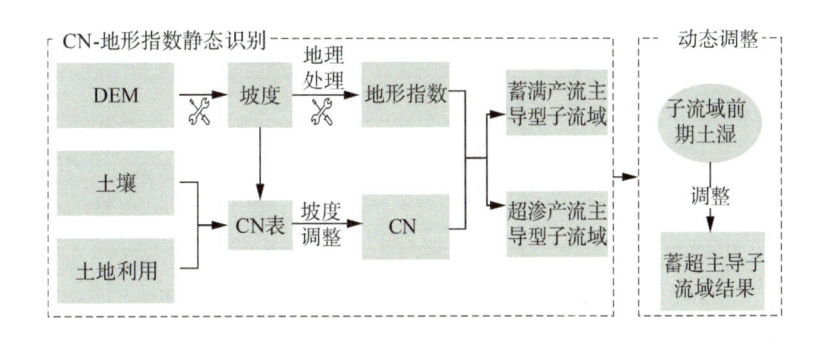

图 9-3 动态 CN-地形指数法流程图

9.3.1.1 静态识别方法

CN-地形指数的静态识别方法如下：

1) 自然子流域划分。通过对 DEM 数据进行填洼、流向、汇流累积量、水系阈值、水系分级等计算,求得研究流域的自然子流域划分。

2) 子流域地形指数计算。根据提取流域的 DEM、汇流累积量以及坡度计算流域网格的地形指数。

3) 子流域 CN 值计算。在确定流域网格的 CN 值之前,需先收集合适的时空分辨率的土地利用及土壤数据,并进行前处理。

(1) 土地利用数据处理:根据研究区域下载相应的土地利用地图,并参照《土地利用现状分类》(GB/T 21010—2017)[8]对土地利用类型进行分类。

(2) 土壤数据处理:下载研究流域范围内的土壤类型地图,根据美国农业部(USDA)自然资源保护局的土壤分类标准[9],对研究流域的土壤进行重分类。根据土壤的渗透性,将土壤重分类为 A、B、C、D 四类土壤水文单元,分类定义和标准见表 9-1。

表 9-1 土壤水文单元重分类定义和标准

水文土壤分组	饱和水力传导度(mm/h)	径流潜力	土壤描述	土壤类型
A	>110	入渗率很大,径流潜力低	排水深度大、透水性能极好的砂土或砾石土	砂土、壤沙土、沙壤土
B	14~110	具有中等的入渗率和径流潜力	排水中等深度、排水性良好;一定深度处存在弱不透水层	粉砂土、壤土
C	1.4~14	入渗率低,径流潜力较高	在一定深度处存在较强的不透水层	沙黏壤土
D	<1.4	入渗率非常低,径流潜力很高	主要由黏土组成、膨胀力大;或有永久的不透水物质层	粉壤土、黏壤土、黏土

(3) 根据美国农业部土壤保持局提供的 CN 取值推荐表[10]以及半湿润半干旱地区的 SCS 模型洪水模拟的相关研究[11],调整并整理重分类后的 10 种土地利用类型分别在 4 种土壤水文单元作用下的 CN 初始值,见表 9-2。

表 9-2 流域 CN 初始值

土地利用	A	B	C	D
耕地	55	68	75	89
林地	25	35	45	60
草地	35	54	71	78
灌木林	30	45	60	77
湿地	68	79	86	89
水体	100	100	100	100
苔原	72	79	88	93
人造地表	81	88	89	94
裸地	72	87	90	95
冰川积雪	100	100	100	100

4) 关联研究流域土壤以及土地利用分布网格的数据,根据表 9-2 的分类标准,得到

每个网格最终的 CN 值。结合划分的子流域,使用空间分析技术,统计得到每个子流域的 CN 面平均值。

5) 蓄超子流域划分。根据已有研究[12],将划分好的自然子流域分为两类:①CN 面平均值较小(<70)的子流域为蓄满产流主导型子流域(以下简称"蓄满主导子流域"),反之为超渗产流主导型子流域(以下简称"超渗主导子流域")。②在 CN 指标初始划分结果的基础上,将面平均地形指数很大(>15)的超渗主导子流域调整为蓄满主导子流域;同时,将面平均地形指数很小(<5)的蓄满主导子流域调整为超渗主导子流域。至此,得到蓄满或超渗主导子流域的静态划分结果。

9.3.1.2 动态调整方法

基于静态的蓄超主导子流域的结果,考虑引入前期土湿作为影响因子,动态调整不同洪水发生前流域蓄超主导子流域的空间分布。

1) 连续水文模拟

当流域水文气象数据较为完善,即包含较长时间的降雨时段或日尺度的降雨、蒸发以及流量等数据,可以考虑直接采用新安江模型、TOPKAPI 模型等进行连续的洪水模拟,获取相应洪水事件的前期土壤含水量以及土壤饱和度。

2) 前期影响雨量

当流域数据不完善、数据系列不够长或者是无资料流域,可以考虑收集 15~30 d 的站点降水或卫星反演降水数据,采用前期影响雨量方法来估算洪水发生前流域的土湿情况。

通过上述方法获取洪水发生前的土湿情况,结合静态的蓄超主导子流域划分结果,以是否达到田间持水量为条件,重新调整单次洪水的蓄超主导子流域分布。

9.3.2 网格产流模式判别方法

实际上,流域的产流过程十分精细复杂,对于某一特定流域,降雨特性及下垫面条件的时空变化可能导致径流形成过程具有多样性,复杂多变的产流模式很难用简单的指标进行量化[13,14]。因此,有必要在子流域尺度的蓄超主导区域研究的基础上,进一步考虑更加精细的、网格尺度的产流模式判别的研究。

根据以往研究可知,产流模式的相互转化过程受到气候、地形、土壤、下垫面变化的影响[15]。本研究在已有学者对产流模式变化特征研究的基础上,建立基于网格的层次-聚类产流模式判别方法,主要从以下几个方面开展:

1) 初始指标优化筛选

由于影响产流模式的指标数量较多,借鉴其他学者的研究[16],采用相关分析法优选有效指标。在剔除相似指标的基础上,对各指标进行相关分析计算。依据各指标与径流系数的相关性,优选出 10 个判别指标,结果见表 9-3。

2) 构建判别指标层级

产流模式判别指标由三个层级组成,即目标层、准则层和指标底层。水文气象、地形土壤和植被地貌因子为 3 个准则层,在 3 个准则层内依据专家学者的研究成果进行分析[16],划分了前期累计降雨量、前期土湿、前期累计蒸散发量、土壤粒径、土壤孔隙度、坡度、土地利用类型、植被覆盖度、土壤裸露指数和地形湿度指数 10 个底层指标。

表 9-3 产流模式判别层级及指标内涵

目标层	准则层	指标底层	指标内涵
产流模式判别	水文气象	前期累计降雨量	洪水发生前 15 d 累计降雨量
		前期土湿	洪水发生前 15 d 土湿
		前期累计蒸散发量	洪水发生前 15 d 累计的蒸散发量
	地形土壤	土壤粒径	土壤中矿物质颗粒的粒径大小
		土壤孔隙度	土壤孔隙容积占土体容积的百分比
		坡度	坡面的垂直高度与路程的比值
	植被地貌	土地利用类型	土地的利用形式和用途
		植被覆盖度	森林面积占土地总面积的比例
		土壤裸露指数	土壤裸露状况
		地形湿度指数	地形和土壤特性对土壤水分布的影响

3) 指标权重评估

在统计学中,指标的权重评估方法多种多样,其中,层次分析法[17]的权重评估精度较高,既可定性分析又能定量分析,且在很多研究领域中都有较好的应用。因此,本研究采用层次分析法计算各指标的权重,主要步骤为:①构建层次体系;②构建各个指标间的判断矩阵;③计算重要性排序(和积法);④一致性检验。

4) 产流模式判别综合指标

经过以上方法的研究,确定了影响产流模式变化的因素及其权重,得到了产流模式判别综合指标的计算公式,即

$$K_c = \sum_{i=1}^{n} \lambda_i \frac{A_i}{A_{\max}} \tag{9-1}$$

式中:K_c 为产流模式判别综合指标;λ_i 为各指标的权重;A_i 为第 i 场洪水各指标标准化取值;$A_{\max}$ 为所有洪水各指标标准化的最大值。

5) 综合指标评判的阈值推求

采用滚动修正的聚类分析法对产流模式各指标进行分类,去推求产流模式判别综合指标阈值,步骤如下:

(1) 选取待分类指标的 80% 数据作为样本集,20% 数据作为验证集。

(3) 采用标准化公式消除不同指标间物理量纲的差异性。

(3) 根据贴近度法,采用海明距离公式计算相似系数 h 以表征样本集中元素的接近程度,h 越接近 1,表示对应指标的特征值越相似。

(4) 设单指标的阈值集合为 $\{\lambda_1, \lambda_2, \cdots, \lambda_n\}$,依次对阈值集合赋值,根据分类规则,将

样本集中的所有元素归为两类。

（5）聚类结束后，采用公式(9-1)计算综合指标及阈值。先直接采用综合指标阈值对验证集进行分类；再采用聚类分析方法对验证集进行分类，比较两种方法分类的结果。如果两种结果误差在10%以内，则表明聚类分析方法推求的综合阈值可行，否则，调整单指标的阈值集合，重复步骤(4)、步骤(5)，重新聚类计算综合阈值，直至两种结果误差在10%以内。

9.4 研究流域和数据

本研究选择半湿润半干旱的绥德流域作为研究对象，绥德流域的基本概况、流域范围内的DEM和水系分布可见图6-1，下面重点介绍该流域的土壤类型和土地利用类型分布情况。

研究使用的是世界土壤数据库(HWSD)的土壤数据，土壤由上、下两层组成，即上层0~30 cm和下层30~100 cm。根据流域边界和流域范围内的土壤类型(图9-4)，绥德流域的各层土壤中，壤土占绝对主导类型(占比97.1%)，并分布少量黏土；绥德流域下层土壤的壤土含量减少(减少至48.4%)，主要分布在流域中上游；而黏土占比增加至35.9%，主要分布在流域下游。

绥德流域的土地利用类型分布如图9-4所示，流域内的土地利用类型基本以耕地和草地为主。其中，流域上游主要以草地(51.0%)为主，下游分布大量耕地(46.6%)，二者占总流域的97.6%。

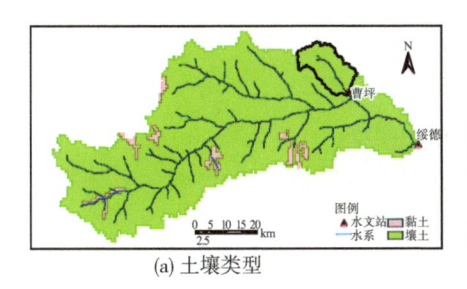

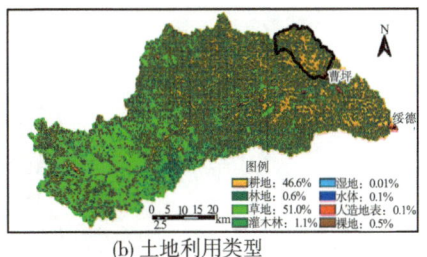

图 9-4 绥德流域土壤类型和土地利用类型分布图

9.5 蓄超空间组合结果及分析

9.5.1 蓄超主导子流域分类结果

1) 子流域划分结果

利用DEM数据进行流域水系提取，将各流域水文站以上区域划分为若干个子流域计算单元。通过多次提取和合并，得到子流域数量和面积均适宜的空间分布，子流域数量 103 个,面积均值在 40 km² 左右,最大 113.96 km²,最小 9.51 km²。

2) 地形指数与 CN 值结果

从地形指数分布图来看[图 9-5(a)],绥德流域的地形指数取值范围在 7~23,较大值主要集中在河道附近,越远离河道,地形指数越小,说明在河道附近容易发生蓄满产流。

利用重分类后的土壤水文单元和土地利用类型图获取 CN 初始值,坡度调整后得到最终的 CN 值分布,结果如图 9-5(b)所示。综合考虑地形和坡度的影响,最终得到绥德流域的 CN 值分布。从图中可以看出,CN 整体取值较大,较小值主要集中在中下游南侧。

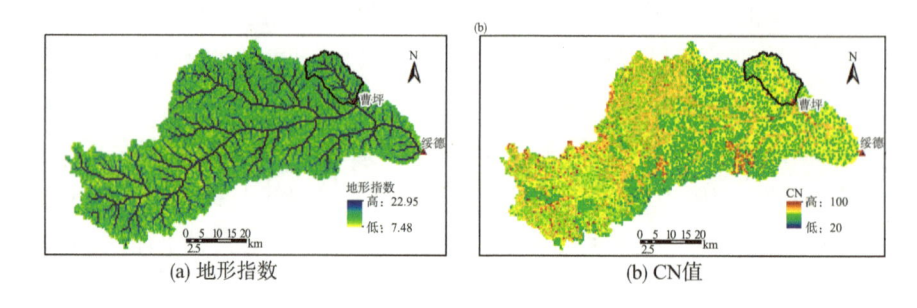

(a) 地形指数

(b) CN值

图 9-5 绥德流域地形指数和 CN 值空间分布结果

3) 蓄超主导子流域初步分类结果

将流域的地形指数和 CN 值空间分布在子流域范围内并进行加权平均,分别求得各子流域的平均值。按照 CN-地形指数法的划分规则,对子流域蓄满超渗的属性进行分类,结果如图 9-6 所示。

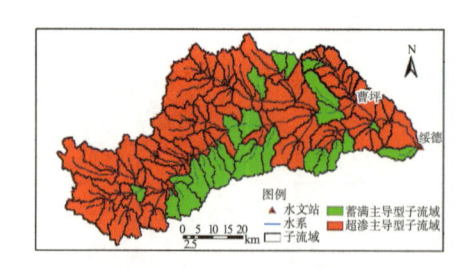

图 9-6 绥德流域蓄超主导子流域分类结果空间分布

绥德流域位于陕北黄土高原,人类活动较半湿润地区更加频繁,包括水土保持项目以及农耕活动。绥德流域以超渗主导子流域为主;中下游南侧和主河道部分子流域的 CN 均值为 52.3,划分为蓄满主导子流域。最终,绥德流域超渗主导子流域的面积占比为 75.6%。

4) 动态划分结果

在静态的蓄超主导子流域划分的基础上加入前期土湿,求得绥德流域不同洪水事件的蓄超主导子流域的动态划分结果。绥德流域的超渗主导子流域面积占比在61.2%～100%，均值与静态划分结果的均值基本一致。

9.5.2 蓄超网格空间分布结果

依据层次分析法指标间的重要度及前人的研究[18]，对每个层级的各指标进行相互比较，得到各层指标间的比较判断矩阵。并根据方根法求得各指标权重以及一致性检验指标，见表9-4。

表9-4　各指标权重以及一致性检验

一级指标	权重	二级指标	权重	一致性检验
水文气象	0.474	前期累计降雨量	0.285	0.043<0.1
		前期土湿	0.653	
		前期累计蒸散发量	0.062	
地形土壤	0.149	土壤粒径	0.205	0.033<0.1
		土壤孔隙度	0.258	
		坡度	0.537	
植被地貌	0.376	土地利用类型	0.224	0.061<0.1
		植被覆盖度	0.259	
		土壤裸露指数	0.351	
		地形湿度指数	0.166	

多层指标权重叠加后，产流模式判别指标按权重从大到小依次为：前期土湿、前期累计降雨量、土壤裸露指数、植被覆盖度、土地利用类型、坡度、地形湿度指数、土壤孔隙度、土壤粒径、前期累计蒸散发量。

将研究流域所有洪水的水文气象、地形土壤、植被地貌等数据进行标准化后，通过滚动修正聚类分析法，计算得到产流模式判别综合指标阈值，最终得到的阈值为4.232。流域产流模式判别后的初始分布见图9-7，橘红色区域为超渗产流，绿色区域为蓄满产流。

绥德流域基本上以超渗产流为主导，其超渗网格面积占比在70%以上，最大可达91.18%，见图9-7。从典型洪水蓄超空间分布来看，蓄满网格主要分布在河道附近，而超渗网格呈现局部成片的分布特征。整体来看，绥德流域的蓄超分布以超渗为主，常年降雨量偏小，前期土湿较低，再加上受局部降雨的影响，初始蓄超空间分布变化明显。

另外，相比子流域尺度的蓄超主导子流域的结果，绥德流域的蓄满占比均有所减少，说明通过对流域精细划分和识别后，网格尺度的蓄超结果空间分布更加精细，识别结果更加准确。

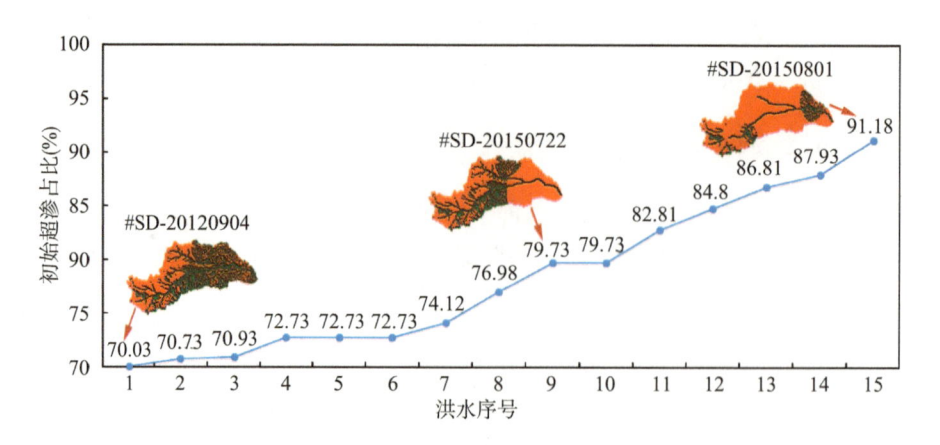

图 9-7　绥德流域典型场次洪水的初始产流模式分布图

9.6　小结

本章针对两种基本的流域产流模式进行了具体阐述，通过结合半湿润半干旱地区的水文规律以及前人研究的认识，总结了蓄超产流模式时空组合的规律，提出了产流模式判别方法。依照产流模式判别的思路，分别从子流域尺度和网格尺度出发，探究半湿润半干旱地区的蓄满区域和超渗区域判别方法以及分布特点。结论如下：

（1）提出的子流域尺度的动态 CN-地形指数法，不仅可以根据流域的下垫面特征将其划分蓄满和超渗主导型子流域，还可以根据洪水发生前的土湿情况动态调整蓄超主导子流域的分布和比例，从而能够更准确地反映子流域不同洪水前的蓄超状态，为下一步子流域尺度的蓄超空间组合模型构建提供前驱条件。

（2）在综合考虑水文气象、地形土壤和植被地貌等因子后，基于网格的层次-聚类产流模式判别方法能够精确地识别出流域蓄满产流和超渗产流的空间分布，反映出流域内不同下垫面特征空间变化的特点。相比子流域尺度的蓄超判别方法，网格判别方法可以获取更加精细的蓄满超渗网格状态，划分结果更接近实际，为网格尺度的蓄超时空动态组合模型构建提供技术支持。

半湿润半干旱地区水文气象和下垫面条件复杂，使得该地区的产流模式呈现蓄满产流与超渗产流时空动态变化的特征。为此，总结出了蓄超产流模式判别方法，为下一步不同空间尺度的蓄超组合模型研究提供理论基础。

参考文献

[1] HRACHOWITZ M, SAVENIJE H, BOGAARD T A, et al. What can flux tracking teach us about water age distribution patterns and their temporal dynamics？[J]. Hydrology and Earth System Sciences, 2013, 17(2): 533-564.

[2] 王全九,来剑斌,李毅. Green-Ampt 模型与 Philip 入渗模型的对比分析[J]. 农业工程学报,2002(2):13-16.

[3] 赵人俊. 流域水文模拟——新安江模型与陕北模型[M]. 北京:水利电力出版社,1984.

[4] 姚成. 基于栅格的新安江(Grid-Xin'anjiang)模型研究[D]. 南京:河海大学,2009.

[5] SAVENIJE H H G. HESS opinions "The art of hydrology"[J]. Hydrology and Earth System Sciences,2009,13(2):157-161.

[6] BEVEN K J, KIRKBY M J. A physically based, variable contributing area model of basin hydrology[J]. Hydrological Sciences Bulletin,1979,24(1):43-69.

[7] WILLIAMS J R, LASEUR W V. Water yield model using SCS curve numbers[J]. American Society of Civil Engineers,1976,102(9):1241-1253.

[8] 中华人民共和国国家质量监督检验检疫总局,中国国家标准化管理委员会. 土地利用现状分类:GB/T 21010—2017[S]. 北京:中国标准出版社,2017.

[9] Natural Resources Conservation Service. National soil survey handbook[M]. Washington, D. C.:U.S. Department of Agriculture,2007.

[10] Soil Conservation Service Engineering Division. Urban hydrology for small watersheds[M]. Washington, D. C.:U.S. Department of Agriculture,1986.

[11] 许秀泉,范昊明,李刚. 径流曲线法在东北半干旱区几种土地利用方式径流估算中的应用与改正[J]. 水土保持学报,2019,33(4):52-57.

[12] 李致家,黄鹏年,张永平,等. 半湿润流域蓄满超渗空间组合模型研究[J]. 人民黄河,2015,37(10):1-6+34.

[13] CLARK M P, KAVETSKI D, FENICIA F. Pursuing the method of multiple working hypotheses for hydrological modeling[J]. Water Resources Research,2011,47(9):178-187.

[14] WESTERN A W, ZHOU S L, GRAYSON R B, et al. Spatial correlation of soil moisture in small catchments and its relationship to dominant spatial hydrological processes[J]. Journal of Hydrology,2004,286(1-4):113-134.

[15] 芮孝芳. 产流模式的发现与发展[J]. 水利水电科技进展,2013,33(1):1-6+26.

[16] ZHANG Q, JIANG T, GEMMER M, et al. Precipitation, temperature and runoff analysis from 1950 to 2002 in the Yangtze basin, China[J]. Hydrological Sciences Journal,2005,50(1):65-80.

[17] 常建娥,蒋太立. 层次分析法确定权重的研究[J]. 武汉理工大学学报(信息与管理工程版),2007(1):153-156.

[18] 王登. 黄河中游产流机制变化综合判别指标构建研究[D]. 郑州:郑州大学,2019.

第10章

基于子流域的蓄超空间组合产流模拟方法研究

10.1 概述

在半湿润和半干旱地区，由于下垫面和降水时空分布不均匀，超渗产流和蓄满产流随时空变化的现象尤为明显，使得半湿润半干旱地区的水文预报比湿润地区更具挑战性。近年来，国内外学者相继开发了一系列水文模型，应用于半湿润半干旱地区，并取得了一定成果[1-3]，但单一产流模式的水文模型对洪水形成过程的反映能力有限。李致家等[4]用新安江模型和河北模型研究了半湿润地区模型的空间组合问题，但由于模型种类少，产流方案固定，难以适应其他复杂下垫面的洪水模拟。

基于此，本章旨在研究适用于半湿润和半干旱地区、具有灵活结构的洪水模拟方法[5]。基于动态CN-地形指数法划分的蓄超产流主导子流域结果，选用新安江（蓄满）、增加超渗产流的新安江（蓄超）以及Green-Ampt（超渗）三种不同的产流方案，对子流域属性与产流方案进行匹配组合，提出一种基于子流域的蓄超空间组合建模框架——SCCMs。以半湿润、半干旱地区两个典型流域为例，探索SCCMs模型的洪水模拟规律，研究SCCMs模型的可靠性、性能的差异及其相应的原因，研究技术路线见图10-1。

10.2 蓄超空间组合模型构建

本研究选择了三种经典的降雨径流模型，即XAJ模型、GA模型和XAJ-GA模型。三个模型的模型结构和参数相似，有利于产流模块间的相互组合（图10-2）。为方便叙述，将三个模型的产流模块分别简称为XAJ产流方案、GA产流方案和XAJ-GA产流方案。在本研究中，基于蓄超子流域划分的结果，将XAJ、GA和XAJ-GA产流方案进行组合，构建一系列基于子流域的蓄超空间组合模型，即SCCMs模型。

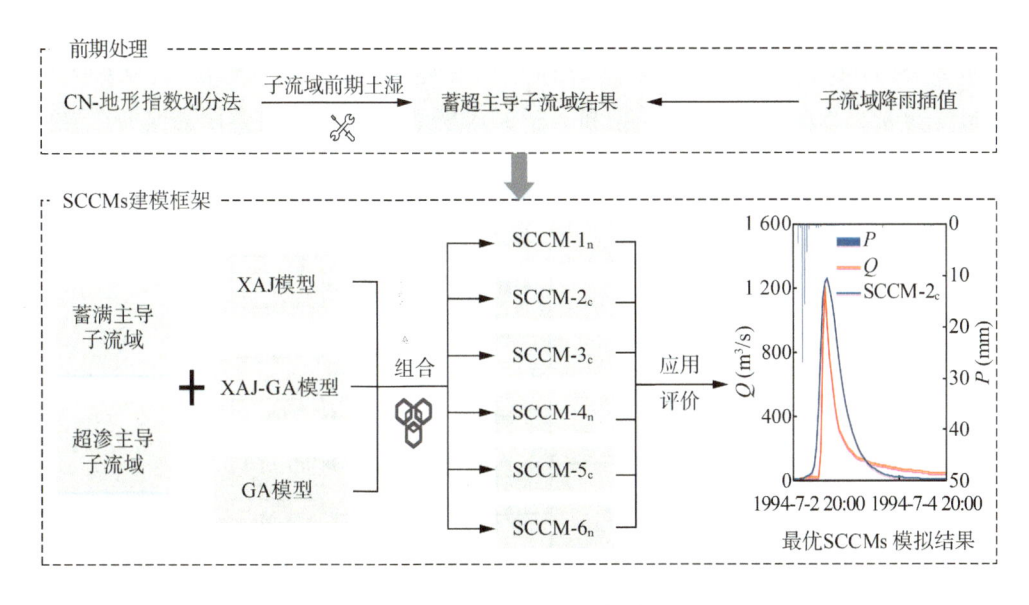

图 10-1　SCCMs 研究技术路线图

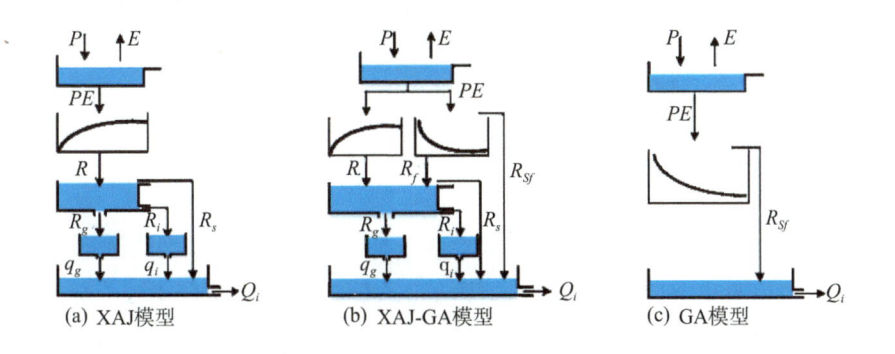

图 10-2　三种产流模式模型结构图

10.2.1　SCCMs 模型结构

根据三种产流方案的特点和物理特征可知,XAJ 产流方案最适合模拟蓄满产流,GA 产流方案最适合模拟超渗产流,而 XAJ-GA 产流方案介于蓄满超渗产流之间。如图 10-3 所示,将研究流域的蓄超主导子流域划分结果与三种产流方案(XAJ、XAJ-GA 和 GA 产流方案)两两交叉组合,可以形成九种(3×3)可能的组合。但是,有三种组合在物理上是不合逻辑的:蓄满主导子流域的 XAJ-GA 产流方案和超渗主导子流域的 XAJ 产流方案的组合是不合逻辑的,因为 XAJ 产流方案比 XAJ-GA 产流方案更加适合在蓄满主导子流域里模拟蓄满产流;同理,蓄满主导子流域的 GA 产流方案与超渗主导子流域的 XAJ 产流方案组合以及蓄满主导子流域的 GA 产流方案与超渗主导子流域的 XAJ-GA 产流方案组合也是无效的。最终,剩下六种有效组合,分别命名为 SCCM-1$_n$、SCCM-2$_c$、SCCM-3$_c$、SCCM-4$_n$、SCCM-5$_c$ 和 SCCM-6$_n$(图 10-3)。其中,下标"n"表示非组合方案,而下标"c"表示组合方案,即 SCCM-1$_n$、SCCM-4$_n$ 和 SCCM-6$_n$ 是非组合模型,而 SCCM-2$_c$、SCCM-3$_c$ 和 SCCM-5$_c$ 是组合模型。值得注意的是,SCCM-1$_n$、SCCM-4$_n$ 和 SCCM-6$_n$ 分别与 XAJ 模型、GA 模型和 XAJ-GA 模型基本相同,这是因为模型在蓄满主导和超渗主导子流域使用了相同的产流模块。

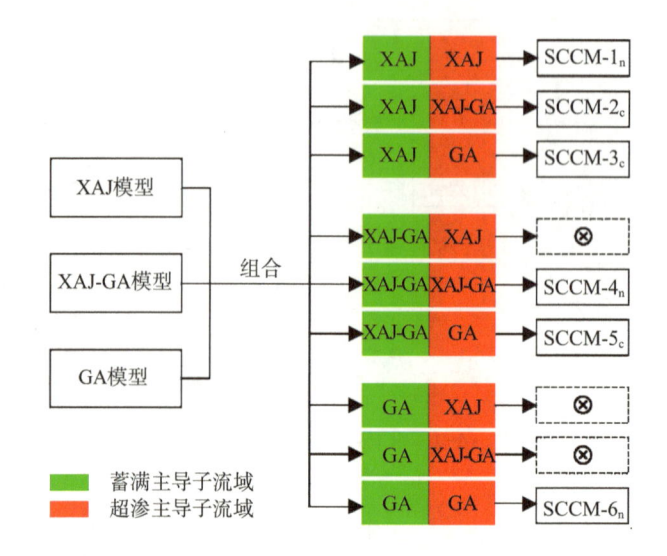

图 10-3 SCCMs 模型的蓄超空间组合过程示意图

10.2.2 SCCMs 模型原理

根据产流方案与蓄超主导子流域的有效组合,绘制了六种模型的结构图,如图 10-4 所示。由此可以看出,SCCMs 模型的结构与 XAJ 模型类似,主要由四个模块组成,即蒸散发、产流、分水源以及汇流模块。模型中的每个子流域被概念化为一系列线性和非线性水库的串联,并通过一条或多条非线性抛物线曲线产生径流。

(1) 蒸散发模块

流域蒸散发能力目前无法直接通过观测确定,一般使用经验公式来推求流域的蒸散发能力。除 GA 模型外,其他两个模型(XAJ 模型和 XAJ-GA 模型)采用三层蒸散发计算流域的实际蒸散发量,并更新土壤含水量;而 GA 模型直接设置蒸发损失系数计算实际蒸发量。通过从总观测降水中扣除冠层拦截、洼地滞留和实际蒸发量计算得到有效降水(PE),形成了第一个线性水库,见图 10-4。

(2) 产流模块

SCCMs 模型中包含了三种类型的产流方案:蓄满产流、超渗产流和蓄超兼存。由图 10-4(a) 至图 10-4(c) 可知,蓄满径流(R)主要在蓄满主导子流域产生,由 XAJ 产流方案的蓄水容量曲线进行计算。由图 10-4(c)、图 10-4(e)、图 10-4(f) 可知,超渗地表径流(R_{Sf})主要产生在超渗主导子流域,由 GA 产流方案的下渗能力曲线计算。由图 10-4(b)、图 10-4(d)、图 10-4(e) 可知,混合径流可能发生在蓄超主导子流域,包括三种成分:

饱和区的蓄满径流(R)、非饱和区的超渗地表径流(R_{Sf})和超渗入渗量(R_f)。

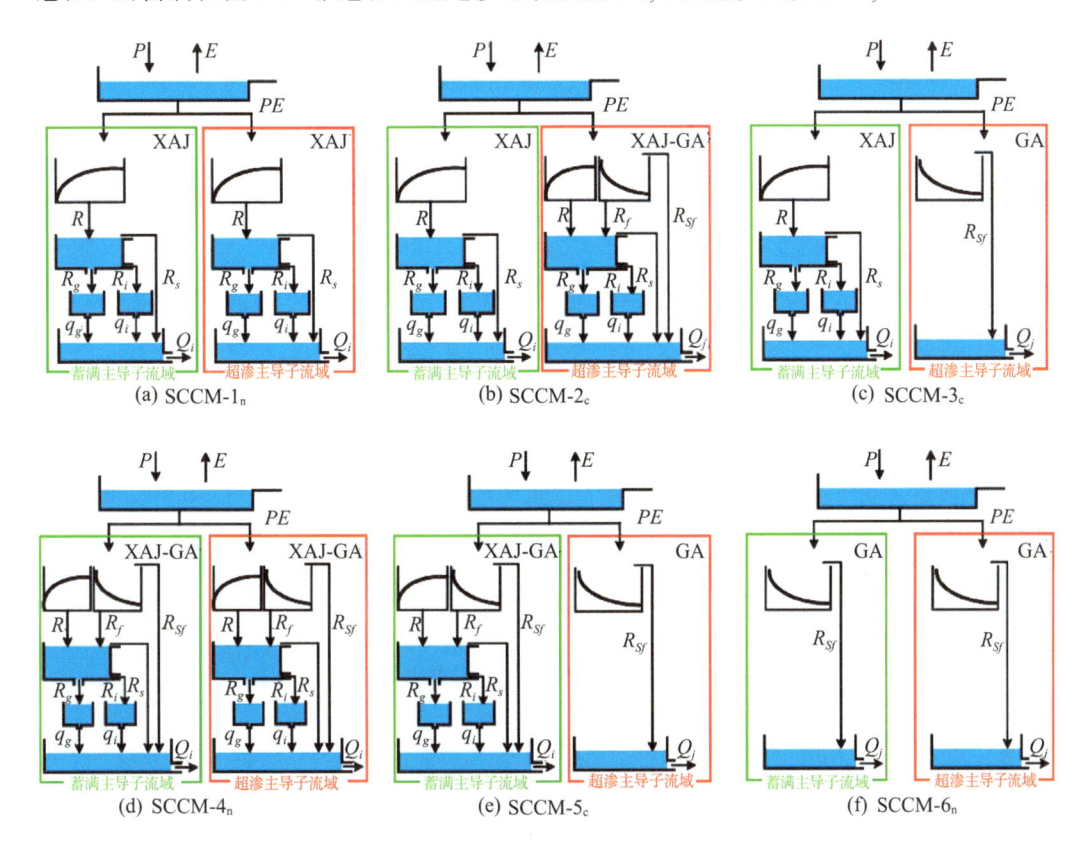

图 10-4　子流域尺度的 6 个 SCCMs 模型结构示意图

（3）分水源模块

SCCMs 模型中包含了两种类型的水源划分方法。XAJ 和 XAJ-GA 模型采用了三水源划分方法，将产生的总径流划分为三个部分：蓄满地表径流(R_s)、地下径流(R_g)和壤中流(R_i)[图 10-4(a)至图 10-4(e)]。而 GA 模型只产生一种径流，即超渗主导子流域的超渗地表径流(R_{Sf})，不考虑壤中流和地下径流[图 10-4(c)、图 10-4(e)、图 10-4(f)]。

（4）汇流模块

汇流主要分为三个阶段：水体在坡面上的汇集过程是坡面汇流，单元面积上的水体从坡面汇到河网的过程是河网汇流，沿着河网汇集到流域出口为河道汇流。①坡面汇流：每个子流域内的 R_s 和 R_{Sf} 直接流入河网，R_g 和 R_i 使用线性水库法进入河网。②河网汇流：使用滞后演算法获得子流域的河网汇流量，即所有类型径流的总和。③河道汇流：采用马斯京根法演算从各子流域出口到流域出口的洪水过程。

如图 10-4 所示，在六个 SCCMs 模型中，产流模式逐渐从完全蓄满过渡到完全超渗。根据模型结构中使用张力水容量曲线的频率可以认为，如果某流域中蓄满主导和超渗主导子流域的面积相同，则 XAJ 产流方案中蓄满径流的比例为 100%（1∶1），XAJ-GA 产流方案中为 50%（1∶2），GA 产流方案中则为 0%（0∶1）。根据上述推理，六个 SCCMs

模型中产流方案的蓄满产流比例分别为 100%、75%～100%、50%～75%、25%～50%、0～25%和0%。因此,在 SCCMs 模型产流方案中蓄满产流比例大的为偏蓄满模型(如 SCCM-1$_n$ 和 SCCM-2$_c$),蓄满产流比例小的为偏超渗模型(如 SCCM-5$_c$ 和 SCCM-6$_n$)。

另外,对比图 10-2 和图 10-4(a)、图 10-4(d)、图 10-4(f)可以更加直观地看出,三个原始水文模型(即 XAJ、XAJ-GA 和 GA 模型)与非组合模型(即 SCCM-1$_n$、SCCM-4$_n$ 和 SCCM-6$_n$)的模型结构基本相同,因为这三个 SCCMs 模型中每个子流域的产流都是由同一个产流方案计算的。

10.2.3 SCCMs 模型参数

从本质上来看,无论是蓄超产流方案的 XAJ-GA 模型,还是蓄超空间组合的 SCCMs 模型,它们的产流计算模块都是基于 XAJ 和 GA 两种基本产流方案设计改进的,所以 SCCMs 模型的参数及性质与 XAJ 模型和 GA 模型是一致的,共有 22 个模型参数,如表 10-1 所示。这些参数具有明确的物理意义,且参数之间相互独立。根据以往学者们的研究,分析了 XAJ 模型和 GA 模型的参数敏感性[6,7],其敏感参数在表 10-1 中已加粗标注,其余为非敏感参数。

表 10-1 SCCMs 模型的参数列表

模块	参数描述	符号[a]	SCCM-1$_n$	SCCM-2$_c$	SCCM-3$_c$	SCCM-4$_n$	SCCM-5$_c$	SCCM-6$_n$
蒸散发模块	蒸散发折算系数	**K**	√	√	√	√	√	√
	深层蒸散发系数	C	√	√	√	√		
	上层张力水蓄水容量	W_{un}(mm)	√	√	√	√		
	下层张力水蓄水容量	W_{ln}(mm)	√	√	√	√		
产流模块	张力水蓄水容量	**W_m**(mm)	√	√	√	√		
	张力水蓄水容量曲线指数	B	√	√	√	√		
	不透水面积比	I_m(mm)	√	√	√	√		
	最大累计下渗量	F_m(mm)			√		√	√
	土壤饱和水力传导度	**K_s**(mm/h)		√	√	√	√	√
	土壤饱和含水量	θ_S(m³/m³)		√	√	√	√	√
	湿润锋处的土壤吸力	ψ(mm)		√	√	√	√	√
	下渗能力分布曲线指数	B_X		√	√	√	√	
	超渗产流不透水面积比	IM_{GA}		√	√	√	√	
水源划分模块	表层土自由水蓄水容量	**S_m**(mm)	√	√	√	√	√	
	表层土自由水蓄水容量曲线指数	E_x	√	√	√	√	√	
	地下径流出流系数	**K_g**	√	√	√	√	√	
	壤中流出流系数	K_i	√	√	√	√	√	

(续表)

模块	参数描述	符号[a]	SCCM-1$_n$	SCCM-2$_c$	SCCM-3$_c$	SCCM-4$_c$	SCCM-5$_c$	SCCM-6$_n$
汇流模块	地下径流消退系数	$\underline{C_g}$	√	√	√	√	√	
	壤中流消退系数	$\underline{C_i}$	√	√	√	√	√	√
	河网蓄水消退系数	**$\underline{C_s}$**	√	√	√	√	√	√
	马斯京根法的参数	X	√	√	√	√	√	√
	单元流域汇流滞时	$L(h)$	√	√	√	√	√	√

a 加下划线的参数为日模拟敏感参数,加粗和下划线的参数表示时段洪水模拟的敏感参数。

10.3 研究流域和评价指标

(1) 研究流域

东湾流域位于河南省,隶属伊河水系,控制站是东湾水文站,流域面积为 2 856 km²,见图 10-5(a)。流域属于大陆性季风气候区,多年平均年降水量为 762.0 mm,多年平均年水面蒸发量为564.0 mm。东湾流域的暴雨一般出现在 5—10 月。流域地势西高东低,上游植被良好,下游河道边裸地较多。

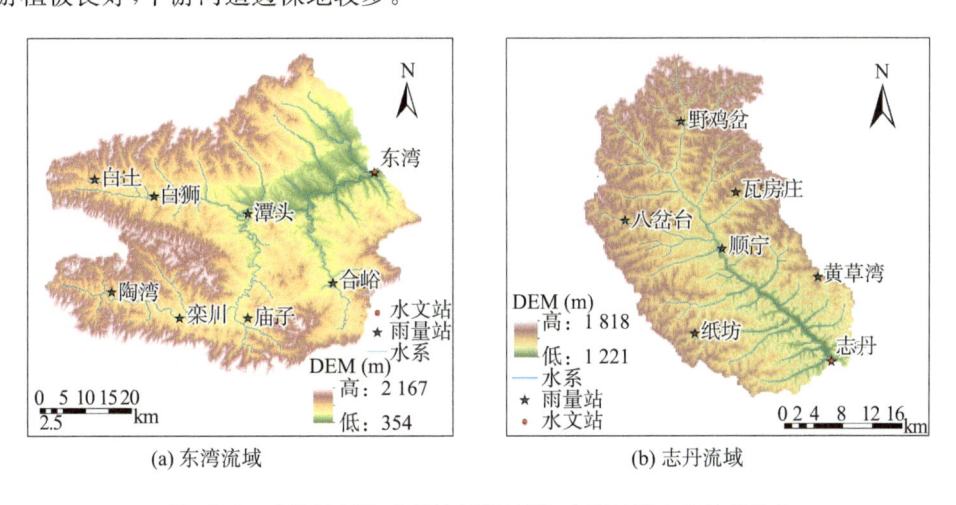

图 10-5 东湾流域和志丹流域的地形、水系以及水文站点分布

志丹流域位于陕西省,隶属北洛河水系,控制站是志丹水文站,流域面积为 774 km²,见图 10-5(b)。流域属于大陆性季风气候区,多年平均年降水量为 509.8 mm,多年平均年径流量为 0.323 亿 m³。流域地形支离破碎,坡度变化大,地面以草地覆盖为主。志丹水文站附近修建橡胶坝,且流域分布较多淤地坝。

(2) 评价指标

选用四个统计指标评估模型对一组洪水事件的总体性能:径流深合格率(QR_{rd})、洪峰合格率(QR_{pf})、峰现时间合格率(QR_{pt})、平均确定性数(NSE)。半湿润半干旱地区的洪水模拟更加关注洪峰的模拟情况,结合该地区洪水特点以及实际洪水预报要求,本次模型评价将以"洪峰合格率"与"峰现时间合格率"作为主要评价指标,"径流深合格率"为次要评价指标,"平均确定性系数"作为参考指标。

10.4 结果分析与讨论

10.4.1 SCCMs模型模拟结果的综合对比

将SCCMs模型分别在两个研究流域进行应用和检验。绘制SCCMs模型在研究流域洪水模拟结果的指标箱线图(径流深相对误差RE_{rd}、洪峰相对误差RE_{pf}、峰现时间误差TE_{pf}和确定性系数NSE)。

10.4.1.1 东湾流域模拟结果

图10-6为东湾流域模拟结果的指标箱线图。从各指标的合格率来看,SCCM-2_c模型的前三个指标的合格率在率定期和验证期都是最高的,整体模拟结果最好。偏蓄满的模型(SCCM-1_n、SCCM-2_c、SCCM-3_c)的径流深合格率较好,接近乙级精度[图10-6(a)];而SCCM-1_n、SCCM-2_c模型的洪峰合格率接近乙级精度[图10-6(b)],SCCM-2_c模型在率定期和验证期的合格率均超过70%。峰现时间合格率在率定期均达到了乙级精度,且前三个模型比后三个模型结果明显偏好[图10-6(c)],但在验证期的模拟结果较差,合格率在25%~50%。SCCM-2_c模型的NSE在率定期和验证期分别为0.74和0.28,与SCCM-1_n模型和SCCM-3_c模型相差不大。SCCM-6_n模型的4个评价指标的合格率在率定期和验证期都是最低的,特别是在预测洪峰时,模拟效果较差。

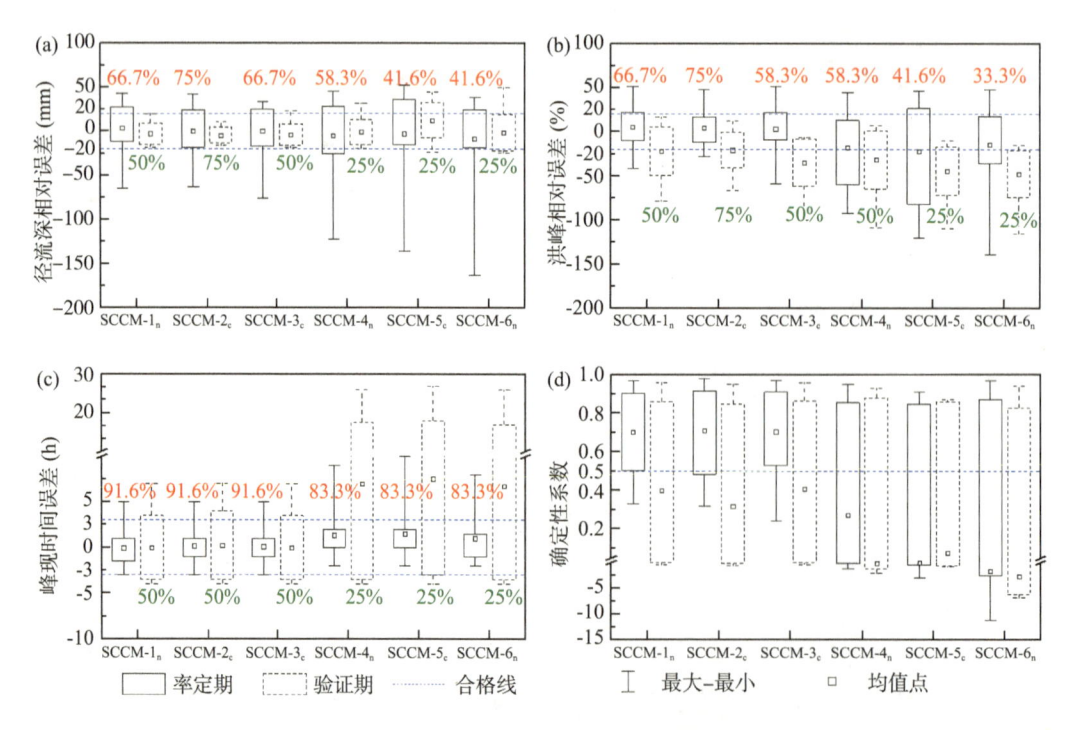

图10-6 SCCMs模型在东湾流域的洪水模拟结果箱线图

从指标分布来看,SCCM-1$_n$、SCCM-2$_c$ 模型在率定期和验证期的 4 个指标分布非常相似。前三个模型 4 个指标的分布比后三个模型窄,且前三个模型的平均值较优,RE_{rd}、RE_{pf}、TE_{pf} 更接近 0,NSE 更接近 1。前三个模型的 TE_{pf} 和 NSE 都比后三个模型分布窄。特别地,SCCM-2$_c$ 模型在六个 SCCMs 模型中具有最窄的 RE_{rd} 和 RE_{pf} 分布范围,对东湾流域的洪水模拟更有把控性。综上所述,在半湿润的东湾流域,偏蓄满模型的模拟误差范围要比偏超渗模型小得多且合格率更高,偏蓄满模型(SCCM-1$_n$ 和 SCCM-2$_c$)的表现优于偏超渗模型(SCCM-5$_c$ 和 SCCM-6$_n$)。

10.4.1.2 志丹流域模拟结果

由于志丹流域的洪水形态尖瘦,导致普遍径流深偏小,在志丹流域径流深以 ±3 mm 为允许误差,见图 10-7。从各指标的合格率来看,SCCMs 模型的模拟结果普遍较差,但随着 SCCMs 模型中超渗产流方案比例的增加,偏超渗模型(SCCM-5$_c$ 和 SCCM-6$_n$)的模拟精度整体有所提高。在率定期,SCCM-5$_c$ 模型和 SCCM-6$_n$ 模型的洪峰合格率和径流深合格率均超过 46%,RE_{pf} 和 RE_{rd} 分布范围较其他模型窄[图 10-7(a)、图 10-7(b)];但在验证期,5 个洪水事件中只有两个是合格的,合格率较低。峰现时间合格率在率定期内没有显著变化,介于 70% 和 90% 之间,且 TE_{pf} 分布没有明显变化,说明 SCCMs 模型对洪峰出现时间模拟得较好。

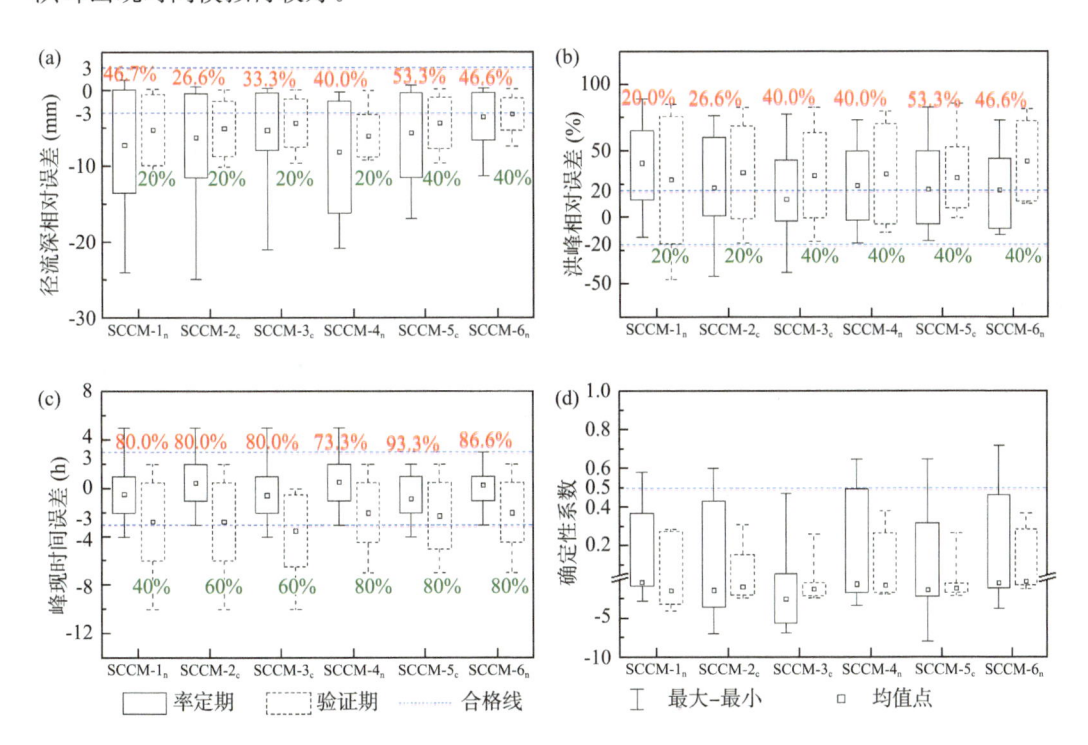

图 10-7 SCCMs 模型在志丹流域的洪水模拟结果箱线图

应注意到,率定期和验证期所有 SCCMs 模型的 NSE 都很低,这是因为历史上记录的几次降雨量丰富,但洪水峰值较低的洪水事件;然而,所有的模型普遍模拟出了很高的洪峰流量,导致 NSE 异常得低[图 10-7(d)],拉低了整体的平均值。综上所述,在志丹流域,偏超渗模型($SCCM-5_c$、$SCCM-6_n$)显然比其他模型表现得更好。

10.4.2 SCCMs 组合模型之间的比较

SCCMs 中有三种组合模型($SCCM-2_c$、$SCCM-3_c$ 和 $SCCM-5_c$)的模型结构相同,但由于它们产流方案的组合不同,产流结果可能存在差异性。为了探讨 SCCMs 模型不同产流方案组合的洪水模拟性能,进一步对 SCCM 模型的模拟结果进行深入分析。

以半湿润的东湾流域为例,由图 10-6 可知,$SCCM-2_c$ 模型洪水模拟结果的各指标合格率比 $SCCM-3_c$ 模型和 $SCCM-5_c$ 模型更高,并且在洪峰相对误差小于 20% 的洪水场次中,$SCCM-2_c$ 模型的洪峰相对误差在 $-5\%\sim 5\%$ 的数量最多,对洪峰的把控效果更好[图 10-8(a)]。

但是,通过观察洪水模拟结果、对比每场洪水计算的洪峰相对误差发现,不论实测洪水量级如何,$SCCM-3_c$ 模型计算的洪峰均大于 $SCCM-2_c$ 模型。此外,$SCCM-3_c$ 模型模拟的洪峰相对误差大部分集中在 $-5\%\sim -20\%$,表明模拟的洪峰倾向偏大[图 10-8(a)],这一点在图 10-8(b)和图 10-8(c)中反映得更加直观。对比这两场洪水过程,#DW-19940702 洪水的洪峰较小,$SCCM-3_c$ 模型模拟的洪峰相对误差偏大。而对于 #DW-20000712 洪水来说,洪水陡涨陡落,洪峰尖瘦,这时 $SCCM-3_c$ 模型的模拟洪峰比 $SCCM-2_c$ 模型更接近实测值。

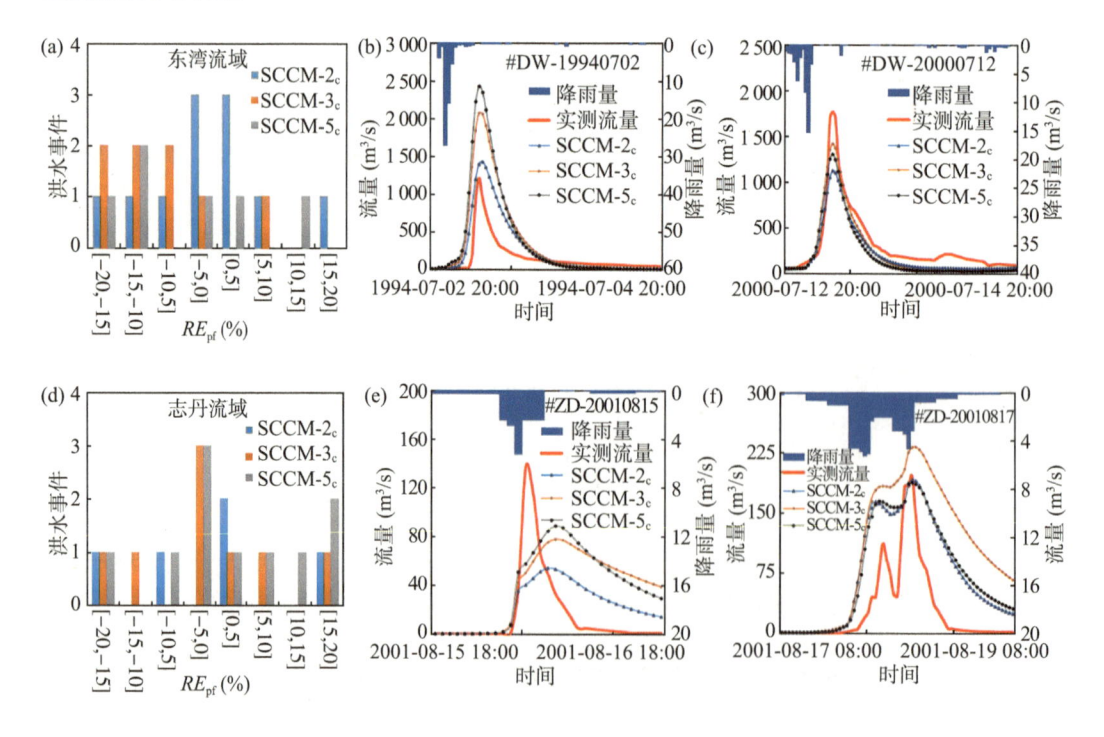

图 10-8 不同组合 SCCMs 模型结果对比

分析原因可知,SCCM-2。模型和 SCCM-3。模型均在蓄满主导子流域中使用 XAJ 产流方案,但在超渗主导子流域,SCCM-2。模型使用 XAJ-GA 产流方案,而 SCCM-3。模型为 GA 产流方案。在 XAJ-GA 产流方案中,一部分降雨需要入渗补充土壤缺水,所以在相同的降雨强度下,GA 产流方案比 XAJ-GA 产流方案产生更多的地表径流,并且降雨强度越大,产生的超渗地表径流越多。这就导致了 SCCM-3。模型倾向于高估洪峰流量,对于峰值大的洪水事件有良好的适应性。

在半干旱的志丹流域,虽然 SCCM-5。模型的径流深合格率和洪峰合格率最大,且 SCCM-5。模型的 RE_{rd}、RE_{pf} 和 TE_{pf} 的误差范围分布是三种组合模型中最小的,SCCM-2。模型最大。此外,SCCM-3。模型和 SCCM-5。模型的 RE_{pf} 在 $-5\%\sim5\%$ 的洪水场次数相同[图 10-8(d)]。分析可知,在 SCCM-3。模型和 SCCM-5。模型中,超渗主导子流域均选用 GA 产流方案,说明在超渗产流主导后,模型的精度大幅提高,超渗地表径流在整个洪水过程中的占比很大[图 10-8(e)、图 10-8(f)]。综上,超渗产流占比更多的 SCCMs 模型可以获得更高的洪峰流量,更加适应半干旱地区的洪水模拟。

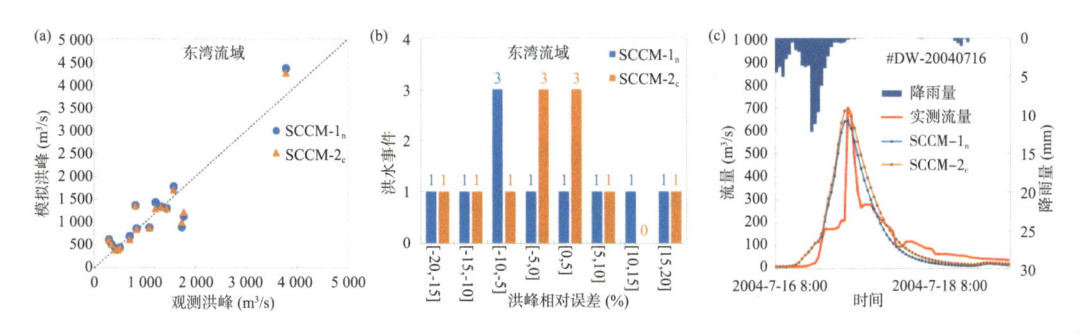

10.4.3　SCCMs 非组合模型和组合模型的比较

不同研究流域均存在模拟结果较好的非组合模型和组合模型,为进一步探明模拟好坏的原因,现将其分别进行细致比较。比如,东湾流域 SCCM-1。模型和 SCCM-2。模型的模拟结果好于其他模型。图 10-9(a)表明,两种模型的洪峰模拟值与观测结果基本一致;然而,SCCM-2。模型模拟洪峰整体比 SCCM-1。模型更接近观测值。在洪峰误差误差方面,尤其是在 $-5\%\sim5\%$ 范围内,东湾流域 SCCM-2。模型的合格场次数是 SCCM-1。模型的 3 倍[图 10-9(b)]。说明组合 XAJ 和 XAJ-GA 产流方案的 SCCM-2。模型优于单产流方案的 SCCM-1。模型。

在志丹流域,SCCM-5。模型和 SCCM-6。模型的模拟精度较高。对于小洪水,SCCM-5。模型模拟的洪峰比 SCCM-6。模型更接近观测值,而大洪水的结果相反[图 10-9(d)]。另外,SCCM-5。模型比 SCCM-6。模型合格的洪水事件更多,对于在 $-10\%\sim10\%$ 范围内的 RE_{pf},SCCM-5。模型的合格场次数是 SCCM-6。模型的 2 倍[图 10-9(e)];而 SCCM-6。模型模拟的洪水事件误差大多数集中在 $-20\%\sim-10\%$ 和 $10\%\sim20\%$。此外,对于洪水事件 #ZD-20100810,SCCM-5。模型的模拟结果比 SCCM-6。模型更接近实测流量[图 10-9(f)]。

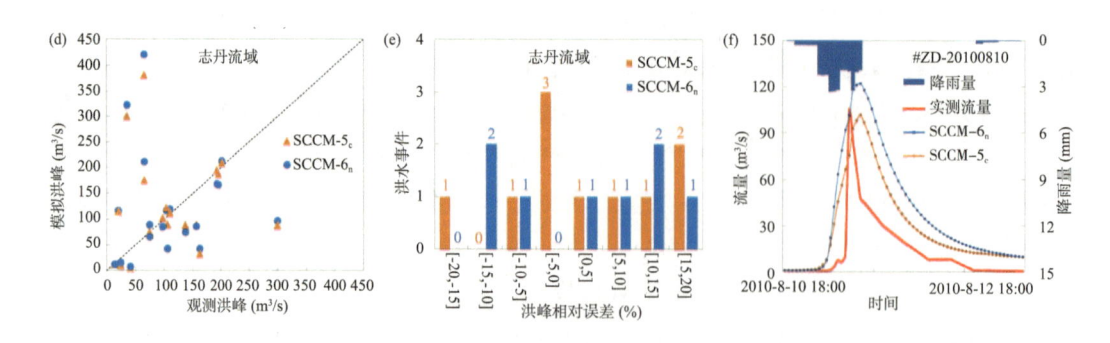

图 10-9 SCCMs 非组合模型和组合模型结果对比

综上所述，在半湿润的东湾流域，偏蓄满模型的模拟结果优于偏超渗模型，其产流模式主要是蓄满产流，并包含少量超渗产流，因此 SCCM-2$_c$ 模型是最适合的。在半干旱的志丹流域，偏超渗模型的洪水模拟精度高于偏蓄满模型，但其产流模式并非都是超渗，适当地增加少量蓄满产流的 SCCM-5$_c$ 模型可以获得更好的模拟效果。

半湿润半干旱地区下垫面空间差异性大，既有森林也有草地甚至裸地，产流模式在空间分布具有多样性，因此，需要正确识别并匹配相应的产流计算方案。SCCMs 模型计算的产流方案选择与下垫面推断结果一致，说明产流模式空间的正确匹配是提高洪水模拟精度的基本保障。

总的来说，SCCMs 模型的结构灵活，产流模式组合可变，可以很好地适应半湿润半干旱地区复杂的气象和下垫面条件。通过 WMO 举行的十余个模型验证比赛对比也发现，结构不定的模型适应性也较好，可以用于各种气候与地形条件。SCCMs 模型的产流模式由蓄满逐渐过渡到超渗，这种多样精细的产流模式不仅仅可以用在复杂产流区，也可以直接选用单一方案的产流模型，应用到湿润或干旱等地区。

10.5 小结

结合动态 CN-地形指数的蓄超主导子流域结果，基于 XAJ（蓄满）、GA（超渗）和 XAJ-GA（蓄超）三种不同的产流方案，通过子流域蓄满或超渗的标记属性，匹配相应的产流模块进行两两组合，得到六种有效的不同蓄满程度的组合模型，提出一种基于子流域的蓄超空间组合的 SCCMs 模型，并选择半湿润的东湾流域和半干旱的志丹流域进行应用和检验，研究结论如下：

（1）在半湿润半干旱地区，不同干湿程度的流域均可在蓄超空间组合的 SCCMs 模型中找到最优的产流计算方案，洪水模拟结果具有以下的特点：半湿润流域的模拟精度整体高于半干旱流域；半湿润地区适合偏蓄满模型，而半干旱更适合偏超渗模型，洪水模拟精度均提高至乙级以上。

（2）SCCMs 中的组合模型在半湿润和半干旱流域的模拟更有优势。将单一产流方案(XAJ 产流方案或 GA 产流方案)与蓄超兼存的产流方案(XAJ-GA 产流方案)相结合，可以显著提高 SCCMs 模型的适应性；SCCM-3 模型(XAJ 与 GA 的产流方案组合)倾向于高估流量，因此更适合于量级大的洪水过程。

SCCMs 模型的结构灵活、产流模块组合可变，可针对不同产流模式的流域调整蓄满超渗产流方案的比例，以获得相适应的产流计算方式。

参考文献

[1] HAO G R, LI J K, SONG L M, et al. Comparison between the TOPMODEL and the Xin'anjiang model and their application to rainfall runoff simulation in semi-humid regions[J]. Environmental Earth Sciences, 2018, 77(7): 279.

[2] CHAO L J, ZHANG K, LI Z J, et al. Applicability assessment of the CASCade Two Dimensional SEDiment (CASC2D-SED) distributed hydrological model for flood forecasting across four typical medium and small watersheds in China[J]. Journal of Flood Risk Management, 2019, 12(S1): e12518.

[3] WHEATER H, SOROOSHIAN S, SHARMA K D. Hydrological modelling in arid and semi-arid areas[M]. Cambridge: Cambridge University Press, 2007: 29-51.

[4] 李致家，黄鹏年，张永平，等. 半湿润流域蓄满超渗空间组合模型研究[J]. 人民黄河，2015(10): 1-6.

[5] 刘玉环. 半湿润半干旱地区洪水预报方法研究[D]. 南京: 河海大学, 2022.

[6] 宋晓猛，孔凡哲，占车生，等. 基于统计理论方法的水文模型参数敏感性分析[J]. 水科学进展，2012, 23(5): 642-649.

[7] SONG X M, KONG F Z, ZHAN C S, et al. Parameter identification and global sensitivity analysis of Xin'anjiang model using meta-modeling approach[J]. Water Science and Engineering, 2013, 6(1): 1-17.

第 11 章
基于蓄超时空动态组合的网格新安江模型研究

为了深入研究前文总结的蓄超时空组合的产流规律和判别方法，以 Grid-XAJ 模型为对象进行改进研究，使其能更好地适应半湿润半干旱地区洪水模拟及预报。在 Grid-XAJ 模型产流模块中添加超渗产流模块，结合第 9 章提出的产流模式时空动态判定规则，对洪水过程中的产流模式进行动态识别和调整计算，构建蓄超时空动态组合的网格新安江模型(Grid-XAJ-SIDE)。在半湿润半干旱地区的典型流域进行应用和实时检验，探究改进前后的模型在地表径流产生的差异性，分析 Grid-XAJ-SIDE 模型的洪水模拟效果，重现洪水产流模式时空动态演变的过程[1]。

11.1 Grid-XAJ-SIDE 模型构建

11.1.1 Grid-XAJ 模型

Grid-XAJ 模型是以三水源新安江模型为理论基础，以网格为计算单元，以地形数据、植被覆盖和土壤类型作为参数空间分布估算依据发展而来的[2-4]。与新安江模型相似，Grid-XAJ 模型包含蒸散发、蓄满产流、分水源、汇流 4 个计算模块。模型假设每个网格的降雨和下垫面条件空间分布均匀，不存在张力水蓄水容量分布曲线和自由水蓄水容量分布曲线，只需考虑各要素在不同网格间的变异性。随着分布式水文模型的广泛研究和发展，Grid-XAJ 模型作为典型的蓄满产流型分布式水文模型，被广泛应用于我国湿润地区的洪水预报[5-7]。

新安江模型自创建以来在全国多数流域得到了广泛应用且模拟精度较好，也是我国生产实践单位洪水预报业务工作最常用的水文模型。但是，新安江模型是蓄满产流模式，主要适用于湿润地区，因而考虑在 Grid-XAJ 模型的基础上，构建 Grid-XAJ-SIDE 模型，用于完善该模型在半湿润半干旱地区复杂产流模式的洪水模拟与预报。

11.1.2 Grid-XAJ-SIDE 模型结构

Grid-XAJ-SIDE 模型是在 Grid-XAJ 模型的基础上发展而来的，具有动态识别网格蓄超属性以及洪水模拟功能的分布式水文模型。

Grid-XAJ-SIDE 模型在 Grid-XAJ 模型的产流模块中添加 Green-Ampt 超渗产流模块，通过给定流域的初始蓄超空间分布，结合产流模式时空判别方法，动态识别洪水过程中流域网格的蓄超属性，并分别采用 Grid-XAJ 的蓄满产流模块和 Green-Ampt 超渗产流模块进行产流计算，在水源划分后，根据网格间的汇流演算次序，依次将不同径流成分演算至流域出口，详细见图 11-1。

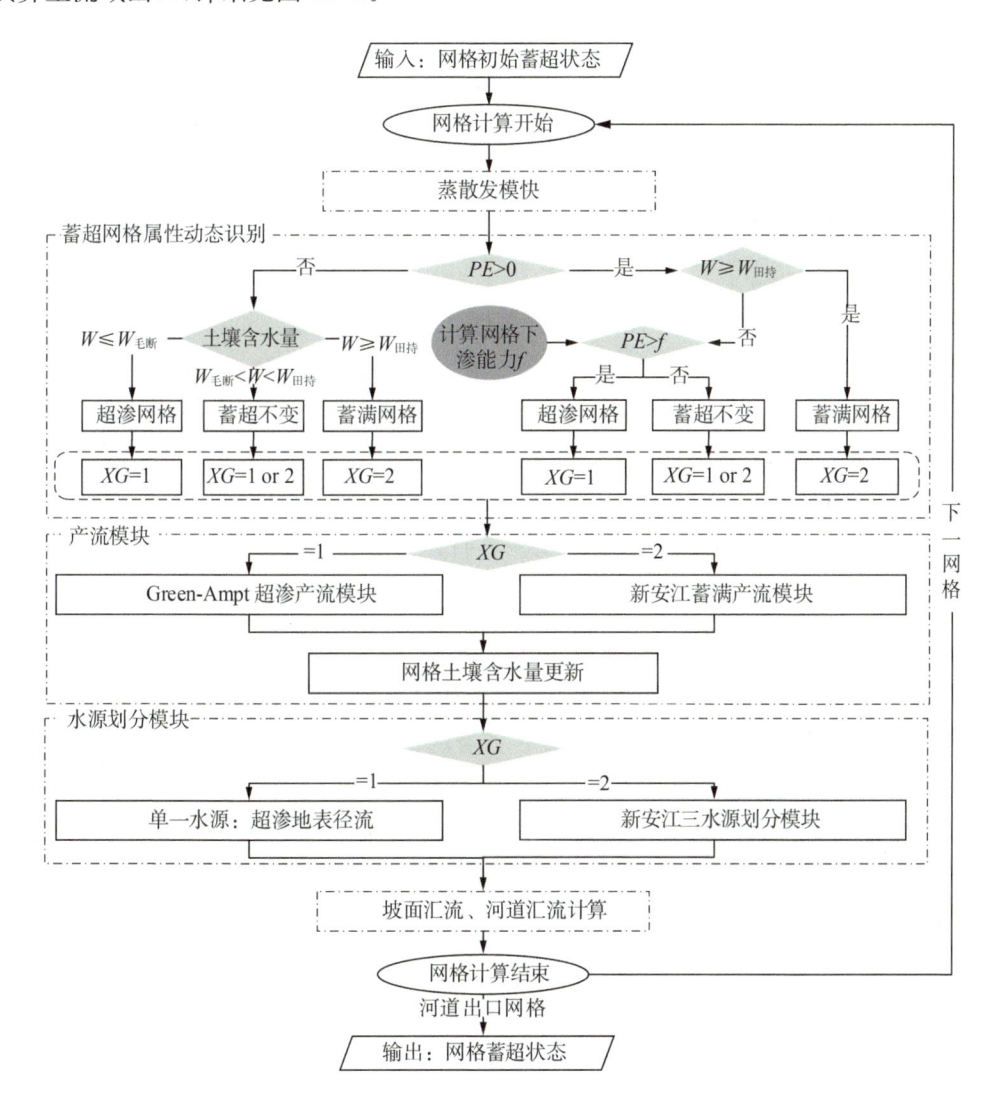

图 11-1　Grid-XAJ-SIDE 模型结构图

Grid-XAJ-SIDE 模型主要分为蒸散发、蓄超网格动态识别、产流、水源划分、汇流 5 个计算模块，模型结构如图 11-1 所示。蒸散发模块采用三层蒸散发模型计算实际蒸散发量；蓄超网格动态识别模块通过降雨强度与下渗能力、土壤含水量与土壤蓄水容量之间的判定关系，动态识别蓄满网格和超渗网格；产流与水源划分模块中，蓄满网格采用

Grid-XAJ 产流与分水源的方法计算,超渗网格采用 Green-Ampt 下渗公式计算;汇流模块分为坡面汇流和河道汇流两个阶段,均可采用一维扩散波方程或逐网格马斯京根演算方法。

11.1.3　Grid-XAJ-SIDE 模型原理

1) 网格初始蓄超分布确定

Grid-XAJ-SIDE 模型对研究流域网格初始蓄超状态的确定主要根据以下两个步骤:①采用第 9 章的产流模式识别方法,对流域的蓄满网格和超渗网格的初始空间分布进行确定;②根据流域日尺度径流模拟的土壤含水量结果,对初始的蓄超空间分布进行再调整,调整原则为:将土壤含水量达到田间持水量的网格调整为蓄满网格,小于毛管断裂含水量的网格调整为超渗网格。

2) 蒸散发计算

Grid-XAJ-SIDE 模型采用三层蒸散发模型计算流域实际蒸散发量。该方法将每个网格的土壤分为上层、下层和深层,每一层对应的土壤蓄水容量分别为 W_{un}、W_{ln}、W_{dn},根据土壤含水量的实际状态依次从上层向深层蒸发。网格尺度的三层蒸散发计算方法与子流域尺度相同,这里不再赘述。

3) 蓄超网格时空动态判定

Grid-XAJ-SIDE 模型的蓄超网格动态识别是在产流计算过程中,根据当前时段网格单元的土壤含水量情况、降雨强度与土壤下渗能力之间的关系,动态识别蓄满网格和超渗网格,见图 11-1。识别原则为:

(1) 未发生降雨时,以土壤含水量作为判断指标。将土壤含水量达到田间持水量的超渗网格转换为蓄满网格,小于毛管断裂含水量的蓄满网格调整为超渗网格,土壤含水量介于二者之间的网格蓄超状态不变。

(2) 发生降雨时,以降雨强度和土壤含水量两个指标共同判定。首先判断土壤含水量的状态,将土壤含水量达到田间持水量的网格全部转换为蓄满网格;接着,当降雨强度大于下渗能力时,该网格转换为超渗网格;否则,下渗量用于该网格土壤含水量,其网格的蓄超状态不变。

4) 产流计算

产流模式动态识别完成后,需要根据网格的产流属性,匹配相应的产流模块进行计算。其中,蓄满网格采用 Grid-XAJ 的产流模块计算,超渗网格采用 Green-Ampt 下渗公式计算,详细计算如下。

(1) 蓄满网格。采用蓄满产流模式计算,即在降雨过程中,当土壤含水量达到田间持水量时才能产流,而在此之前,所有来水均用于补充土壤含水量。将计算时段内网格单元的实测降雨先扣除相应时段的蒸散发量,另外,考虑上游入流是否补足当前单元的土壤含水量,即可得到实际用于产流计算的时段雨量 PE,则产流量计算如下:

$$R = \begin{cases} 0, & PE + W_0 \leqslant W_m \\ PE + W_0 - W_m, & PE + W_0 > W_m \end{cases} \quad (11\text{-}1)$$

式中：R 为时段产流量(mm)；W_0 为网格单元实际的张力水蓄水容量(mm)。

(2) 超渗网格。采用 Green-Ampt 下渗公式计算，当降雨强度大于土壤下渗能力时，部分降雨以下渗能力下渗，超出下渗能力的降雨形成超渗地表径流，计算步骤如下：

①根据式(11-2)计算各网格下渗能力 f_i。其中，初始土壤含水量由日模型计算得到，初始土壤累计下渗量赋极小值 0.000 01：

$$f_i = K_s[1 + (\theta_S - \theta_l)\psi / F_{\Delta t_{i-1}}] \quad (11\text{-}2)$$

②计算时段 Δt_i 每个网格的时段产流量 R_i：

$$R_i = \begin{cases} 0, & pe_i \leqslant f_i \cdot \Delta t \\ pe_i - f_i \cdot \Delta t, & pe_i > f_i \cdot \Delta t \end{cases} \quad (11\text{-}3)$$

③计算该网格当前时段的下渗量 q_{f_i}：

$$q_{f_i} = pe_i - R_i \quad (11\text{-}4)$$

④计算该网格 Δt_i 时段的累计下渗量 $F_{\Delta t_i}$：

$$F_{\Delta t_i} = F_{\Delta t_{i-1}} + q_{f_i} \quad (11\text{-}5)$$

⑤重复步骤①到步骤④，依次计算每个网格在各时段下的超渗径流量。

(3) 蓄超转换的水量平衡

由于产流模式计算方式存在差异性，需要专门考虑产流模式转换中水量平衡的问题。在 Grid-XAJ-SIDE 模型中，通过控制网格土壤含水量的连续状态来实现洪水计算过程中的水量平衡。其中，蓄满网格土壤含水量按照原新安江的蓄满产流算法进行更新；而超渗网格的土壤含水量则按照下述方式更新。

根据超渗产流原理可知，无论降雨强度是否大于土壤下渗能力，土壤下渗量是一个连续发生的状态。虽然在超渗产流计算时，没有考虑土壤分层，但是为了与原新安江的三层土壤水更新方式保持一致，这里假设超渗网格的下渗水量自上而下分层补充土壤缺水量，即网格当前时段下渗量为 q_{f_i}，上一时段上层、下层和深层的土壤含水量分别为 W_{u0}、W_{l0}、W_{d0}，三层土壤的蓄水容量分别为 W_{um}、W_{lm}、W_{dm}，按照先上层后下层的次序更新土壤含水量。

5) 水源划分计算

在 Grid-XAJ-SIDE 模型分水源模块中，超渗网格水源单一，即超渗模块计算超渗地表径流；而蓄满网格单元的产流量 R 均被划分为三种径流成分，即地表径流 R_s、壤中流 R_i 以及地下径流 R_g。假定网格内自由水蓄水容量分布均匀，则网格中三种水源的计算公式为：

$$R_s = \begin{cases} 0, & R+S \leqslant S_m \\ R+S-S_m, & R+S > S_m \end{cases} \tag{11-6}$$

$$R_i = K_i S \tag{11-7}$$

$$R_g = K_g S \tag{11-8}$$

式中：S_m 为包气带自由水蓄水容量(mm)；K_i 为包气带自由水含量对壤中流的出流系数；K_g 为包气带自由水含量对地下水的出流系数；S 为网格自由水含量(mm)。

6）汇流计算

Grid-XAJ-SIDE 模型的汇流分为逐网格坡面汇流和河道汇流两个阶段计算。坡面汇流采用一维扩散波方程计算，使用基于两步法 MacCormack 算法[8]的二阶显式有限差分格式进行扩散波方程组的求解，即

$$\begin{cases} \dfrac{\partial h_s}{\partial t} + \dfrac{\partial (u_s h_s)}{\partial x} = q_s \\ \dfrac{\partial h_s}{\partial x} = S_{oh} - S_{fh} \end{cases} \tag{11-9}$$

式中：q_s 为单位时间内计算的坡面径流深(m/s)；h_s 为坡面水流水深(m)；u_s 为坡面水流平均流速(m/s)；t 为时间(s)；x 为流径长度(m)；S_{oh} 为出流方向的地表坡度；S_{fh} 为出流方向的地表摩阻比降。

河道汇流采用基于网格的马斯京根河道汇流演算法。以当前网格 d 为例，计算其地表径流 Q_s，其上游的三个网格 a、b、c 的流量分别为 Q_a、Q_b、Q_c，则分别汇入网格 d 的流量为 Q'_a、Q'_b、Q'_c，每个网格的汇流量可以通过马斯京根法计算得到：

$$Q_{i+1}^{t+1} = C_1 Q_i^t + C_2 Q_i^{t+1} + C_3 Q_{i+1}^t \tag{11-10}$$

在时刻 t，网格 d 的出流 Q_d^t 包含上游三个网格的入流以及当前网格的径流量，计算公式为：

$$Q_d^t = Q'^t_a + Q'^t_b + Q'^t_b + Q^t_{s,d} \tag{11-11}$$

11.1.4 Grid-XAJ-SIDE 模型参数

Grid-XAJ-SIDE 模型以 Grid-XAJ 模型为基础，添加超渗产流计算模块，实现蓄超产流时空动态组合的定量模拟，因此，Grid-XAJ-SIDE 模型的参数确定的方法与 Grid-XAJ 模型基本一致，具体见表 11-1。包含两种确定方法：①参数空间估算，Grid-XAJ-SIDE 模型中网格张力水蓄水容量 W_m、自由水蓄水容量 S_m 等参数均采用 Grid-XAJ 模型中的参数估计方法进行估算[9]；土壤湿润锋处土壤吸力 ψ 和土壤饱和水力传导度 K_s 等超渗产流模块参数与土壤类型相关，可根据已有研究方法进行估算[10-12]。②人工经验优选，Grid-XAJ-SIDE 模型中蒸散发折算系数 K、深层蒸散发系数 C 等参数采取集总式考虑，根据

流域实测水文资料,采用人工优选法在经验取值范围内进行率定,具体确定方法见表11-1。

表 11-1 Grid-XAJ-SIDE 模型的参数

计算模块	参数符号	参数意义	确定方式
蒸散发	K	蒸散发折算系数	率定检验
	C	深层蒸散发系数	
	W_{un}	上层张力水容量(mm)	模型估算
	W_{lm}	下层张力水容量(mm)	
产流计算	θ_t	土壤总孔隙度	模型估算
	θ_e	土壤有效孔隙度	
	ψ	湿润锋处土壤吸力(mm)	模型估算
	K_s	饱和水力传导度(mm/h)	
	W_m	张力水蓄水容量(mm)	率定检验
	F_m	最大累计下渗量(mm)	
水源划分	S_m	自由水蓄水容量(mm)	模型估算
	K_g	地下径流出流系数	
	K_i	壤中流出流系数	
汇流计算	C_g	地下径流消退系数	率定检验
	C_i	壤中流消退系数	
	C_s	河网蓄水消退系数	
	L	滞时(h)	
	K_{ch}	河道径流逐网格马斯京根法演算参数(h)	
	X_{ch}	河道径流逐网格马斯京根法演算参数	

11.2 典型流域模拟与验证

11.2.1 研究流域

本章选择了两个半湿润半干旱流域作为研究对象,分别为绥德流域和千阳流域。绥德流域是较典型的半干旱流域,千阳流域地理位置和水文气象特征位于半湿润地区。两个流域面积均在 1 000 km² 以上,属于中等流域,在日常生产实践的洪水预报和防控重要度较高。

绥德流域位于陕西省,隶属无定河水系,控制站是绥德水文站,流域面积为 3 893 km²。绥德流域属于典型大陆性季风气候区,多年平均降水量为 460.2 mm,多年平均径流量为 142.7 万 m³。洪水由局地暴雨形成,历时短、强度大。地貌主要为黄土丘陵沟谷,植被覆盖率较低。流域内水保工程、淤地坝数量较多。

千阳流域位于陕西省,隶属千河水系,控制站是千阳水文站,控制流域面积为

2 935 km²。多年平均年降水量为 696.0 mm,多年平均年径流量为 3.705 亿 m³。流域地形沟壑纵横,上游为土石山区,森林茂密,植被良好;中下游为黄土高原沟垄区,地表覆盖较差。2008 年,千阳站附近修建橡胶坝,流域上游有一座中型水库。

11.2.2 模型率定结果分析

Grid-XAJ 模型、Grid-GA 模型、Grid-XAJ-SIDE 模型分别代表蓄满、超渗、蓄超兼存三种产流模式。为比较三种不同产流模式模型的应用效果,将它们分别应用于绥德流域和千阳流域 2010—2018 年的洪水事件进行参数率定、洪水模拟和对比分析,并选择径流深合格率、洪峰合格率、峰现时间合格率和确定性系数 4 个指标对各模型的模拟结果进行综合评价。

11.2.2.1 绥德流域模拟结果分析

绥德流域 Grid-XAJ 模型、Grid-XAJ-SIDE 模型和 Grid-GA 模型部分参数的空间估计见图 11-2,人工率定参数的结果见表 11-2。

绥德流域位于黄土地区,其包气带土层深厚,不易蓄满。马秀峰[13]在子洲径流实验站于 1960 年连续三天的人工降雨试验表明:黄土地区入渗能力不但恢复快,且由于土层深厚,根本不可能蓄满。因此,在新安江模型中,这里的张力水蓄水容量 W_m 只能看作黄土地区水分经常活动层平均持水容量的一种指标[14]。

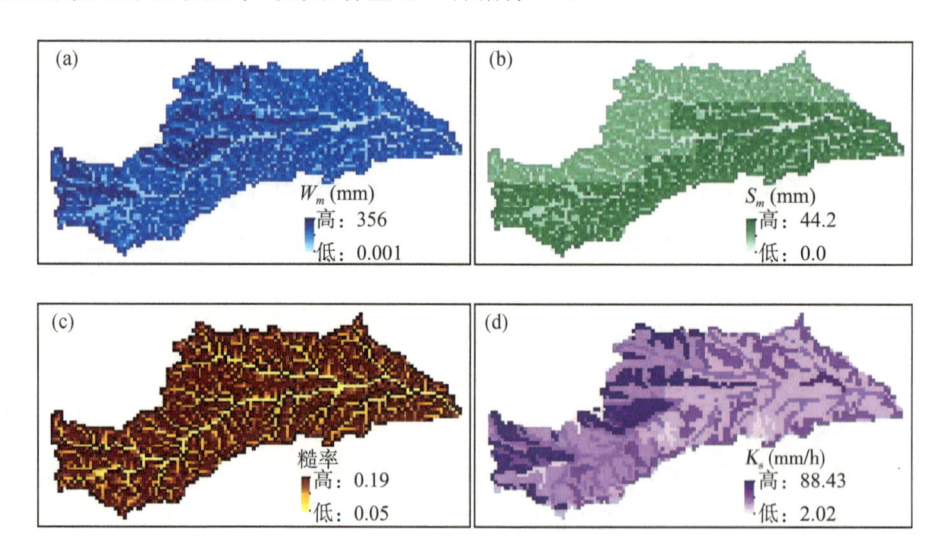

图 11-2 绥德流域部分参数空间估计

由图 11-2 发现,张力水蓄水容量 W_m 与包气带相关[15],均值为 251 mm,见图 11-2(a)。自由水蓄水容量 S_m 在参数估计时被认为与腐殖质厚度成正比,该厚度可根据植被和地形地貌来确定,因而 S_m 与 W_m 的空间分布大体相似[图 11-2(a)、图 11-2(b)],但 S_m 分布受植被影响较大,其较大值主要分布在流域南侧草地等区域。为保证较快的汇流速度,流域的糙率整体分布较小[图 11-2(c)]。饱和水力传导度 K_s 与土壤类型密切相关,主要根据土壤所含砂土、黏土以及有机质的比例进行估算，K_s 的较大值主要分布在流域上中游的北侧[图 11-2(d)]。

表 11-2　绥德流域各模型的参数值率定

序号	参数意义	参数	Grid-XAJ 模型	Grid-XAJ-SIDE 模型	Grid-GA 模型
1	蒸散发折算系数	K	1.05	1.05	1.05
2	深层蒸散发系数	C	0.09	0.09	—
3	最大累计下渗量(mm)	F_m	—	800	800
4	壤中流消退系数	C_i	0.96	0.96	—
5	地下径流消退系数	C_g	0.98	0.98	—
6	河网消退系数	C_s	0.89	0.86	0.83
7	马斯京根法演算参数	K_{ch}	0.02	0.02	0.02
8	马斯京根法演算参数	X_{ch}	0.45	0.45	0.45
9	滞后时间(h)	L	7	7	7

注："—"表示当前模型无需该参数。

Grid-XAJ 模型、Grid-XAJ-SIDE 模型、Grid-GA 模型的模拟结果如图 11-3 所示，可以看出，三个模型的洪水径流深模拟结果普遍较好，合格率分别为 93.3%、93.3% 和 100.0%，这主要是由于绥德流域的实测径流深普遍偏小（允许误差 3 mm），所有洪水中只有♯SD-20170725 洪水事件的实测径流深大于 15 mm，三个模型的径流深相对误差大多在 3 mm 以内，因而模拟洪水的径流深合格率整体较高。在洪峰合格率方面，Grid-XAJ-SIDE 模型的模拟精度最高，其合格率为 66.7%，相比于 Grid-XAJ 模型（46.7%）和 Grid-GA 模型（40.0%）有明显提高；另外，Grid-XAJ-SIDE 模型的洪峰相对误差的均值和中值线都接近 0，其洪峰模拟结果也比较好。在峰现时间误差方面，三个模型的合格率相同，都为 66.7%；均值和中值线比较相近，但是 Grid-XAJ-SIDE 模型所有洪水的峰现时间误差分布最窄，说明该模型对洪峰出现时间控制得较好。三个模型的 NSE 普遍较差，都只有 5 个洪水事件的 NSE 大于 0.5，说明不适合在绥德这样的半干旱地区采用 NSE 来评价洪水模拟的好坏。另外，在绥德流域的模拟洪水结果中发现，其他三个指标都合格的洪水事件的 NSE 也比较好。

图 11-4 为绥德流域部分洪水事件在 Grid-XAJ 模型、Grid-XAJ-SIDE 模型和 Grid-GA 模型应用后的实测与模拟洪水过程线对比图。整体对比发现，Grid-XAJ-SIDE 模型和 Grid-GA 模型的模拟洪水陡涨陡落、形状尖瘦，在洪水起涨阶段模拟结果相近，且整体形态与实测过程拟合得较好；而 Grid-XAJ 模型的模拟洪水涨落缓慢且洪峰远小于实测洪峰。

选择绥德流域典型洪水事件♯SD-20100803 进行详细分析，其模拟洪水和实测洪水过程线对比以及蓄超网格分布如图 11-5 所示。

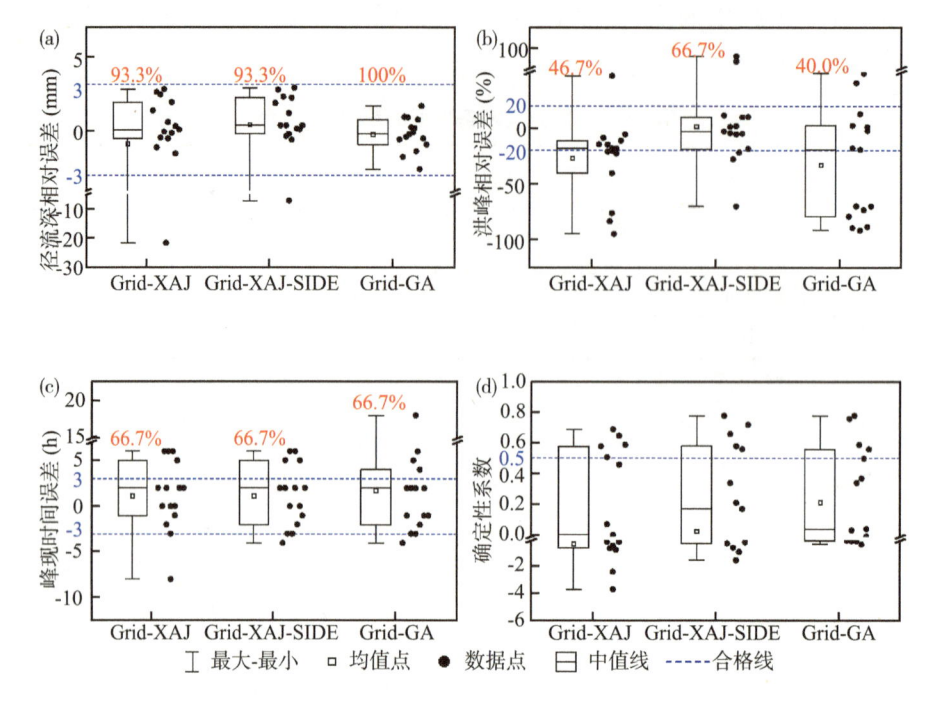

图 11-3　绥德流域三个模型评价指标结果图

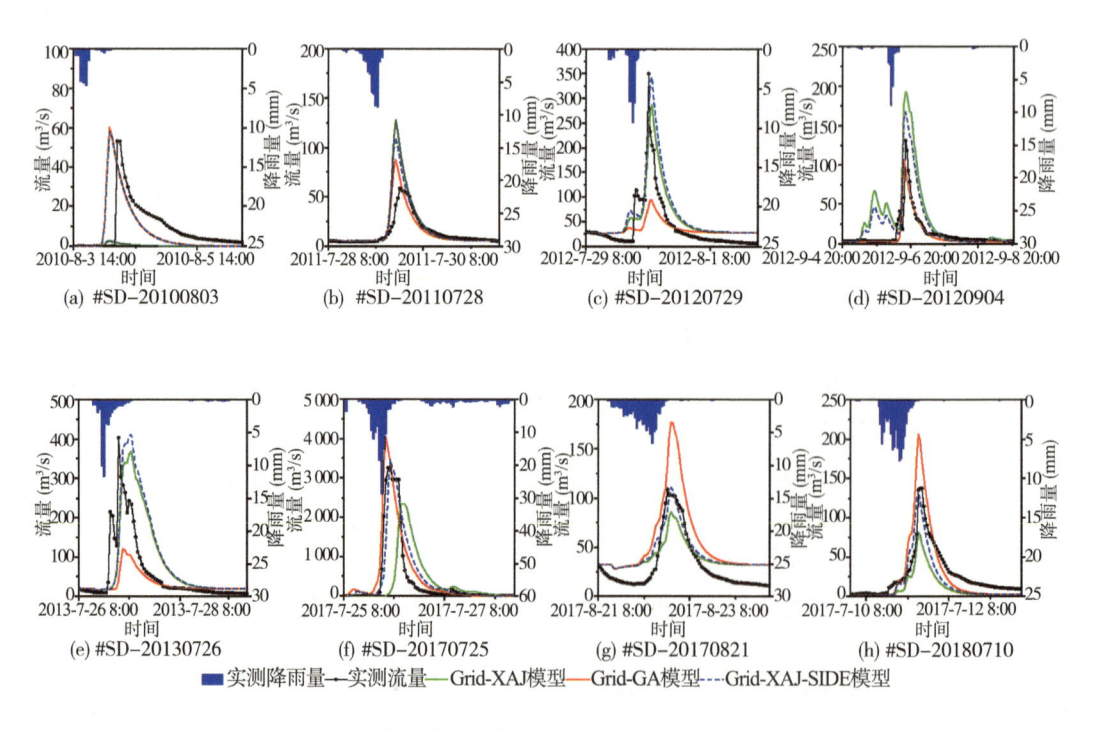

图 11-4　绥德流域三个模型实测和模拟洪水过程线对比图

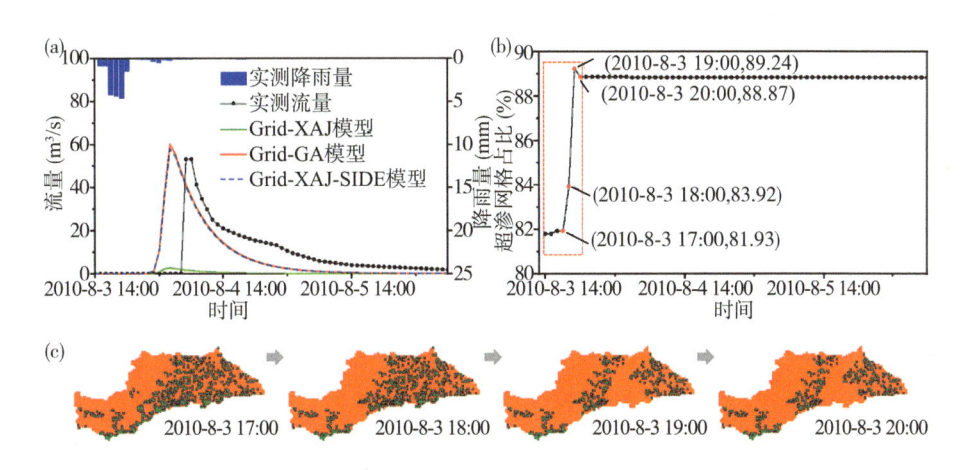

图 11-5　绥德流域♯SD-20100803 洪水过程线及其蓄超网格动态变化过程

　　♯SD-20100803 洪水事件的发生时间短促，面平均降雨量为 17.4 mm，前期土壤含水量低。从图 11-5(a)可以看出，Grid-XAJ-SIDE 模型和 Grid-GA 模型对♯SD-20100803 洪水的模拟过程十分接近，而 Grid-XAJ 模型需要在满足土壤缺水量后才产流，下渗量大，从而导致模拟洪水非常小。♯SD-20100803 洪水事件的前期土湿小，洪水发生前，其初始超渗网格占比增加至 82% 左右，随着降雨的进行（2010-08-03 14：00—17：00），短促型降雨使流域的超渗网格在 2 h 内迅速增加至 90% 左右，见图 11-5(b)。整个洪水过程蓄满网格数量远少于超渗网格，故♯SD-20100803 洪水是以超渗网格为主导的洪水过程。

　　Grid-XAJ-SIDE 模型通过对逐时刻的土壤含水量和降雨等因子进行实时"监控"，动态调整网格的产流方式。从流域的蓄超网格分布来看［图 11-5(c)］，随着降雨的进行，流域下游的超渗网格逐渐增多。这是因为本场降雨属于局部暴雨，雨峰集中在流域下游，从而导致快速洪水的发生，这也是 Grid-XAJ-SIDE 模型和 Grid-GA 模型的模拟洪峰提前的原因。

　　综上，♯SD-20100803 洪水事件由局部暴雨形成，流域的土壤下渗量较小且蓄水程度不高，是一场极为典型的超渗产流过程。这也是绥德流域发生最频繁且最常见的一类洪水，比如：♯SD-20110728、♯SD-20170821、♯SD-20180710。

11.2.2.2　千阳流域模拟结果分析

　　千阳流域 Grid-XAJ 模型、Grid-XAJ-SIDE 模型和 Grid-GA 模型部分参数的空间估计见图 11-6，人工率定参数结果见表 11-3。

　　千阳流域的张力水蓄水容量 W_m 空间分布特征与绥德流域相似，W_m 均值为 196.5 mm［图 11-6(a)］。自由水蓄水容量 S_m 分布受植被和土壤影响较大，较大值主要分布在流域中西部。流域糙率分布差异性明显，河道附近的糙率较小且分布范围广［图 11-6(c)，沿河道至半坡］。饱和水力传导度 K_s 整体分布不均，较大值主要分布在流域上游的北侧以及中游的圆形区域［图 11-6(d)］，该区域由壤沙土组成，饱和水力传导度相对偏大。

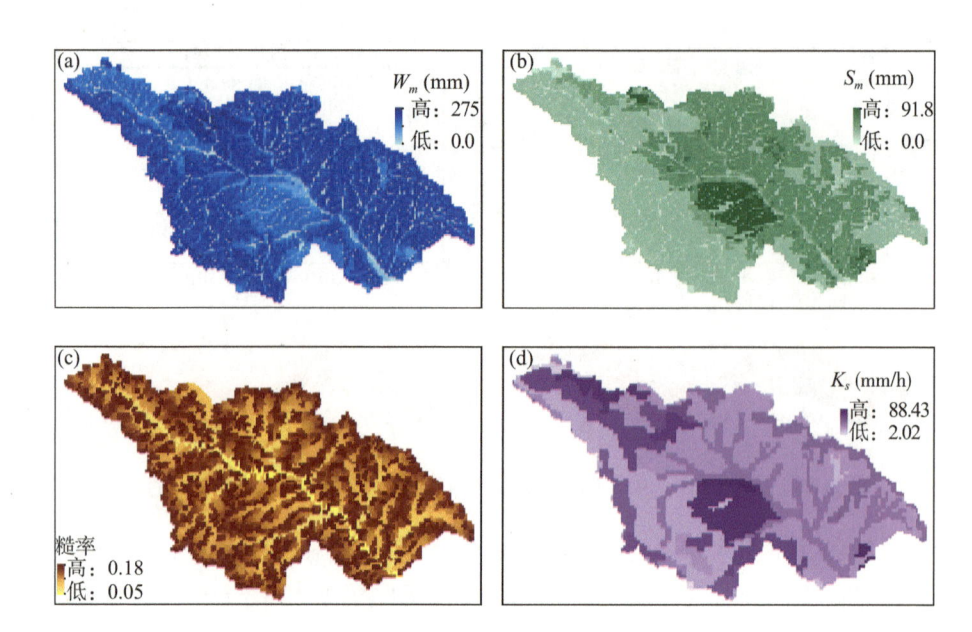

图 11-6　千阳流域部分参数空间估计

千阳流域三个模型的人工率定参数基本上保持一致,仅 Grid-GA 模型的河网消退系数 C_s 相较于其他两个模型偏小,这主要是因为超渗产流在千阳流域的计算产流量偏小,较小的 C_s 可以减小河网的调蓄作用,增大模拟洪峰。

表 11-3　千阳流域各模型参数率定值

序号	参数意义	参数	Grid-XAJ 模型	Grid-XAJ-SIDE 模型	Grid-GA 模型
1	蒸散发折算系数	K	1.05	1.05	1.05
2	深层蒸散发系数	C	0.08	0.08	—
3	最大累计下渗量(mm)	F_m	—	1 000	1 000
4	壤中流消退系数	C_i	0.7	0.7	—
5	地下径流消退系数	C_g	0.9	0.9	—
6	河网消退系数	C_s	0.93	0.93	0.81
7	马斯京根法演算参数	K_{ch}	0.025	0.025	0.025
8	马斯京根法演算参数	X_{ch}	0.48	0.48	0.48
9	滞后时间(h)	L	1	1	1

注:"—"表示当前模型无需该参数。

Grid-XAJ 模型、Grid-XAJ-SIDE 模型、Grid-GA 模型的模拟结果如图 11-7 所示。分析可知,三个模型在洪水径流深模拟结果一般,合格率分别为 38.8%、50.0% 和 50.0%,说明三个模型在对千阳流域的水量控制方面一般,其主要原因是 2008 年千阳站上游修建了一座橡胶坝,影响了天然径流规律,尤其在小洪水被拦蓄后,其模拟洪水总是出现被高估的趋势。

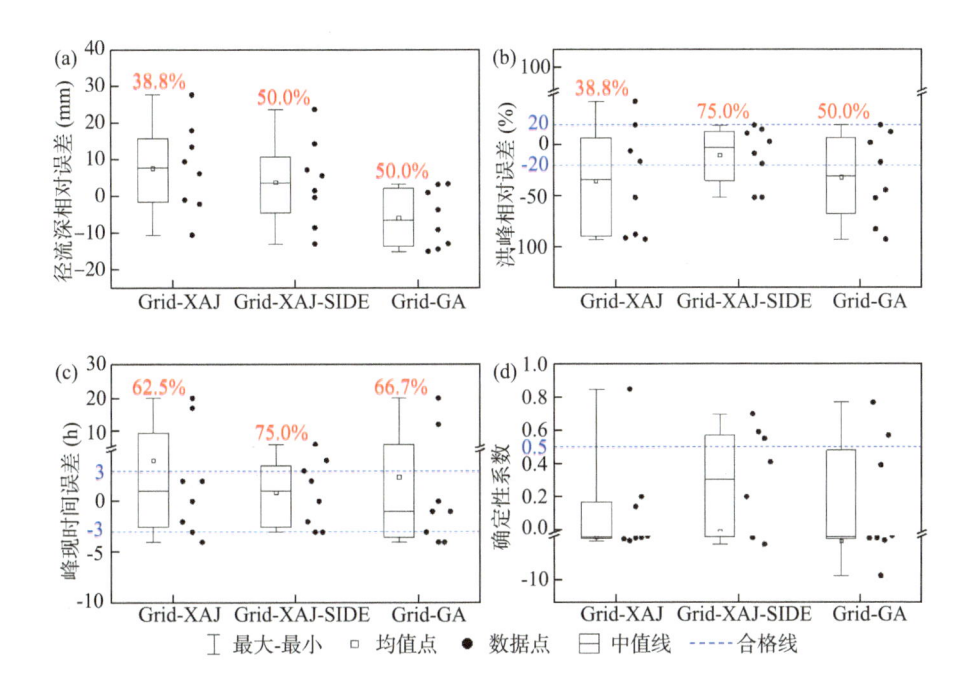

图 11-7 千阳流域 3 个模型评价指标结果图

在洪峰相对误差方面,Grid-XAJ-SIDE 模型的模拟结果最好,其合格率为 75.0%,相比于 Grid-XAJ 模型(38.8%)和 Grid-GA 模型(50.0%)有明显提高;另外,Grid-XAJ-SIDE 模型的洪峰相对误差的均值和中值线都接近 0,其洪峰模拟结果也比较好。在峰现时间误差方面,三个模型的合格率都在 60% 以上,但是 Grid-XAJ-SIDE 模型的峰现时间误差分布最窄且合格率最高,说明模型对洪峰出现时间控制得较好。3 个模型的 NSE 一般,结果最好的模型也只有 3 个洪水事件的 NSE 大于 0.5。

图 11-8 为千阳流域部分洪水事件在 Grid-XAJ 模型、Grid-XAJ-SIDE 模型和 Grid-GA 模型应用后的实测与模拟洪水过程线对比图。整体对比发现,Grid-XAJ-SIDE 模型和 Grid-XAJ 模型对部分降雨量较大的洪水模拟相近,比如:♯QY-20130720、♯QY-20140910[图 11-8(b)、图 11-8(c)],且模拟洪水的整体形态与实测过程拟合得较好,说明两场洪水均以蓄满产流主导。但 ♯QY-20140910 受降雨量影响更为明显,其降雨强度大多小于 5 mm/h,降雨历时长达 7 d。另外,在 ♯QY-20100721、♯QY-20150811 洪水事件中[图 11-8(a)、图 11-8(d)],Grid-XAJ-SIDE 模型的模拟洪水介于其他两个产流模型之间。

♯QY-20130720 洪水事件是千阳流域比较常见的,从洪水过程线以及评价指标来看,三种产流方式的模型的模拟结果均达到了合格[图 11-9(b)]。是什么原因让单一蓄满的 Grid-XAJ 模型和单一超渗的 Grid-GA 模型都能够将洪水模拟出来?下面就详细分析其发生过程。

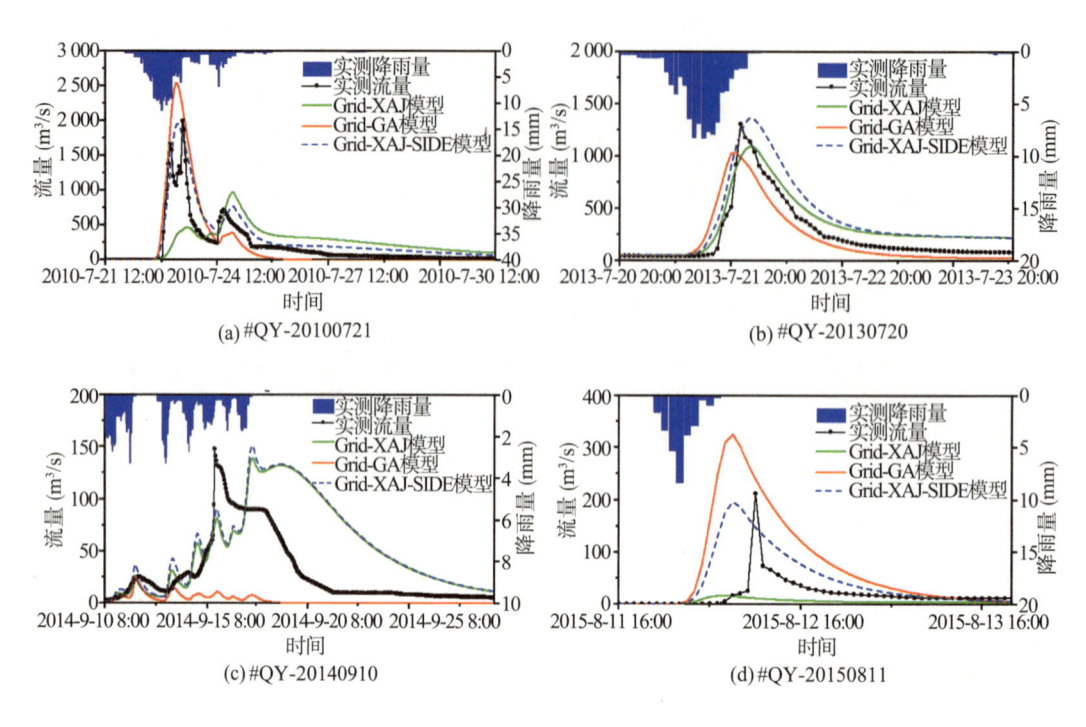

图 11-8 千阳流域 3 个模型实测和模拟洪水过程线对比图

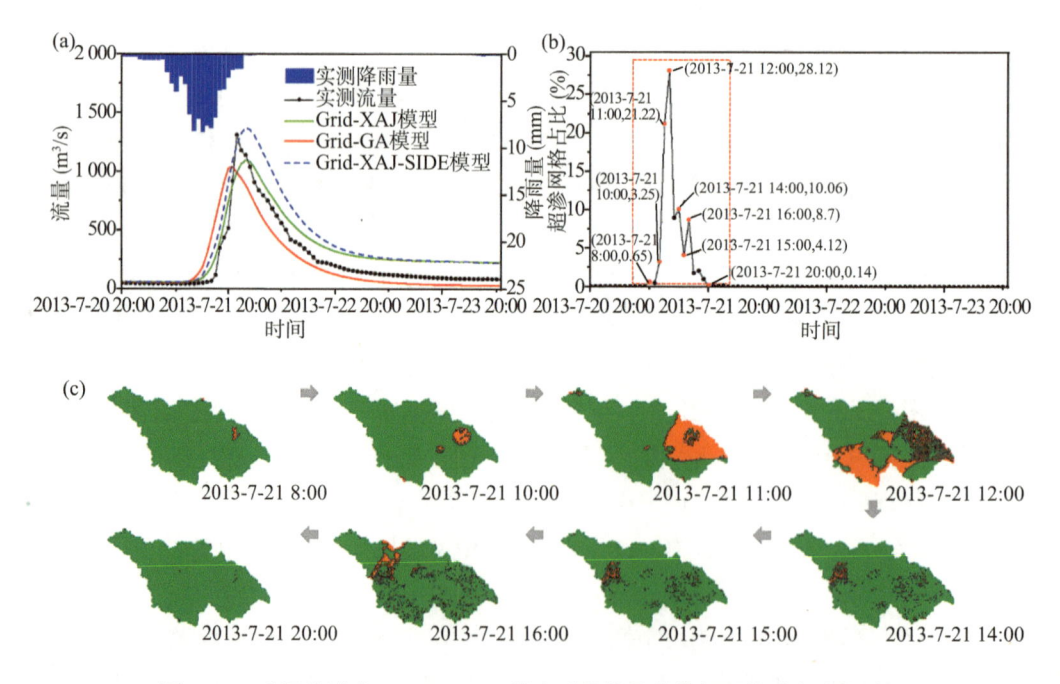

图 11-9 千阳流域 ♯QY-20130720 洪水过程线及其蓄超网格动态变化过程

根据 Grid-XAJ 模型的日尺度模拟结果可知，♯QY-20130720 洪水的平均前期影响雨量约为 180 mm，土壤饱和度为 0.99，基本上达到了全流域蓄满的状态，其初始状态的

174

蓄满网格占比高达 99.35%[图 11-9(b)]。结合图 11-9(b)、图 11-9(c)可知,随着降雨的进行,①超渗网格快速增加:2013-7-21 8:00—12:00,超渗网格增加将近 30%,主要在流域下游。②蓄满网格快速增加:7 月 21 日 12:00—15:00,在 3 h 内,随着降雨量的累计,超渗网格转换为蓄满网格,超渗网格大量减少,约为 25%,流域基本上又恢复至蓄满状态;直至 20:00 全流域达蓄满状态,并维持不变。

仔细观察第一个阶段,超渗网格占比快速增大主要发生在 11:00—13:00 两个小时内,这段时间下游局部降雨强度极大,平均雨强达到 8 mm/h,11:00 上店镇站单点最大雨强达 30.8 mm/h,12:00 艾家庄站单点最大雨强达 20.8 mm/h。局部的高强度降雨使得超渗产流(Grid-GA 模型)得以发挥作用,快速产生超渗地表径流,使其模拟的洪峰提前出现。随着降雨的进行,土壤缺水量得到补充后,蓄满产流(Grid-XAJ 模型)发挥作用,形成的洪水过程相对滞后。Grid-XAJ 模型和 Grid-GA 模型分别模拟了该场洪水事件单方面的产流过程,这也是这两个模型的模拟洪水虽然都达到合格但又偏小于实测洪水的原因。而 Grid-XAJ-SIDE 模型的蓄超判断机制准确识别出两种产流模式交替出现以及相互转换的过程,在结合了两种产流模式的优点后,既提高了洪水的洪量和峰值合格率,也保证了洪峰出现的时间。

11.2.3　蓄超产流模式时空分布特点

半湿润半干旱地区的产流模式不仅在空间上存在空间分布的差异性,还在洪水发生过程中发生着明显的蓄超转换现象。由于前期局部区域土湿较小,在强降雨作用下极易产生超渗地表径流,从而产生快速涨落的过程;随着降雨的进行,尤其是在半湿润地区,土壤缺水得到补充,开始产生少量的壤中流和地下径流,形成缓慢的退水过程。如此复杂的产汇流过程,使用单一产流模式或静态产流模式的水文模型是无法进行正确描述的,Grid-XAJ-SIDE 模型得益于蓄超产流模式的动态识别和调整计算,典型流域的洪水模拟精度均得到提升,这也正是 Grid-XAJ-SIDE 模型在洪水模拟时的最大特点。

事实上,不仅仅是半湿润地区,湿润地区在久旱后第一场降雨时也会发生超渗产流现象。关于这一点,在屯溪流域 2021 年的第一场洪水中进行了验证,并达到了预期结果。Grid-XAJ-SIDE 模型具有灵活的产流结构和动态识别产流模式的特点,完全可以在湿润和干旱等地区使用,只需要根据前期土湿等条件对流域初始蓄超分布进行调整,即可实现不同水文气象地区洪水的精细化模拟。

11.3　小结

本章基于 Grid-XAJ 模型,研发了考虑蓄超时空动态组合的网格新安江模型(Grid-XAJ-SIDE 模型)。选择半湿润的千阳流域和半干旱的绥德流域,通过历史洪水数据进行参数率定、建立预报方案对模型方案进行检验。主要结论如下:

(1) Grid-XAJ-SIDE 模型在半湿润的千阳流域、半干旱的绥德流域的洪水模拟和实时检验结果的精度均提高至 60%～75%。改进后的模型的产流计算更加精细，其蓄超判别方法可以展现两种产流模式交替出现以及相互转换的过程。

(2) Grid-XAJ-SIDE 模型结合了两种产流模式的优点，既实现了径流量的增加，也保证了洪水峰值及其出现时间，扩大了网格新安江模型在半湿润半干旱地区洪水模拟的适用范围。

在土壤异质性和降水的网格尺度空间变异的背景下，考虑超渗产流对半湿润半干旱地区的洪水预报模型非常重要。饱和地表径流和超渗地表径流是两个重要的地表径流生成机制，如果缺少其中之一，可能会导致在土壤异质性和降水的网格尺度空间变异性显著的应用中，产生总径流的严重误差。

参考文献

[1] 刘玉环. 半湿润半干旱地区洪水预报方法研究[D]. 南京：河海大学，2022.

[2] YAO C, LI Z J, YU Z B, et al. A priori parameter estimates for a distributed, grid-based Xinanjiang model using geographically based information[J]. Journal of Hydrology, 2012, 468-469: 47-62.

[3] YAO C, YE J Y, HE Z X, et al. Evaluation of flood prediction capability of the distributed Grid-Xin'anjiang model driven by weather research and forecasting precipitation[J]. Journal of Flood Risk Management, 2019, 12: e12544.

[4] YAO C, LI Z J, BAO H J, et al. Application of a developed Grid-Xin'anjiang model to Chinese watersheds for flood forecasting purpose[J]. Journal of Hydrologic Engineering, 2009, 14(9): 923-934.

[5] 姚成，李致家，张珂，等. 基于栅格型新安江模型的中小河流精细化洪水预报[J]. 河海大学学报（自然科学版），2021，49(1)：19-25.

[6] 李致家，姚成，汪中华. 基于栅格的新安江模型的构建和应用[J]. 河海大学学报（自然科学版），2007，35(2)：131-134.

[7] 黄小祥，姚成，李致家，等. 栅格新安江模型在天津于桥水库流域上游的应用[J]. 湖泊科学，2016，28(5)：1134-1140.

[8] MACCORMACK R W. Numerical solution of the interaction of a shock wave with a laminar boundary layer[J]. Proceedings of the Second International Conference on Numerical Methods in Fluid Dynamics, 1971, 8(1): 151-163.

[9] 姚成，纪益秋，李致家，等. 栅格型新安江模型的参数估计及应用[J]. 河海大学学报（自然科学版），2012，40(1)：42-47.

[10] CARSEL R F, PARRISH R S. Developing joint probability distributions of soil water retention characteristics[J]. Water Resources Research, 1988, 24(5): 755-

769.

[11] ANDERSON R M,KOREN V I,REED S M. Using SSURGO data to improve Sacramento Model a priori parameter estimates[J]. Journal of Hydrology,2006,320(1-2):103-116.

[12] RAWLS W J,BRAKENSIEK D L,MILLER N. Green-ampt infiltration parameters from soils data[J]. Journal of Hydraulic Engineering,1983,109(1):62-70.

[13] 马秀峰. 对子洲径流试验站实验研究的回顾和评述[J]. 人民黄河,1981(1):1-8.

[14] 芮孝芳. 水文学原理[M]. 北京:中国水利水电出版社,2004.

[15] 姚成. 基于栅格的新安江(Grid-Xin'anjiang)模型研究[D]. 南京:河海大学,2009.

第 12 章
基于物理基础的蓄超时空组合模型研究

本章在网格新安江模型研究的基础上,进一步考虑采用具有物理基础的模型来研究蓄超动态组合思想和判别方法的可行性。选择基于物理基础的分布式水文模型(TOKASIDE模型),结合产流模式时空判别方法,动态识别和模拟流域的蓄满和超渗产流过程,构建基于物理基础的蓄超时空动态组合 TOKASIDE-D 模型,并选择半湿润半干旱的三个典型流域进行验证和分析[1]。

12.1 蓄超时空动态组合 TOKASIDE-D 模型构建

12.1.1 基于物理基础的 TOKASIDE 模型

TOKASIDE 模型是刘志雨等[2-3]提出的基于地形与运动波的分布式水文模型。该模型是在 TOPKAPI 模型的基础上发展起来的,进一步考虑了地下水运动、水库入流与调蓄等计算功能。TOKASIDE 模型在空间上进行非线性运动波方程的集总,将降雨径流过程概化为 3 个"结构上相似"、零维、非线性水库方程,用以描述水流在土壤层、饱和坡面以及河道中的运动过程。通过对 3 个方程进行空间积分,计算得到土壤中的壤中流、饱和土壤(或不透水土壤层)的地表径流以及河道径流。TOKASIDE模型的参数与尺度无关,可以直接从 DEM、土壤、土地利用地图中获取。

12.1.2 蓄超时空动态组合 TOKASIDE-D 模型

TOKASIDE-D(TOpographic Kinematic Approximation and Saturation Infiltration Double Excess Dynamic recognition grid-based distributed model)模型[4]是在 TOKASIDE 模型基础上发展起来的,考虑蓄超产流模式时空组合和动态转换过程的分布式水文模型。TOKASIDE-D 模型将降雨径流过程概化为四个非线性运动波方程,来描述水流在土壤层、饱和坡面、超渗坡面以及河道中的运动过程。在流域初始蓄超结果的基础上,通过对降雨、土壤含水量等动态因子的条件判断,实时识别洪水过程中流域网格的蓄超转换过程,并动态调整产流模式的计算模块,实现蓄满和超渗产流模式的精细识别和洪水模拟。

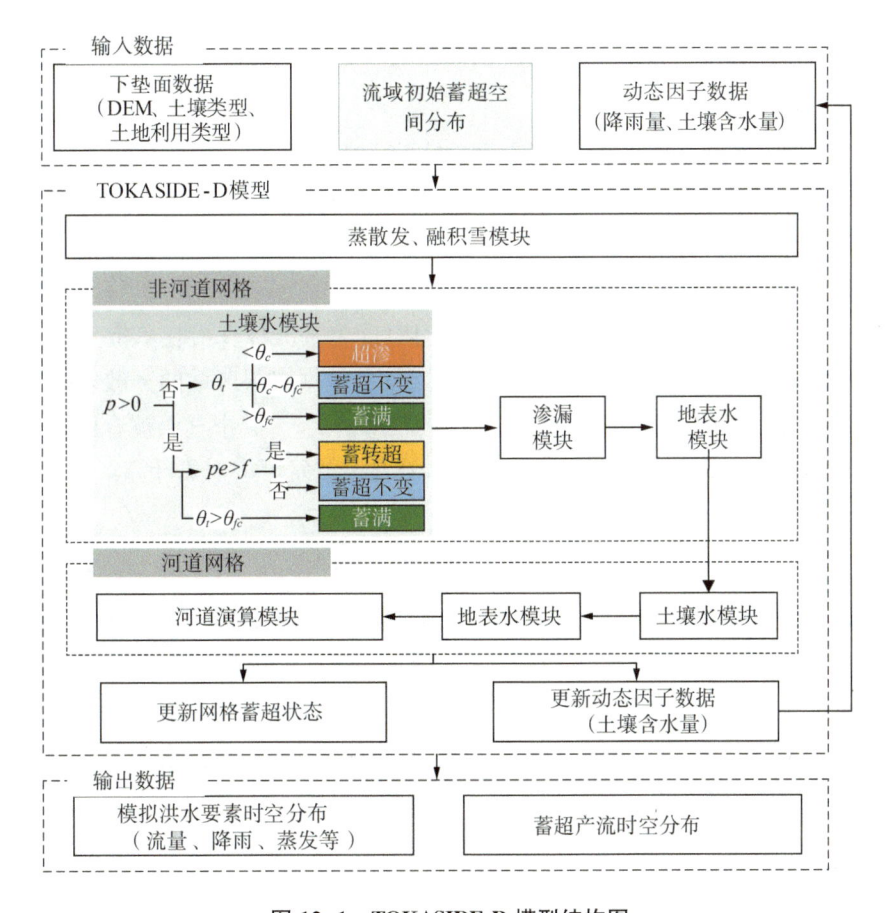

12.1.2.1 TOKASIDE-D 模型结构

在 TOKASIDE 模型的基础上,通过给定流域的初始蓄超空间分布以及产流模式时空判别方法,对洪水过程中流域网格产流属性进行蓄超时空动态识别和产流模块及时调整,构建基于物理基础的蓄超时空动态组合 TOKASIDE-D 模型。TOKASIDE-D 模型中包含蒸散发、融积雪、土壤水、渗漏、地表水、河道演算 6 个主要模块,结构见图 12-1。

图 12-1 TOKASIDE-D 模型结构图

注:图中 p 为降雨量,pe 为降雨强度,θ_t 为当前时刻网格土壤含水量,θ_{fc} 为网格田间持水量,θ_c 为毛管断裂含水量,f 为土壤下渗率。

通过基于网格的层次-聚类产流模式判别方法,将流域网格初步划分为"蓄满网格"和"超渗网格"两类。随着洪水模拟时间的进行,在模型的土壤水模块中,实时判断降雨、土壤含水量的状态,循环动态更新网格的蓄超属性。在蓄满网格和超渗网格,分别采用 TOKASIDE 模型的土壤水非线性水库方程和 Green-Ampt 下渗公式计算产流量。

12.1.2.2 TOKASIDE-D 模型原理

1) 基本假设

基于 TOKASIDE 模型的假设,在 TOKASIDE-D 模型中添加以下假设条件:

(1) 网格内的降雨、土壤性质、土地利用等特征均匀分布,不存在下渗能力分布曲线。

(2) 土壤分成两层(饱和层、下渗层)计算。我国北方半干旱地区的特色是土层厚,年降雨量仅为 400~800 mm,并且多集中于 7—9 月,所以其土壤基本不可能达到饱和状态[5]。但其表层土壤还是会达到饱和状态的,所以此处将土壤分成两层进行模拟计算。蓄满和超渗发生在饱和层(土壤水模块);下渗层则为无限下渗土层(渗漏模块)。

(3) 蓄超网格划分。河道附近地势平坦,土壤含水量相对较高,河道网格(三级以上)全部转为蓄满网格。

(4) 蓄超网格转化。发生在非河道网格中,通过判断网格土壤含水量是否达到田间持水量或毛管断裂含水量、降雨强度是否超过下渗率,动态调整网格的蓄超属性。

2) 蒸散发模块

(1) 潜在蒸散发

Thornthwaite 和 Mather[6]提出了一种以月温度为基准计算潜在蒸散发的经验计算方法,可以简单、有效地表达蒸散发模式,适用于气象数据有限区域的蒸散发计算。采用的关系式在结构上类似于 Doorembos 等提出的辐射公式[7],其中气温被看作辐射的一个指标。对于给定的时间步长 Δt 和农作物情况,潜在蒸散发可按下式计算:

$$ET_0 = K_c (\beta N W_{ta} T_{\Delta t}) \frac{\Delta t}{30 \times 24 \times 3600} \tag{12-1}$$

式中:ET_0 为潜在蒸散发(mm);Δt 时段(s);K_c 为作物因子;β 为回归系数;$T_{\Delta t}$ 为 Δt 时间内网格平均气温(℃);N 为月平均最大日照时数;W_{ta} 为权重因子。

(2) 实际蒸散发

潜在蒸散发 ET_0 作为实际土壤含水量的一个函数被修正,根据潜在蒸散发可得到网格的实际蒸散发,计算如下:

当 $V \leqslant \beta V_{sat}$ 时,
$$ET_a = ET_0 \frac{V}{\beta V_{sat}} \tag{12-2}$$

当 $V > \beta V_{sat}$ 时,
$$ET_a = ET_0 \tag{12-3}$$

式中:ET_a 为实际蒸散发(mm);ET_0 为潜在蒸散发(mm);V 为实际土壤蓄水量(m³);V_{sat} 为网格饱和蓄水量(m³);β 为饱和容量的百分比,需要固定。

3) 土壤水模块修改

由图 12-1 可以看出,TOKASIDE-D 模型产流模式的动态转换主要发生在土壤水模块。在计算土壤水前,先采用第 9 章的产流模式时空判别方法进行流域蓄满超渗产流模式的精细判断。

如图 12-1 所示,降雨发生前(或结束后):①当非河道网格的土壤含水量低于毛管断裂含水量时,转为超渗网格;②当土壤含水量达到田间持水量时,转为蓄满网格;③当土壤含水量介于二者之间时,网格属性不变。当降雨发生时,土壤含水量超过田间持水量,转为蓄满网格;判断网格的降雨强度与下渗率之间的关系:①降雨强度超过下渗率时,(未蓄满)蓄满网格转为超渗网格;②降雨强度小于下渗率时,所有网格属性不变。蓄满产流计算模块产生饱和地表径流和壤中流,而超渗产流计算模块产生超渗地表径流。下面重点介绍土壤水模块中不同属性网格的水量计算。

(1) 超渗网格水量计算

在土壤水模块中,超渗网格的土壤下渗率采用 Green-Ampt 下渗公式计算,则超渗网格的蓄水量计算如下:

$$f = K_s \left[1 + \frac{(\theta_t - \theta_0)\psi}{F} \right] \tag{12-4}$$

$$\frac{\partial V_s}{\partial t} = Q_{uo} + Q_{us} + f X^2 \tag{12-5}$$

式中:V_s 为网格单元的土壤蓄水量(m^3);f 为网格下渗率(m/s);X 为网格单元尺寸(m);Q_{uo} 为从上游区域进入当前网格单元 i 的地表径流量(m^3);Q_{us} 为从上游区域进入当前网格单元 i 的地下径流量(m^3);K_s 为饱和水力传导度(m/s);θ_t 为当前时刻网格土壤含水量(m^3/m^3);θ_0 为初始土壤含水量(m^3/m^3);ψ 为湿润锋处土壤吸力(m);F 为累计下渗量(m)。

由 V_s 可以换算出网格的土壤水深度 h_{out},单位为 m。根据网格转换的不同方式不同,超渗地表径流计算分为以下三种情况:

① 未降雨时,土壤含水量低于毛管断裂含水量,超渗地表径流 $h_{ixf} = 0$,下渗量为 0;

② 降雨时,超渗网格的降雨强度 $pe \leqslant f$,超渗地表径流 $h_{ixf} = 0$,净雨作为下渗量全部补充土壤含水量,不产生壤中流。直至土壤含水量达到田间持水量,产生壤中流 h_{soil}:

$$h_{\text{soil}} = h_{\text{out}} - h_{\max} \tag{12-6}$$

式中:$h_{\max}$ 为土壤水最大深度(m)。

③ 降雨时,如果超渗网格的 $pe > f$,则超渗地表径流为:

$$h_{ixf} = pe - f \tag{12-7}$$

剩余部分下渗,补充土壤含水量,超出田间持水量的部分产生壤中流 h_{soil},采用公式(12-6)计算。扣除壤中流后,更新时段末土壤水深度 h_{out},作为下一时刻的时段初土壤水深度。

(2) 蓄满网格水量计算

在土壤水模块中,蓄满网格的蓄水量采用非线性水库方程计算,其公式如下:

$$\frac{\partial V_s}{\partial t} = (p X^2 + Q_{uo} + Q_{us}) - \frac{C_s X}{X^{2a_s}} V_s^{a_s} \tag{12-8}$$

式中：p 为网格单位时间的降水量(m)；C_s 为当地的传导系数；α_s 为由土壤特性决定的参数。

根据网格转换的不同方式，径流计算分以下两种情况：

① 当土壤含水量达到田间持水量时，由公式(12-8)求解出网格土壤蓄水量和壤中流，可以换算出网格的土壤水深度 h_{out} 和壤中径流 h_{soil}，单位为 m。扣除壤中流和土壤蓄水后，剩余部分为饱和地表径流 h_{exf}：

$$h_{exf} = h_{out} - h_{soil} - h_{max} \tag{12-9}$$

在时段末，更新时段末土壤水深度 h_{out}，作为下一时刻的时段初土壤水深度。

② 当降雨强度小于下渗率时，对于土壤含水量未达到田间持水量的蓄满网格，其网格的净雨量全部补充土壤缺水，由公式(12-8)计算土壤蓄水量和壤中流 h_{soil}，但不产生饱和地表径流，即 $h_{exf} = 0$。

4) 渗漏模块

对于半干旱地区，地下水位埋深大，建模时考虑垂向土壤深层的渗透。当土壤含水量超过蓄水能力时，水流穿过饱和层以上的厚土层向下垂直运移。假定上层土壤的下渗率是土壤水含量的一个函数，则下渗水量为：

$$P_r = K_{sv} \left(\frac{V}{V_{sat}} \right)^{\alpha_p} \tag{12-10}$$

式中：P_r 为下渗水量(mm)；K_{sv} 为土壤纵向饱和水力传导度(m/s)；V 为当前土壤蓄水量；V_{sat} 为土壤饱和蓄水量；α_p 为取决于土壤类型的指数(沙石：$\alpha_p \cong 11$，泥土：$\alpha_p \cong 25$)。

5) 地表水模块

土壤表层产生的地表径流以及剩余降水作为输入进入地表水模块进行坡面汇流计算。类似于土壤水运动方程推导，地表水运动方程采用曼宁公式推导[8]，并假设各网格的地表水深分布均匀。以脚标 o 区分地表水与土壤水的表达方程，对运动方程沿垂向积分，得到任意网格单元 i 的地表水模块非线性水库方程：

$$\frac{\partial V_{oi}}{\partial t} = r_{oi} X W_o - \frac{C_{oi} W_o}{(X W_o)^{a_o}} V_{oi}^{a_o} \tag{12-11}$$

式中：V_{oi} 为地表水蓄量(m^3)；X 为网格计算单元长度(m)；W_o 为计算单元在水流方向的横向宽度(m)；r_{oi} 是通过土壤水量平衡求得的地表径流量(m)；C_{oi} 是与地表径流有关的坡面曼宁系数；a_o 为联立谢才公式和曼宁公式解得的指数。

6) 河道汇流模块

TOKASIDE-D 模型假设河道排水网络是由众多河段组成的树状网络，采用近似运动波的方程描述河道径流。该模块假定河道断面形状为宽矩形或三角形，且越靠近流域出口，水面越宽。以脚标 c 表示河道汇流进行计算，根据以上假设，可以得到河道径流的非线性水库公式：

$$\frac{\partial V_c}{\partial t} = (r_c + Q_c^u) - \frac{\sqrt{s_0}\,(\sin\gamma)^{2/3}}{2^{2/3}\,n_c\,(\tan\gamma)^{1/3}\,X^{4/3}}\,V_c^{4/3} \tag{12-12}$$

式中：V_c 为河网单元的蓄水量（m³）；r_c 为旁侧进入河道的流量，包括直接进入河道的地表径流量以及通过土壤进入的壤中径流量（m³）；Q_c^u 为上游计算单元进入的河道径流量（m³）；n_c 为河道曼宁糙率系数；s_0 为河道计算单元间的坡度；γ 为河底边坡坡度。

7）模型参数

TOKASIDE-D 模型的主要参数包括：土壤类型对应的土壤厚度 L（m）、土壤横向饱和水力传导度 K_{sh}（m/s）及纵向饱和水力传导度 K_{sv}（m/s）、土地利用类型对应的植被作物系数 K_c、地表曼宁糙率系数 n_s、河道曼宁糙率系数 n_c 等。Green-Ampt 下渗公式的参数为：饱和水力传导度 K_s（m/s）、湿润锋处土壤吸力 ψ（m）。

TOKASIDE-D 模型和 Green-Ampt 超渗产流均是基于物理基础开发的，模块计算所需的参数可根据土壤类型的性质得到。在构建 TOKASIDE-D 模型时，将 TOKASIDE-D 模型与 Green-Ampt 下渗公式中物理含义相同的参数合并，比如：TOKASIDE-D 模型的纵向饱和水力传导度 K_{sv} 和 Green-Ampt 下渗公式的饱和水力传导度 K_s。因此，TOKASIDE-D 模型虽然增加了产流模块计算的复杂度，但是计算所需的参数数量并没有增加。

12.2 研究流域

综合考虑流域面积、干湿程度以及洪水资料的代表性，本节选择三个半湿润半干旱流域作为研究对象，分别为陈河、东湾和绥德流域。根据前面章节的下垫面和水文气象特征分析可知，陈河流域偏湿润，绥德流域偏干旱，东湾流域介于二者之间。

12.3 模拟结果与分析

为了探究 TOKASIDE-D 模型在增加蓄超时空动态产流模式后的应用效果，将其与原模型 TOKASIDE 模型分别在陈河、东湾、绥德三个典型流域进行应用检验和对比分析。

12.3.1 洪水模拟结果分析

（1）陈河流域

选择陈河流域 2003—2012 年的 20 场次洪水，其中 15 场率定，5 场验证，洪水模拟评价指标结果如图 12-2 所示。从整体来看，两个模型在陈河流域的模拟效果普遍较好。在径流深相对误差方面，率定期两个模型的合格率均在 80% 以上，其中，TOKASIDE 模型为 87%，而 TOKASIDE-D 模型为 93%，达到甲级精度；且在验证期，其合格率从 60% 提高至 80%。另外，TOKASIDE-D 模型模拟洪水的径流深相对误差的均值和中位线更接近 0，在水量平衡方面控制得更稳定。

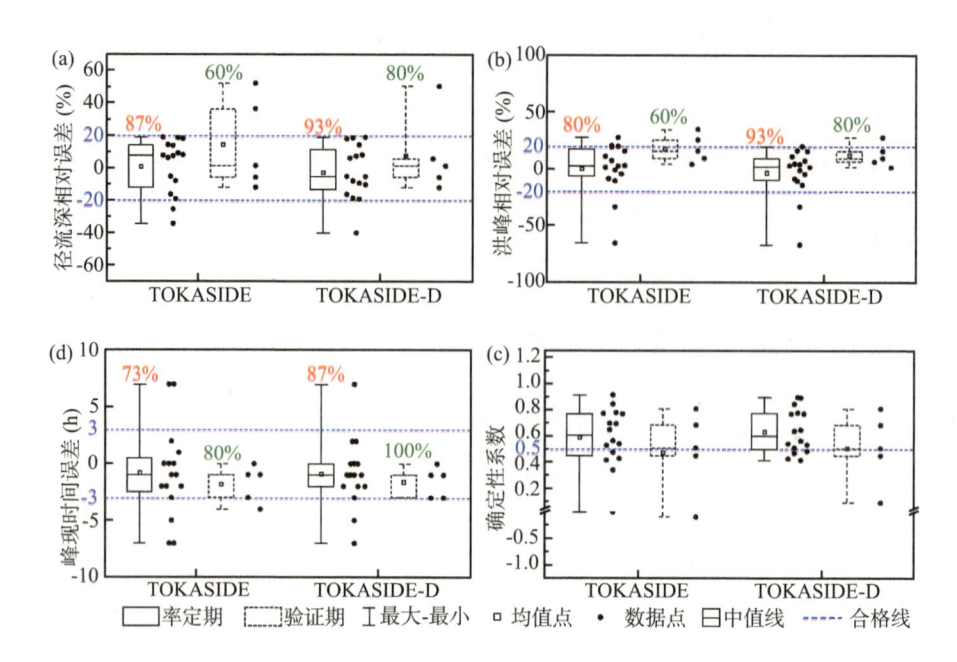

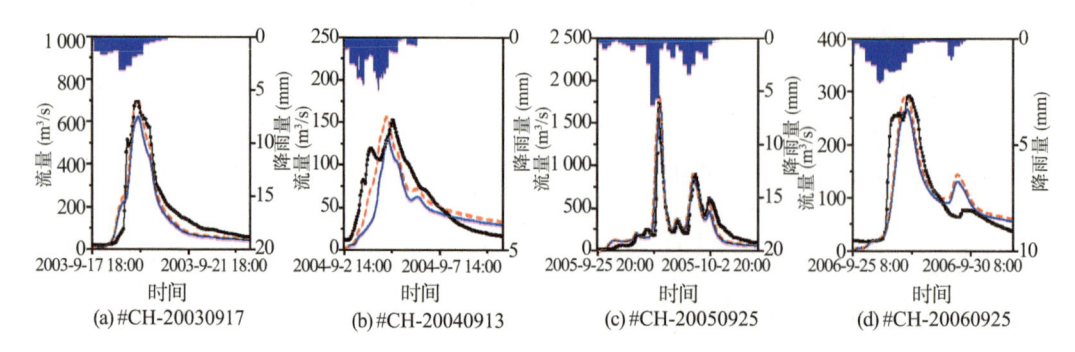

图 12-2 陈河流域 TOKASIDE 模型和 TOKASIDE-D 模型洪水模拟指标结果

在洪峰相对误差方面，相比 TOKASIDE 模型，TOKASIDE-D 模型的合格率提高幅度与径流深相对误差相似，在径流深模拟更加准确后，洪峰模拟精度提高到甲级。在峰现时间误差方面，TOKASIDE-D 模型的合格率在率定期提高了 14%，验证期提高至 100%。就确定性系数而言，两个模型的结果整体较好，TOKASIDE-D 模型的均值和分布范围均在 0.7 以上，达到乙级精度。

通过对比洪水事件的模拟与实测过程线（图 12-3）可以看出，对于大多数洪水事件来说，两个模型的模拟洪水过程十分接近，且均与实测过程拟合得较好。在 TOKASIDE 模型的模拟结果中，有少量洪水事件的模拟洪水涨落缓慢且洪峰小于实测洪峰，如 #CH-20070704、#CH-20120830，但 TOKASIDE-D 模型模拟的洪峰得到了一定的提升，说明 TOKASIDE-D 模型的超渗产流模块发挥了一定的作用。

综上而言，陈河流域主导产流模式为蓄满产流，虽然两个模型的模拟精度均在合格范围内，但是相比 TOKASIDE 模型，TOKASIDE-D 模型各项评价指标均有提高，洪水的模拟误差更小，综合效果更优。

(a) #CH-20030917　　(b) #CH-20040913　　(c) #CH-20050925　　(d) #CH-20060925

| (e) #CH-20070704 | (f) #CH-20100715 | (g) #CH-20110910 | (h) #CH-20120830 |

■ 实测降雨量 —— 实测流量 —— TOKASIDE模型 ---- TOKASIDE-D模型

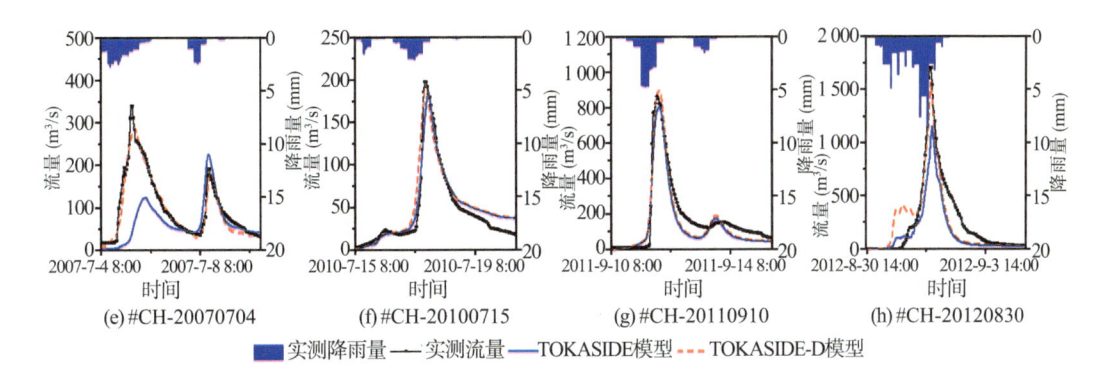

图 12-3　陈河流域 TOKASIDE 模型和 TOKASIDE-D 模型的实测和模拟洪水过程线对比图

（2）东湾流域

东湾流域 1994—2010 年的 16 场次洪水的模拟结果统计如图 12-4 所示。在径流深相对误差方面，两个模型在率定期合格率相同，均为 83%；而在验证期 TOKASIDE-D 模型的径流深全部合格。由图 12-4(a)可知，相比于 TOKASIDE 模型，TOKASIDE-D 模型验证期的 4 个洪水事件的模拟径流量均有所增大，这是由超渗网格贡献的超渗地表径流所致。在洪峰相对误差方面，TOKASIDE-D 模型验证期和率定期的合格率均为 75%，相较于 TOKASIDE 模型，精度提高至乙级。从洪峰相对误差的分布来看，TOKASIDE-D 模型的模拟洪峰误差多为正值，说明超渗地表径流的产生使其模拟的峰值均较 TOKASIDE 模型有所增大。在峰现时间误差方面，两个模型在率定期和验证期的合格率相同，TOKASIDE-D 模型的误差均值和中值线更接近 0，说明其模拟洪峰出现时间更接近真实时间。两个模型的确定性系数结果整体较好，确定性系数大于 0.5 的洪水事件数量相同，但 TOKASIDE-D 模型的确定性系数均值更高，率定期的 0.49 接近有效预报精度，验证期的 0.72 达到乙级精度。

通过典型洪水过程线对比图可以看出（图 12-5），对于前期土壤较湿润的洪水事件，两个模型的模拟结果基本一致，比如：#DW-20000712、#DW-20050814 等。当前期土湿较低时，TOKASIDE 模型洪水起涨较为滞后且洪峰较低，比如：#DW-19940702、#DW-20020624 等，这是由于前期土湿较低，产生部分超渗地表径流引起的，TOKASIDE-D 模型弥补了 TOKASIDE 模型的缺陷，提高了洪水的模拟峰值。另外，对于多峰洪水，TOKASIDE 模型的模拟洪水出现首个洪水峰值较低现象，比如：#DW-19960802、#DW-20060926，这是因为超渗产流形成快速洪水，而 TOKASIDE-D 模型识别并模拟了前期出现的超渗地表径流，解决了该问题。

整体来看，相较于更加湿润的陈河流域，东湾流域蓄满产流的主导性并不纯粹。在 TOKASIDE 模型蓄满模式的基础上，TOKASIDE-D 模型增加超渗产流模块和产流模式动态识别，洪水模拟精度有明显的提高。

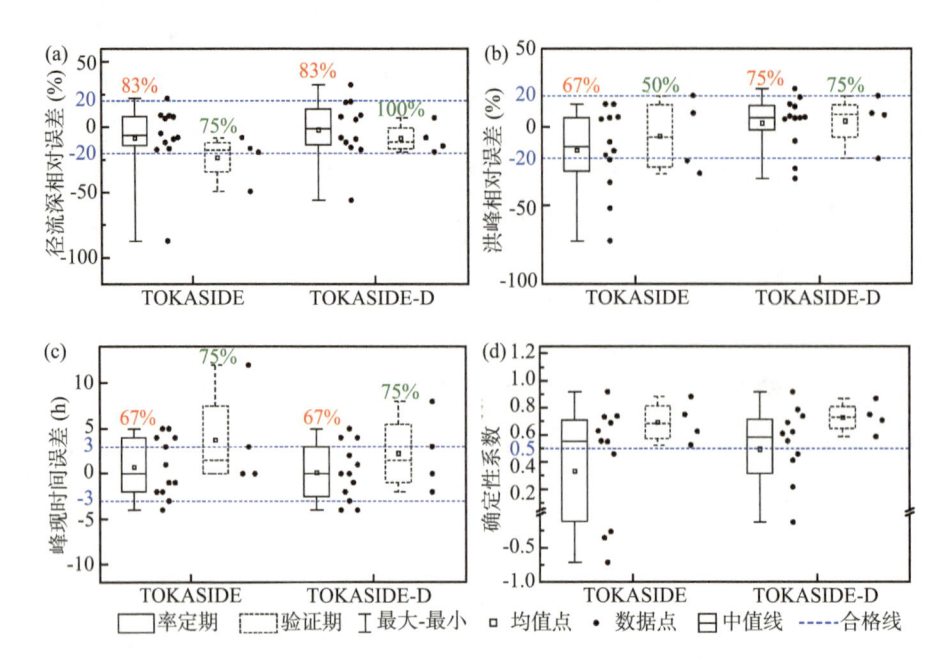

图 12-4　东湾流域 TOKASIDE 模型和 TOKASIDE-D 模型洪水模拟评价指标结果

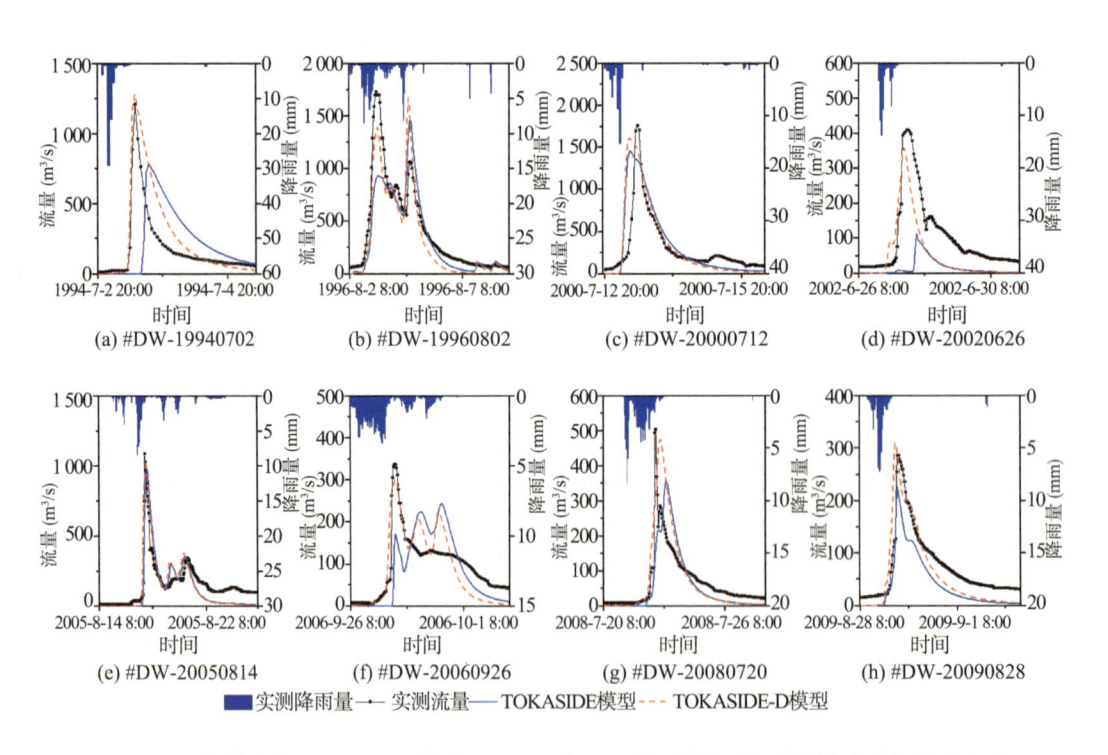

图 12-5　东湾流域 TOKASIDE 模型和 TOKASIDE-D 模型的实测和模拟洪水过程线对比图

(3) 绥德流域

绥德流域 2010—2018 年 15 场洪水的模拟结果如图 12-6 所示。在径流深相对误差方面，虽然两个模型在率定期和验证期的结果均较好，超过 70%，但 TOKASIDE-D 模型的模拟误差"正值"偏多且分布更加集中,使模拟的总径流深有所增加,弥补了 TOKA-SIDE 模型模拟径流深偏小的缺陷。在洪峰相对误差方面,TOKASIDE-D 模型的合格率相比于 TOKASIDE 模型有明显提高,率定期提高了 28%,验证期提高了 25%;且 TOKASIDE-D 模型洪峰相对误差的分布更加集中,其均值和中值线都接近 0。在峰现时间误差方面,相比 TOKASIDE 模型,TOKASIDE-D模型在率定期和验证期的合格率提高了 20%以上,均值和中值线更接近 0,说明模型对洪峰模拟的优势较大,且对洪峰出现时间控制得较好。两个模型的确定性系数普遍较差,只有几个洪水事件的确定性系数大于 0.5。

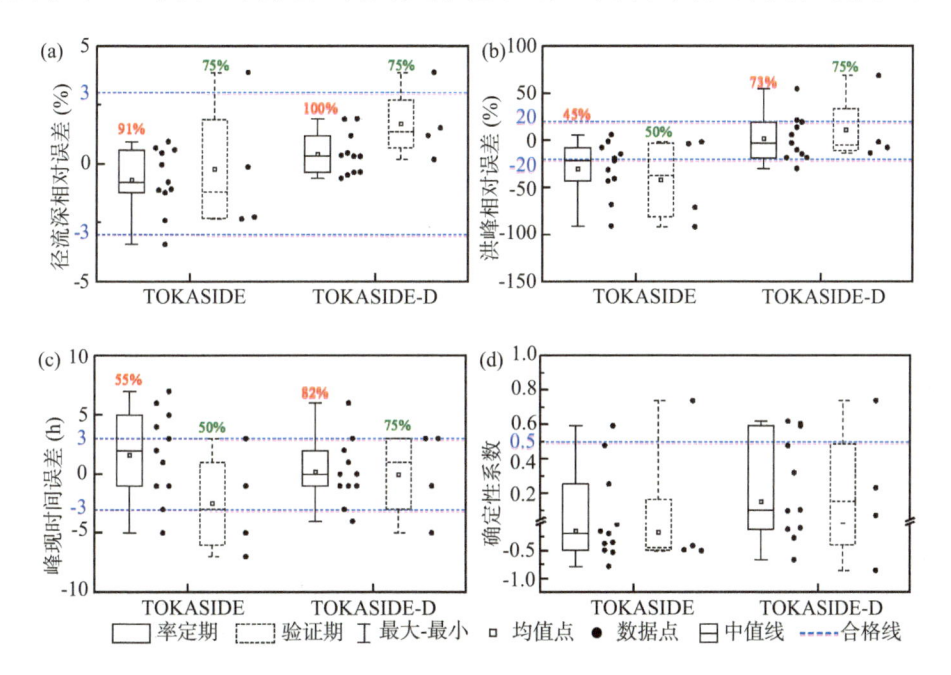

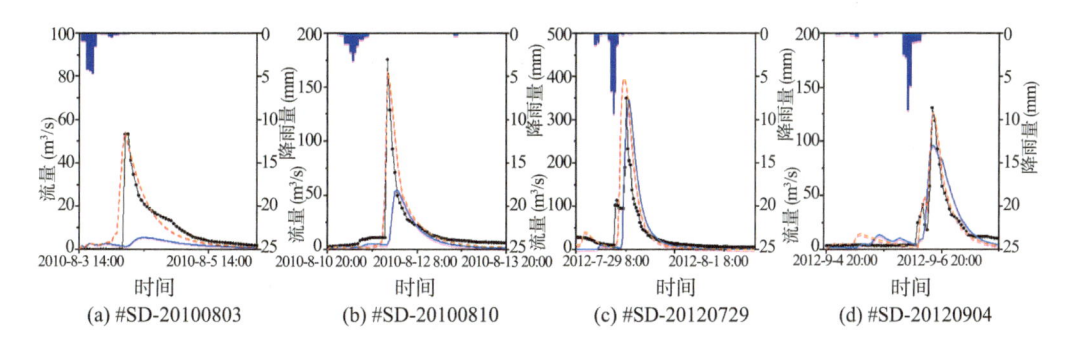

图 12-6 绥德流域 TOKASIDE 模型和 TOKASIDE-D 模型洪水模拟评价指标结果

通过对比绥德流域的洪水过程线发现,TOKASIDE-D 模型在洪水起涨速度更快,模拟的洪水峰值和出现时间与实测洪水接近(图 12-7);而 TOKASIDE 模型模拟的洪水涨落缓慢且洪峰远小于实测洪峰,尤其是♯SD-20100803、♯SD-20100810、♯SD-20160812等洪水事件。对于超渗产流主导的绥德流域,TOKASIDE-D 模型补足了 TOKASIDE 模型单一的产流模式,可以灵活地识别和计算复杂的产流模式,提高了洪水的模拟精度。

(a) #SD-20100803 (b) #SD-20100810 (c) #SD-20120729 (d) #SD-20120904

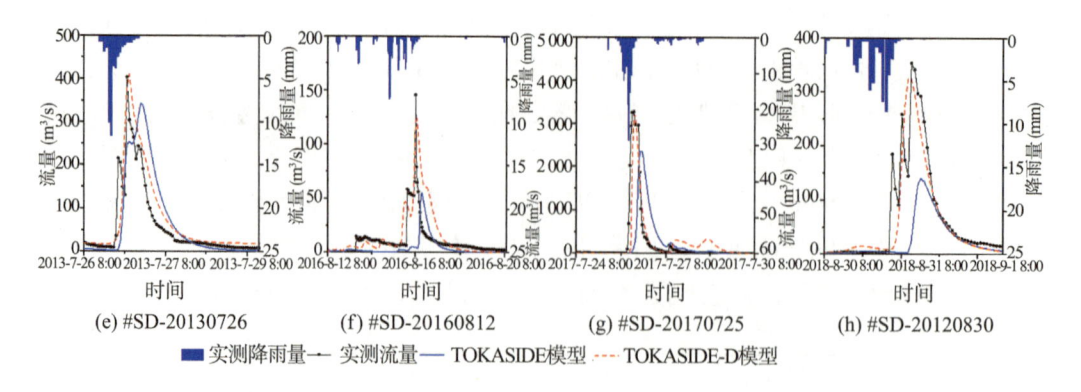

图 12-7 绥德流域 TOKASIDE 模型和 TOKASIDE-D 模型的实测和模拟洪水过程线对比图

综上,考虑蓄超时空动态组合的 TOKASIDE-D 模型弥补了 TOKASIDE 模型产流模式单一的缺陷,对于不同干湿程度的流域,TOKASIDE-D 模型的洪水模拟效果得到了不同程度的提高,增加了 TOKASIDE 模型在复杂产流地区的适应性。

12.3.2 蓄超时空动态变化及分布特征

根据蓄超时空动态变化的规则可知,在洪水发生过程中,蓄满超渗网格在时间和空间均发生相互转换。通过统计洪水计算过程中超渗网格的面积占比,分析不同流域蓄超时空动态变化的形态特征,见图 12-8 至图 12-12。

（1）陈河流域

陈河流域的超渗网格占比变化结果如图 12-8 所示,可以看出,在 20 场洪水中,蓄超转换主要在 0~25% 进行；绝大多数洪水的超渗网格占比的变幅在 5% 以内,只有 4 个洪水事件的超渗网格占比的变幅超过 5%,最大约 15%[图 12-8(e)、图 12-8(j)、图 12-8(k)、图 12-8(o)]。陈河流域的前期土湿较大,洪水的初始蓄超分布中的超渗网格占比较小,主要集中在 3%~4%,甚至更低。只有一场洪水出现例外[图 12-8(j)],在较低的前期土湿下,超渗网格占比增加至 23.7%。

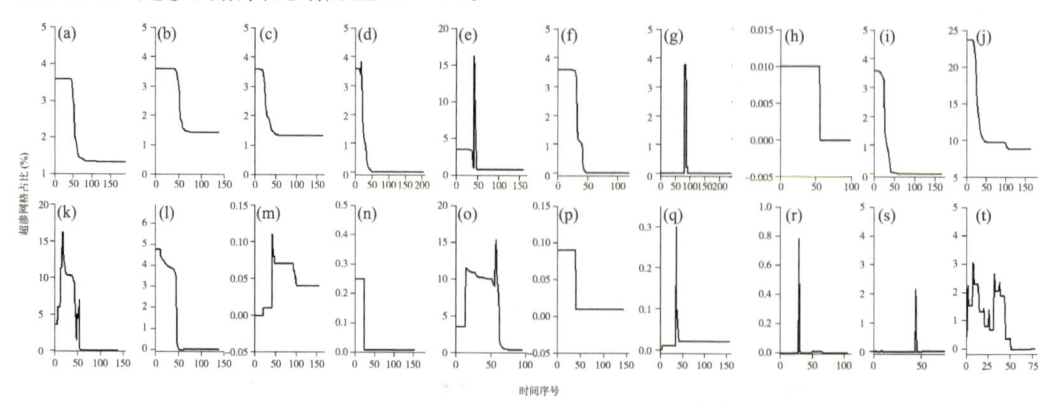

图 12-8 陈河流域洪水模拟过程的超渗网格动态变化结果

陈河流域的蓄超网格占比的变化过程大致可以分为 3 类：下降型、起伏型、突变型。①下降型：主要为快速下降后达到平稳状态，是陈河流域最普遍的洪水特征，共有 11 个洪水事件，如图 12-8(a)等。该类型的洪水多是在中小强度的降雨作用下形成的，超渗网格的土壤缺水得到快速补充，进而转化为蓄满网格。②起伏型：主要为先快速涨落后平稳的特征，有 5 个洪水事件，如图 12-8(e)等。该类型洪水多是在强度、量级均大的降雨作用下形成的。由于局部地区降雨强度大于其网格土壤下渗率，发生超渗地表径流，蓄满网格属性发生转换，而随着土壤缺水的补充，网格属性再次转换为蓄满，并在降雨结束后达到平稳状态。③突变型：是在整体平稳的状态下发生极快的蓄超转换，有 4 个洪水事件，如图 12-8(g)等。该类洪水是在近乎全流域蓄满的状态下发生的，局部地区降雨强度突增导致超渗产流发生，降雨强度减小后重新回到蓄满状态，整个洪水过程以蓄满为主，比如洪水事件♯CH-20050925，该场洪水两个模型的模拟过程线十分接近[图 12-3(c)]，由此可以推断出超渗产流在该类洪水过程中的作用可以忽略不计。

（2）东湾流域

对于东湾流域，蓄超转换主要在 10%～50% 进行；其超渗网格占比的变幅比陈河流域剧烈，最大变幅可达 46.3%，最小 7.3%[图 12-9(a)、图 12-9(n)]。在前期土湿、累计雨量等因素的影响下，流域初始蓄超分布中的超渗网格占比大多在 10% 左右，最大可达 32.8%，最小为 0.8%。相比陈河流域，东湾流域起伏型的蓄超形态洪水偏多，共有 12 场，是该流域洪水蓄超产流动态变化的主要特征。另外，该流域还有 3 场洪水是下降型[图 12-9(d)、图 12-9(k)、图 12-9(p)]，1 场是突变型[图 12-9(e)]。

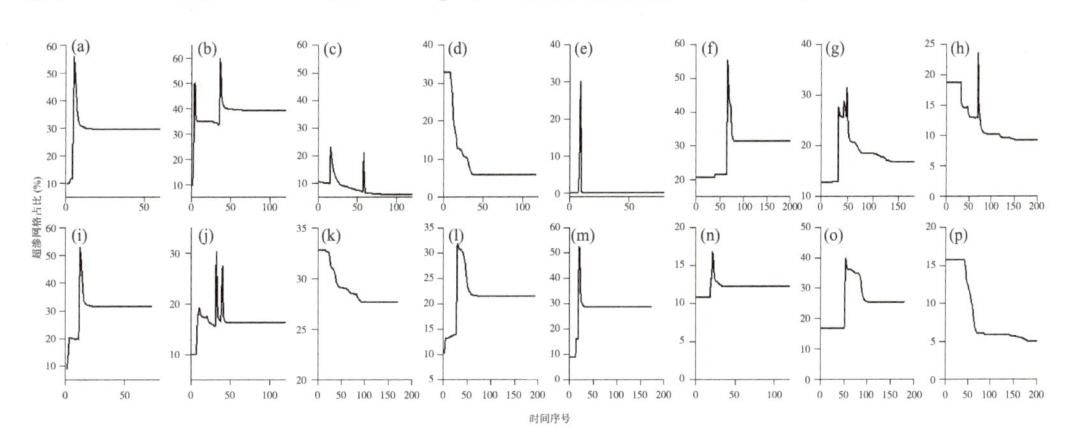

图 12-9　东湾流域洪水模拟过程的超渗网格动态变化结果

虽然东湾流域是半湿润流域，但该地区在地形和副热带高压的双重影响下[9]，极易发生大强度的降雨，因而该地区容易出现短暂、高比例的超渗产流。由于降雨的时空分布的异质性，洪水的蓄超时空动态变化具有明显的差异性（图 12-10）。

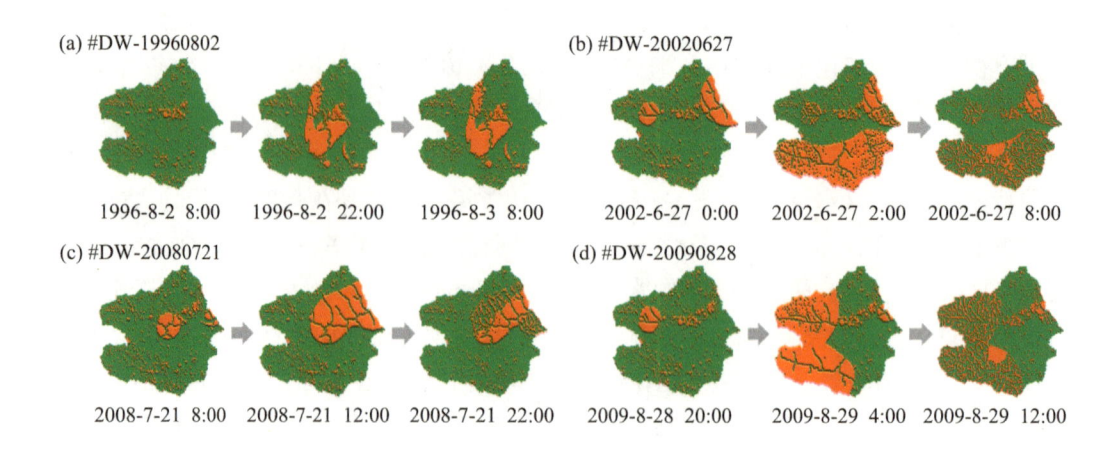

图12-10 东湾流域不同起伏型蓄超动态变化时空分布

(3) 绥德流域

对于半干旱的绥德流域，蓄超转换主要发生在70%~90%，流域变幅剧烈程度在陈河流域和东湾流域之间，最小3.4%，最大28.9%[图12-11(a)、图12-11(d)]。整体来看，由于降雨量小、前期土湿偏低且变化基本不明显，绥德流域的超渗网格占比相比其他两个半湿润流域偏大，初始超渗网格占比基本在70%~80%。

与其他两个流域不同的是，绥德流域的蓄超网格变化形态大多为上升型，共有12场。该类型多为局部强降雨作用下产生的洪水，流域的蓄满网格快速转为超渗网格。由于半干旱地区土壤缺水量普遍较大，降雨总量相对较小，因而降雨结束后，只有少量河道附近的网格在接受上游网格来水后，重新达到田间持水量，转换或保持为蓄满状态。图12-12展示的是该流域不同洪水从初始状态向最终状态变化的蓄超分布，侧面反映半干旱地区的蓄超空间动态分布差异性大、局部性强，且与降雨密切相关。

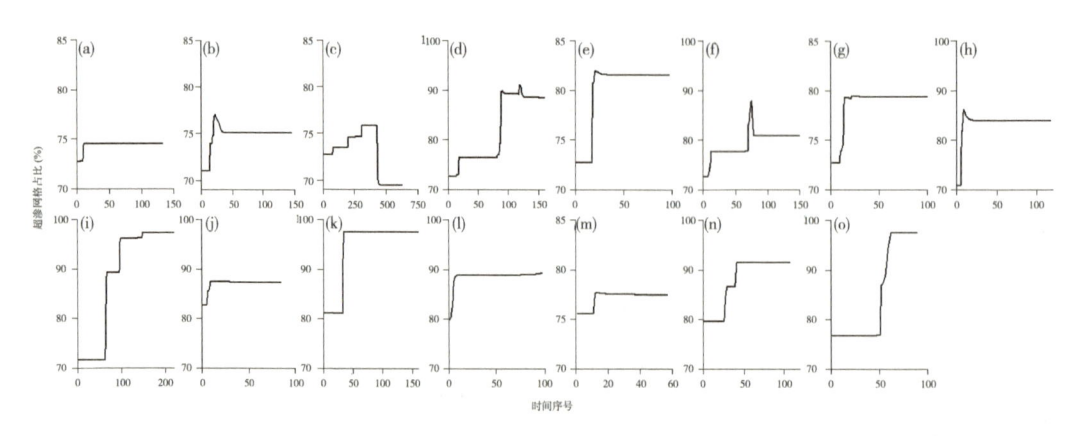

图12-11 绥德流域洪水模拟过程的超渗网格动态变化结果

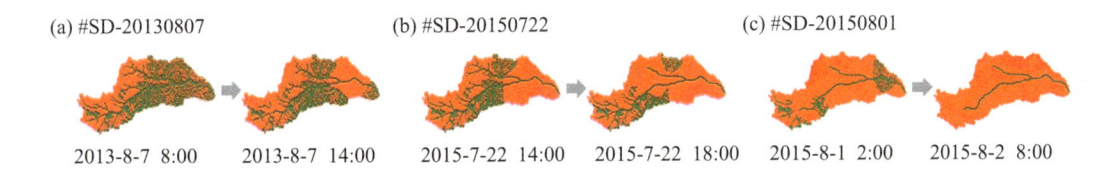

(a) #SD-20130807　　　　(b) #SD-20150722　　　　(c) #SD-20150801

2013-8-7 8:00　2013-8-7 14:00　　2015-7-22 14:00　2015-7-22 18:00　　2015-8-1 2:00　2015-8-2 8:00

图 12-12　绥德流域不同上升型蓄超动态变化时空分布

另外，还有 3 场为起伏型洪水，见图 12-11(b)、图 12-11(c)、图 12-11(f)，是在绥德流域少有的、持续时间较长的降雨所产生的洪水，在降雨量持续增加以及网格水量交换下，部分缺水量小的超渗网格转换为蓄满网格。

12.4　小结

本章选择基于物理基础的分布式水文模型（TOKASIDE 模型），在初始蓄超网格划分的基础上，结合蓄超产流模式时空组合规律和产流模式判别方法，动态识别洪水过程中网格产流模式的蓄超属性以及实时调整产流计算模块，构建基于物理基础的蓄超时空动态组合模型（TOKASIDE-D），并在三个典型的半湿润半干旱流域进行应用检验，结论如下：

（1）对于不同干湿程度的流域，考虑蓄超时空动态组合的 TOKASIDE-D 模型较 TOKASIDE 模型的洪水模拟精度均得到了不同程度的提高，增加了 TOKASIDE 模型在复杂产流地区的适应性。

（2）半湿润半干旱流域的蓄超时空动态变化形态类型复杂。其中，半湿润的陈河流域土壤含水量空间变化小，蓄满产流占主导成分，形态以下降型为主；同为半湿润的东湾流域，主要受局部强降雨影响，形态多呈现起伏型；半干旱的绥德流域前期土湿较小、降雨强度大，极易发生超渗产流，以上升型形态最常见。

总体而言，蓄超时空动态组合的 TOKASIDE-D 模型能够很好地结合蓄满产流和超渗产流的优点，并且根据土壤含水量与降雨等因子的变化，动态调整产流模式，提高洪水模拟精度，扩大了 TOKASIDE 模型洪水预报的适用范围。

参考文献

[1] 刘玉环. 半湿润半干旱地区洪水预报方法研究[D]. 南京：河海大学，2022.
[2] LIU Z Y, TODINI E. Towards a comprehensive physically-based rainfall-runoff model[J]. Hydrology and Earth System Sciences，2002，6(5)：859-881.
[3] 刘志雨，孔祥意，李致家. TOKASIDE 模型及其在洪水预报中的应用[J]. 水文，2021，41(3)：49-56+24.

［4］刘玉环，刘志雨，李致家，等．华北地区分布式蓄超空间动态组合 TOKASIDE-D 模型研究［J］．河海大学学报（自然科学版），2021,49(2):105-112.

［5］夏军，叶爱中，乔云峰，等．黄河无定河流域分布式时变增益水文模型的应用研究［J］．应用基础与工程科学学报，2007,15(4):457-465.

［6］THORNTHWAITE C W, MATHER J R. The water balance［M］. Centerton：Drexel Institute of Technology-Laboratory of Climatology, Publications in Climatology, 1955.

［7］DOORENBOS J, PROITT W O. Guidelines for predicting crop water requirements［R］. Rome：Food and Agriculture organization Irrigation Drainage Paper No. 24, 1977.

［8］WOODING R A. A hydraulic model for the catchment-stream problem：Ⅰ. Kinematic wave theory［J］. Journal of Hydrology, 1965,3(3-4):254-267.

［9］孔莹．栾川县泥石流形成机理与危险度评价研究［D］．武汉：中国地质大学，2018.